Alfred Zehe · Andreas Thomas

TECNOLOGÍA EPITAXIAL DE SILICIO

intercon verlagsgruppe ivg

Alfred Zehe · Andreas Thomas · Tecnología Epitaxial de Silicio

Se dedica esta obra a los integrantes del flamante
grupo de investigación "Quantenfeinstrukturen"
en la anterior Sektion Physik de la Universidad
Técnica de Dresden, que a consecuencia de los
cambios políticos en Alemania 1990 tenía que
terminar sus fructíveras labores académicas.

Índice General

Prólogo

A partir de la realización tecnológica de estructuras con dimensiones nanométricas, la física del estado sólido ha experimentado en los años recientes un significativo incremento en el aspecto cognoscitivo. En el transcurso de las siguientes décadas, según todos los indicios, será objeto de mayor atención intelectual si es que se logra concretar la microestructuración - de manera controlada - de materiales sólidos en sus tres dimensiones hasta llegar al ámbito de distancias en magnitudes atómicas. Tan pronto se vuelvan comparables los órdenes de magnitud de las tres principales escalas de longitud - formadas a partir de la distancia interatómica - relativas a la longitud de onda de los electrones o a la longitud de onda de la luz, así como a la magnitud de estructura de la muestra, ya no podrá hablarse de aquellas simplificaciones posibles - si otro fuera el caso - de conceptos elementales de la física del estado sólido.

El comportamiento de electrones y hoyos responsables de las propiedades eléctricas y ópticas de semiconductores puede ser descrito hasta llegar a dimensiones geométricas de sistema del orden de un micrómetro en aproximación casi infinita. Las propiedades en un determinado lugar son derivadas de las propiedades del cuerpo expandido espacialmente en forma indefinida.

Esta situación se modifica básicamente si se han de considerar los efectos cuánticos para los portadores de carga en detalle. La factibilidad de heteroestructuras abruptas entre dos semiconductores con distinta energía-bandgap había sido el presupuesto práctico para la obtención de canales potenciales en los que los electrones ocupen estados discretos de energía, tal como son conocidos a partir de la mecánica cuántica - a ser abordada unidimensionalmente - para el pozo de potencial. En tales canales la movilidad de los electrones está limitada a dos dimensiones (gas de electrones - 2D). El descubrimiento del efecto Quanta-Hall se remonta a estas anticipaciones tecnológicas.

Para la estimación de anchuras de estructura (anchura del pozo de potencial), en las que los efectos cuánticos se vuelvan esenciales, se utiliza con frecuencia la extensión mínima de la densidad electrónica en torno de una carga positiva en punto (en el semiconductor hablamos por tanto del radio efectivo BOHR a^*). Éste se halla -para silicio- apenas en 20 Å y para GaAs en 100 Å. Los semiconductores indirectos son, por tanto, y debido a las grandes masas efectivas de electrones, de una en especial muy alta exigencia en cuanto a su realización $(a^* = h^2\kappa/4\pi^2 m^* e^2)$.

La limitación de la movilidad de electrones mediante vibraciones térmicas de rejilla se ve fuertemente disminuida a bajas temperaturas. Sin embargo, se han podido realizar movilidades en extremo altas utilizando una dimensión reducida, esto porque mediante el recurso tecnológico de una dotación de modulación la dispersión de los portadores de carga se ven disminuidos sustancialmente en sus propios iones de dotación, además de que, por razones de la conservación de impulsos, dicha dispersión decrece aún más dentro de un espacio reducido. En tales estructuras nanométricas los portadores de carga pueden moverse libremente más de 10 mm antes de que sean dispersados en un átomo. Si estas consideraciones se ven convertidas en una estructura FET (field effect transistor), entonces el canal dotado de modulación (electrones 2D) podría hacerse entre drenaje y fuente y, aun así, convertirse en transporte balístico.

La longitud de onda aparente de fonones en cuerpos sólidos (constante de rejilla a) por abajo de la temperatura de Debye está en l = aq/T y con ello en el orden de magnitud de 100 nm/T (K). Si se lograra fabricar estructuras de columna libres (alambres aislantes delgados en extremo) de un diámetro de aproximadamente este valor, entonces allí podrían ampliarse aún más los fonones en la dirección del eje; transversalmente a la dirección del eje, su energía de excitación sería demasiado alta. Esto correspondería a la conformación de fonones unidimensionales. Objetivamente, esto se ha logrado, con los medios ofrecidos por la litografía de precisión y mediante técnicas especiales de grabado al ácido, construir columnas de silicionitruro con dimensiones de 0.1 mm x 0.1 mm x 300 mm sobre un substrato de silicio. A temperaturas por abajo de 1 K deberán poder obtenerse nuevos conocimientos respecto a la capacidad conductora térmica transmitida por la interacción fonones-fonones y a la capacidad conductora térmica transmitida por la interacción electrón-fonón de los sistemas. En el caso de la interacción electrón-fonón de sistemas con dimensión reducida, se está actualmente en confrontación con la circunstancia de que el sistema de electrones puede ser ciertamente bidimensional o completamente unidimensional (alambres cuánticos); no obstante que el sistema de fonones compartido en la interacción es siempre tridimensional en volumen. Las llamadas estructuras finas de columna representan un progreso experimental. Las apariciones específicas de fonones fueron encontradas en espectros de aleación de Ge_xSi_{1-x}, mismas que son atribuidas a un estado de orden atómico de Ge y Si del tipo GeGeSiSi. Esto remitiría a una estructura GeSi con simetría cristalina básicamente modificada. De cara a la importancia práctica que precisamente ahora esta clase de materiales tiene para la microelectrónica, los resultados de este tipo tienen un gran significado.

La permanente miniaturización de elementos constructivos microelectrónicos sobre un substrato tiene, además de su relevancia práctica para la obtención de una inteligencia artificial en circuitos integrados de activación de memoria, un ulterior efecto de gran importancia para el físico: los elementos constructivos aislados contienen sólo pocos electrones para garantizar su función. A guisa de ejemplo: bajo la (muy real) suposición de una densidad de portador de carga de 10^{11} cm^{-2} en un gas de electrones bidimensional, mismo que está conformado en una estructura cuadrática de elementos constructivos del orden de 0.1 μm^2, se encuentran sólo 10 electrones. En una magnitud de estructura de 50 nm^2 que se halla por completo dentro del ámbito de las posibilidades tecnológicas estarían 2 a 3 electrones. Hablando de la estrecha vecindad de estas microestructuras, se está cerca de entender su estructura electrónica más como la de un sistema interactuante de unidades de tipo atómico con pocos electrones, y no como la de un sistema multipartícula con un electrón cristalino como excitación elemental.

¿Cómo pueden impedirse manifestaciones no deseadas de tunelaje a partir de sistemas con pocos (digamos dos) electrones que variarían su estado electrónico considerablemente si uno de ellos es tunelado? Sea lo que sea, una extrapolación lineal de las anchuras de unión mínimas de los elementos microelectrónicos según los conocimientos de las décadas anteriores conlleva a un valor en escala de Ángstrom de alrededor del año 2010. Los principios convencionales de operación para tales microestructuras se habrían vuelto por tanto -por razones físicas- inutilizables desde hace tiempo, y la tendencia preconizada para la muy alta integración pasa por el apilamiento tridimensional de microelementos constructivos en los que son posibles mayores densidades de relleno a pesar de mayores anchuras de unión.

La realización técnica de estructuras finas cuánticas está ligada a los procedimientos de representación, mismos que tanto en la profundidad de los cuerpos sólidos como a lo largo de la superficie de éstos, llevan (de manera reproducible y con una precisión que esté de acuerdo con los resultados perseguidos) a estructuras geométricas y químicas. Mientras que para la estructuración a profundidad utilizando la resolución de pocos Ángstroms, es la epitaxia por haces moleculares (MBE) -y técnicas especiales de ella tales como CBE (chemical beam epitaxiy), SPE (solid phase epitaxy) y ALE (atomic layer epitaxy)- la técnica de crecimiento sobresaliente, tenemos que el desarrollo conduce a la estructuración lateral mediante anchuras de unión de 0.2 μm a través de litografía de líneas finas hasta la resolución de pocos nanómetros por implantación de haz de iones, o bien por epitaxia de haz de iones.

La epitaxia de haz molecular es un proceso físico más complejo y al mismo tiempo una alta tecnología para la generación de capas unicristalinas ultradelgadas sobre substratos monocristalinos con la precisión de una capa atómica tanto en lo referente a la disposición geométrica como a la composición química. El crecimiento molecular epitáctico se alcanza en el ultra alto vacío a través de la interacción de varios haces moleculares de -normalmente- distinta densidad con un substrato monocristalino calentado y atómicamente limpio.

MBE es en lo esencial un proceso cinético, y capas de prácticamente todo perfil químico matemáticamente predeterminable pueden ser sintetizadas a partir de los componentes empleados. Esto afecta tanto al proceso de dotación y a los niveles de dotación, como también a la abrupta y graduada heterotransferencia entre distintos materiales. Para ello, el conocimiento detallado de la técnica de crecimiento es una ambiciosa tarea para garantizar la perfección de capa y de superficies límite, así como su composición química, y una amplia gama de actividades está dirigida a ello, especialmente desde el punto de vista del logro de funciones especiales de los elementos constructivos. El viejo sueño de los físicos del estado sólido, de fabricar estructuras de banda de energía -según una medida requerida- al interior de estructuras artificiales de capa, ha llegado a cumplirse en principio siendo sustituido inmediatamente por uno nuevo: lograr también ya, ahora, la estructuración lateral, junto con estructuración simultánea de profundidad, a escala atómica. La solución a este problema correspondería precisamente a la 'pinzeta atómica' manejable con la mano, es decir, a una posibilidad tecnológica de consecuencias aún más allá de los más amplios pronósticos.

Independientemente de los esfuerzos para la generación de efectos de dimensión cuántica a través de la estructuración a profundidad en semiconductores, mediante los progresos habidos en la creación de zonas dotadas estrechamente próximas y su respectiva ligazón metálica, se ha estado efectuando, con cada vez más fina geometría y más alta precisión, la miniaturización de elementos constructivos electrónicos y su creciente densidad de integración en un oblea. Si bien el proceso clásico sobre capa protectora, máscara, exposición y desarrollo está ampliamente extendido en la práctica con fines de definición de ventanas para la dotación y metalización de estructuras finas; y la radiación de alta energía sustituye a la usual exposición en la gama de radiación visible o ultravioleta para estructuras nanométricas laterales, puede alcanzarse una aún más fina estructuración lateral sólo mediante escritura directa utilizando un haz de iones y electrones finamente enfocado. En el caso de una exposición de haz de electrones se originan estructuras, normalmente en la capa protectora, mismas que después del procedimiento acostumbrado son ulteriormente procesadas. Por otro lado -utilizando un haz de iones finamente enfocado- pueden generarse, epitaxialmente y de manera selectiva, zonas con distinta composición química (epitaxia por haz de iones), o bien dotarse y con ello estructurarse sin que ninguna capa protectora sea en absoluto necesaria. Además del ahorro de pasos de proceso, se tiene como característica sobresaliente de la implantación de haz de iones su compatibilidad con la MBE vinculada igualmente a las condiciones UHV. Se logran actualmente canales ion-implantados de menos que 100 nm de ancho, 20 nm de profundidad y 200 μm de largo; sin embargo es previsible que mediante una focalización más fina pueda reducirse la anchura en un orden de magnitud. Los alambres metálicos de unos micrones de longitud y una sección de 6 nm x 10 nm (¡20 x 30 átomos!) han sido ya fabricados desde hace largo tiempo.

La simbiosis de MBE y litografía de precisión hace pensar en estructuras de prueba de un tipo completamente nuevo. Las propiedades ópticas y eléctricas de medios no homogéneos (digamos laminillas metálicas en un dieléctrico) pueden ser estimadas sólo con el supuesto de la distribución estática y la magnitud de las partículas. Si, por otra parte, se pudieran construir de manera controlada cuerpos sólidos en tres dimensiones, se podría pensar entonces en hexaedros con una longitud de arista de 3 nm en una disposición de rejilla con 5 nm de distancia entre hexaedros al interior de una matriz semiconductora, en la forma de un sistema completamente ordenado. Las propiedades físicas de tales estructuras, o de otras semejantes a ellas están siendo investigadas considerando la variación de los materiales (incluyendo sustancias magnéticas, así como elementos cambiantes pesados y ligeros).

Desde el punto de vista de la estructuración de haz de electrones libre de capa protectora, los fluoruros alcalinotérreos muestran propiedades interesantes.

Estas han sido precipitadas epitaxialmente sobre una serie de semiconductores. En este caso se encontró que las capas son destruidas por la acción de los haces de electrones. En la realización de un distinto coeficiente de grabado-plasma para el dieléctrico y el substrato, el sistema de capas podría limpiarse hasta tal punto que fuera posible un sobrecrecimiento epitaxial. Si se piensa en el sistema de material silicio, fluoruro alcalinotérreo, siliciuro epitaxial, se tiene entonces un panorama real de lo que es una integración tridimensional de elementos constructivos.

La importancia que la epitaxia de haz molecular de silicio tiene para la futura integración de elementos constructivos electrónicos de estado sólido puede medirse sólo a partir de una comparación de requerimientos pronosticados para la microelectrónica de alta integración, junto con la capacidad de eficiencia de las tecnologías de proceso disponibles. No cabe duda que el rápido progreso en el descenso hacia las estructuras microelectrónicas ha llevado a notables grados de integración y con ello, de manera vinculada, a considerables velocidades de operación de los circuitos microelectrónicos de conexión. Las amplitudes de unión por abajo de un micrón son ya de dominio rutinario y han posibilitado la transición de la LSI (large scale integration) a la tecnología ULSI (U-ultra). De cualquier manera, no puede continuar discrecionalmente, ya que cada vez más y más barreras obligan a otras vías de solución, mismas que, no obstante, sin desviarse del curso conducen irremisiblemente hasta TLSI (T-trans). El logro de una inteligencia artificial está en principio preprogramada, y ello demanda, entre otras cosas, densidades de memoria y velocidades de procesamiento en extremo altas. Haciendo caso omiso de la todavía especulativa electrónica molecular, un apilamiento tridimensional de elementos constructivos en un chip sólo puede conducir a una nueva calidad de integración de circuitos de memoria. Los materiales que hasta ahora se han empleado, esto es, semiconductores, metales y aislantes, deben de ser también apilables en las pretendidas dimensiones de estructuras nanométricas, lo cual desde el punto de vista físico es solamente posible mediante crecimiento epitaxial. La epitaxia es -por una serie de ulteriores razones - una obligación para la tecnología de la microelectrónica.

La presente monografía hace particular enfasis al caracter interdisciplinario de las ciencias de materiales electrónicos, y su selección e incorporación en aplicaciones tan importantes como es la electrónica en estado sólido.

Los autores agradecen a las instituciones, y en particular a la Sra. Ruth Zehe por su labor sofisticada en la composición tipográfica de la presente monografía.

Puebla, Dresden 2000

Prof. Dr. Dr.h.c. Alfred Zehe
Dr. Andreas Thomas

Capítulo 1

Los límites de la microelectrónica clásica

La alta productividad de las fábricas modernas tiene como base la compleja automatización de áreas de producción completas. Esto sólo es posible, al igual que en lo que se refiere a la planeación y la conducción de la producción, mediante el empleo de modernas técnicas de cómputo. Por tanto, la base para todo ello no es otra que la microelectrónica - o sea aquella rama de la industria que actualmente produce microprocesadores y circuidos de memoria; la cual como casi ninguna otra tecnología, es un indicador decisivo del nivel de vida. Baste pensar tan sólo en el desarrollo de la electrónica del entretenimiento.

La tendencia en la electrónica de los semiconductores está en lo esencial caracterizado por:

- la creciente integración de elementos constructivos en un sólo chip;

- el aumento de la velocidad de procesamiento de la señal en los elementos constructivos.

Ambas cosas están vinculadas con el aislamiento y dominio de nuevos materiales y principios activos; de todo lo cual se desprenden, por supuesto, nuevos cuestionamientos en el campo de la física.

Puede estimarse que los límites físicos en los elementos constructivos de tipo común no se alcanzarán todavía hasta más allá del año 2000 [1] - [3] por tanto es posible - desarrollando las tecnologías actualmente imperantes - elaborar circuitos de hasta un nivel tecnológico de fabricación en serie del orden de 1 Gbit-dRAM.

Además de lo anterior, los laboratorios electrónicos avanzados desarrollan conceptos de nuevo tipo para los elementos constructivos; conceptos tales como circuitos integrados tridimensionales o elementos cuántico-acoplados. Ambos conceptos corresponden a las mencionadas tendencias de desarrollo.

La integración tridimensional representa en este caso, en principio, un desarrollo ulterior de la tecnología convencional, sólo que tiene lugar una transición de la estructuración plana a una estructuración plana y a profundidad. Ya que, sobre la base de estrategias prevalecientes de la electrónica de los cuerpos sólidos, es inevitable fabricar grupos constructivos activos tales como transistores en material monocristalino; una tecnología de este tipo demanda el dominio de la epitaxia, ergo del crecimiento monocristalino de material semiconductor, aislante y de metalización. En todo caso, y en oposición a lo anterior, en la electrónica molecular no es forzosa la realización de elementos constructivos monocristalinos.

El crecimiento epitaxial presupone que el sustrato posee una superficie monocristalina perfecta y que el material en crecimiento es adaptable a la estructura de la subcapa. Esto se realiza naturalmente de mejor manera si el sustrato y la capa epitaxial poseen la misma o al menos una similar estructura cristalina (lo cual sólo está garantizado en la homoepitaxia, o sea en el crecimiento de un material idéntico al sustrato, como silicio sobre silicio). El crecimiento epitaxial es, no obstante, también realizable bajo las condiciones siguientes:

- En la superficie límite se origina una disposición atómica de sustrato y capa epitaxial en la que múltiplo entero de la constante de rejilla del cristal de sustrato es igual a un múltiplo entero de la constante de rejilla del cristal crecido. Un ejemplo de ello lo es el crecimiento epitaxial de aluminio sobre silicio. [4]

- Las rejillas cristalinas crecen giradas o inclinadas una sobre otra, de modo que se tiene una mejor adaptación de rejilla. Esto ocurre por ejemplo en el crecimiento de aluminio sobre germanio [5] o de siliciuro de calcio sobre substratos de silicio. [6]

- En las superficies límite se origina mediante la reacción de cuerpo sólido una capa de ligadura, la cual garantiza una mejor adaptación de rejilla. Esto se aplica en general tratándose de la formación de siliciuro sobre substratos de silicio. [7]

- Se tienen superficies fuertemente deformadas, mismas que al igual que en el crecimiento de germanio sobre silicio absorben elásticamente la falsa adaptación (hasta un espesor de capa crítico) de la rejilla. En el caso mencionado se modifican las propiedades ópticas del sistema de capas. [8]

Respecto a todos los ejemplos mencionados se entrará aún más en detalle a lo largo de la presente monografía.

Especialmente cuando las capas epitaxiales tengan que elaborarse con sólo pocos nanómetros, debe ponerse atención en contar con condiciones de crecimiento limpias. De otro modo no puede garantizarse que tales capas delgadas - frecuentemente con espesor de sólo unas cuantas capas atómicas hasta llegar a algunos cientos de nanómetros - estén obturadas y libres de defectos.

Un procedimiento que puede considerarse importante para el caso lo es la epitaxia por haz molecular (MBE - molecular beam epitaxy). Ésta es una tecnología de alto vacío y se le ubica desde un principio entre las de mayores exigencias de limpieza. Con este método es posible el crecimiento epitaxial de diferentes combinaciones de materiales. De acuerdo con el material semiconductor base, la MBE se diferencia en la arquitectura de la instalación. Después de que esta tecnología -especialmente en el marco de los proyectos de investigación para la electrónica A_{III}-B_V - alcanzó su madurez, ha tenido lugar un fuerte impulso de la MBE de silicio [9]; lo cual tiene como origen, entre otras cosas, la destacada tendencia hacia la integración tridimensional. Más allá de esto, mediante la realización de estructuras de cuerpo sólido de nuevo tipo - también en silicio- ha quedado demostrado que el defecto de este material en comparación, por ejemplo, con arseniuro de galio (GaAs), redica específicamente en una mínima movilidad de los portadores de carga y en la falta de relevancia optoelectrónica (en el silicio a granel, la distancia energética mínima entre banda de valencia y banda conductora es sólo una transición óptica indirecta), puede ser superada. Esto da a la - antes igual que hoy - dominante tecnología del silicio, un impulso significativo.

Si la MBE representa un posible proceso para la estructuración a profundidad, es decir para la elaboración de capas en secuencia de una sobre otra, entonces tienen que encontrarse de aquí en adelante procesos para la estructuración lateral de las capas respectivas. Éstas deberán ser compatibles con la MBE. Se podría pensar ciertamente en las tecnologías litográficas comunes, pero son caras, ya que el paso litográfico importante, tal como la aplicación de resists y máscaras sensibles a la radiación, junto con el ataque ácido de estructuras no son - de acuerdo con el estado actual de la técnica - realizables en ultravacío. Por tanto, los sustratos deberán permanentemente ser introducidos y extraídos y estar sometidos a un proceso de limpieza después de cada paso litográfico. Serían por ello favorables aquellos procesos en los que el material se modifique, o bien se transforme lateralmente. Esto se aplica especialmente, por una parte, en el caso de procesos con haz de electrones, de iones, de rayos láser; requiriendo también, por otra parte, de materiales que sean compatibles con los procesos al alto vacío.

La presente monografía presenta al respecto algunas de las posibilidades para la estructuración tridimensional. En este caso el silicio es el material base; como métodos de realización, en el capítulo 3 se discutirán especialmente la MBE y, esencialmente, procedimientos de haz de iones. A fin de tener un panorama completo, se desarrollará el tema respecto a con cuál procedimiento es posible comprobar la calidad de las estructuras de crecimiento (capítulo 4). Más antes, en el capítulo 2, se hace una caracterización del estado de desarrollo de la microelectrónica junto con la necesidad que de ello se deriva de una transición hacia la estructuración tridimensional. Se abordarán los problemas que surgen con los materiales empleados actualmente.

En el capítulo 5 se discutirán las soluciones a problemas en materiales que son conocidos como de crecimiento epitaxial sobre silicio y, por ello, de especial interés para la estructuración tridimensional. Esto se refiere tanto a materiales semiconductores como al mismo silicio; pero también semiconductores $A_{III}B_V$, capas de metalización como aluminio, cobre y siliciuro metálico, así como capas aislantes sobre base de fluoruros alcalino-térreos. Los resultados y las posibilidades de la estructuración lateral y también de la transformación de material, especialmente a través de la implantación de iones, se describirán en el capítulo 6. El capítulo 7 concluye con ejemplos de elementos constructivos electrónicos realizados a partir de los procedimientos y tecnologías descritas. Los apartados en particular están diseñados para una mejor visión de conjunto, de modo que puedan ser abordados de manera aislada. Al principio de ellos se hace, según específicamente corresponda, el respectivo planteamiento del problema.

Capítulo 2

Necesidad y caracterización de la transición hacia una electrónica integrada tridimensionalmente

2.1 Panorama de la tecnología planar en la fabricación de circuitos microelectrónicos

Los circuitos microelectrónicos (chips) se originan a través de la integración de elementos activos y pasivos, esto es: transistores, condensadores, resistencias eléctricas y las correspondientes vías conductoras y contactos al interior de un sustrato semiconductor. Como materia prima sirven normalmente los cristales semiconductores fabricados mediante el procedimiento de estirado de cristales de Czochralski, mismos que son cortados en obleas delgadas con un diámetro de hasta 25 cm, pulidos y atacados con ácido. A través de la dotación y otros pasos del proceso se preparan las obleas antes de la correspondiente conformación del elemento constructivo. Los componentes esenciales de todos los chips semiconductores son en este caso los transistores, los elementos constructivos para la activación y amplificación electrónica. En su tipo básico poseen un electrodo de control (puerta) que controla el flujo de corriente mediante fuente y dren (en el transistor MOS) o bien mediante emisor y colector (en el transistor bipolar). Un transistor junto con condensadores y resistencias nos da una celdilla aislada de circuito. En la figura 2.1 puede verse a manera de ejemplo la disposición de un transistor bipolar de potencia [10].

El circuito integrado representa sólo una disposición múltiple, que siempre se repite, de celdillas de circuito (en líneas y columnas). En el caso de un dRAM de 64 Mbits, éstas serían - en una disposición a cuadros - 8 000 líneas y

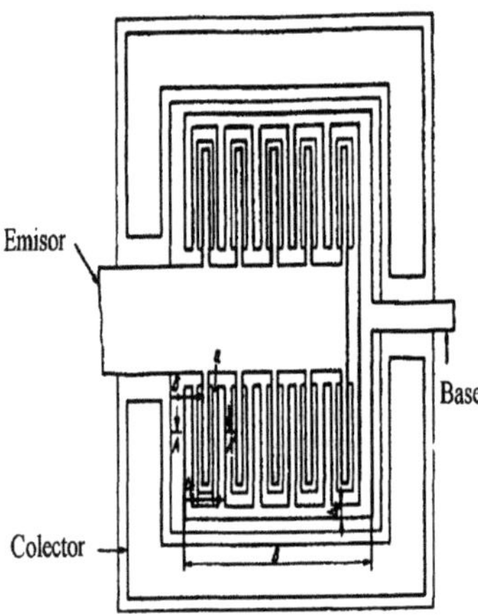

Figura 2.1: Disposicion de un transistor bipolar de potencia [10]

8 000 columnas con sus respectivas entradas eléctricas. Por seguridad se forman siempre varias líneas o columnas adicionales que, después de la prueba del chip puede ser separada de la línea de entrada (redundancias de circuito).

Para la elaboración de un circuito integrado se requiere de una repetición frecuente de procesos en particular. Las estructuras de circuito son construidos en este caso de manera sistemática parcialmente en varios niveles. Las estructuras terminadas son llenadas a continuación las más de las veces con diferentes materiales (p.ej. hoyos de contacto con material electro-conductor, condensadores dieléctricos etc.); más adelante son cubiertas, por ejemplo, con una capa de pasivización sobre la que pueden trazarse de nuevo pasos litográficos. Los pasos tecnológicos utilizados pueden dividirse principalmente en 5 categorías:

i) Generación de nuevas capas mediante la separación, desprendimiento de átomos, oxidación, entre otros.

ii) Modificación de materiales existentes mediante difusión, implantación de iones, etcétera.

iii) Transferencia litográfica de la disposición (layout) de circuito, integrado en máscaras, hacia una capa de laca sobre el chip (resist).

iv) Transferencia de las estructuras integradas en la laca, a la superficie del chip.

v) Otros procesos químicos, por ejemplo para efectos de limpieza.

Estos procesos deberán de explicarse sólo muy brevemente en lo individual.

Fabricación de capas

Ejemplo de producción de capas mediante oxidación lo es el proceso clásico para la generación de capas aislantes de SiO_2 . La oxidación de la superficie del silicio libre se efectúa a temperaturas de 900 a 1100 °C. Como atmósfera oxidante se utiliza O_2 H_2O, agregándose en algunos casos también HCl para mejorar la calidad de la oxidación. Como aplicaciones principales en dRAMS tenemos la fabricación de óxidos de campo gruesos (aprox. 800 nm), y "óxidos de puerta" (<20 nm) delgados. El primero sirve para el aislamiento eléctrico de las zonas activas, mientras que los óxidos delgados son necesarios tanto para la puerta de transistor como para el dieléctrico del condensador de memoria.

Con el aumento del número de capas en circuitos integrados aumenta la importancia de la separación de capas mediante separación química de fase vapor ("Chemical Vapor Deposition"-CVD, ver también capítulo 3). En este caso: en una cámara de reacción se provoca la reacción de gases mediante la inducción de energía. Los procesos pueden efectuarse tanto a presión atmosférica (atmospheric pressure CVD) como a presión baja (low pressure CVD). Los productos sólidos de la reacción se acumulan como capas sobre las obleas de silicio y también - sin que esto sea deseable - parcialmente sobre las paredes del reactor, mientras que los compuestos líquidos son eliminados por bombeo. La inducción de energía se efectúa normalmente en forma térmica o mediante una descarga eléctrica en la cámara de gas (plasma CVD). Las ventajas de este polifacético procedimiento CVD son la buena calidad de las capas (cubrimiento de cantos, uniformidad) y también -en parte- un más alto rendimiento de la oblea. Su desventaja radica sobre todo en la utilización de gases peligrosos.

De manera especial, tratándose de elementos que en el caso de la CVD no formen compuestos favorables a la reacción, se utiliza el proceso de ionopulverización superficial (desprendimiento de átomos por bombardeo iónico. Vease en el capítulo 3). En este proceso puramente físico el material de base (target) es bombardeado con iones ricos en energía. Mediante esta inducción de energía éste pasa a una fase gaseosa y puede depositarse sobre un substrato.

Además de la ventaja de, en principio, poder depositar todos los materiales difícilmente vaporizables o bien materiales no producibles bajo condiciones CVD, se tiene como desventaja una mínima productividad y una alta precipitabilidad de partículas. En la práctica son pulverizadas sobre todo capas antirreflexión y materiales electro-conductores (Mo, Ta, W, Al).

Modificación de materiales

Bajo este concepto deberán agruparse procesos que sólo modifican las propiedades de materiales ya existentes. En la implantación de iones serán intrabombardeados iones altamente energizados (B, P, As) las más de las veces sobre silicio; esto a fin de modificar su capacidad conductora en el sentido de un material n-dotado o p-dotato. En el subsecuente tratamiento a alta temperatura se curarán por una parte los daños de radiación originados en la implantación, por otra parte -mediante difusión- se integrarán a la estructura cristalina y activarán eléctricamente los materiales bombardeados. De la misma manera puede mejorarse la calidad de las capas rociadas o también formarse compuestos (v.g. siliciuros). Debe observarse que se utilizan de diferente manera pasos de alta temperatura según corresponda al caso de aplicación. Para la distribución uniforme de partículas intradifundidas se trabajará con una temperatura establecida por un espacio de tiempo más largo. En sentido contrario, para la formación de un compuesto que se encuentre en la superficie del sustratose aplicarán altas temperaturas (generadas con rayo láser o lámparas de relámpago) en lapsos breves (RTA - rapid thermal annealing). Los tiempos de activación breves posibilitan la formación de compuestos químicos con mayor entalpía formativa, sin modificar las estructuras ya generadas en la profundidad del substrato.

Litografía

Debido a que - normalmente - las capas sólo pueden precipitarse sobre el sustrato completo, y a que esto no es lo que se desea en todos los casos, deben estructurarse secuencias de proceso especiales. Esto se lleva a cabo con ayuda de procesos litográficos.

Clásicamente esto ocurre a través de la irradiación de un material sensible a la radiación - el resist - aplicado a la oblea semiconductora utilizando radiación corpuscular con lo que se imprimirá sobre éste una imagen latente, lo cual se expresa en una modificación de las propiedades físicas y sobre todo de las químicas. A partir de ello el resist modifica su solubilidad en solventes apropiados, especialmente en gases reactivos como por ejemplo CF_4, lo que permite una deposición libre de la superficie del sustrato(revelado) para otros pasos del procesamiento, tales como aplicación de material de vía conductora, la implantación de iones con fines de dotación o el llenado de zanjas ácido-atacadas con material aislante. Antes, y si es el caso, las estructuras de laca son todavía reendurecidas mediante una radiación especial utilizando luz ultravioleta, esto con el fin de proteger mejor de la abrasión la capa subyacente en el siguiente paso de ataque ácido.

A fin de alcanzar una buena capacidad de resolución con la mínima posible rugosidad de cantos, deben garantizarse las siguientes propiedades:

- buena atacabilidad ácida en solventes que no ataquen al substrato;

- alta selectividad de ataque ácido de zonas radiadas y no radiadas;

- buena capacidad de adherencia sobre los respectivos substratos;

- alta resistencia respecto a solventes con los que el sustratoes ácido-atacado;

- alta ausencia de defectos.

La fig.2.2 muestra esquemáticamente el proceso litográfico. Normalmente se utilizan como resist fotolacas orgánicas con una alta sensibilidad en el campo ultravioleta del espectro electromagnético. Éstas son rociadas o proyectadas sobre el sustratosemiconductor. Estando bajo la radiación se efectúa o bien una fotopolimerización de su estructura, lo que empeora la solubilidad de la zona

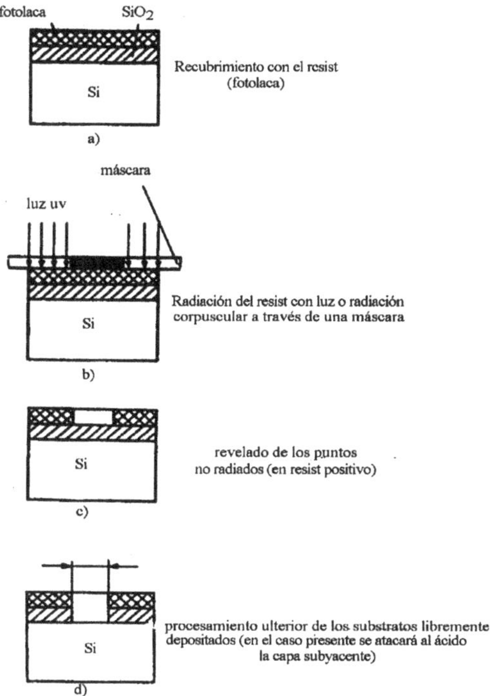

Figura 2.2: Elaboración de estructuras sobre un chip con ayuda de la microlitografía

correspondiente en medio ácido (resist negativo), o bien una fotorresolución de componentes con moléculas grandes, lo que a su vez aumentaría la solubilidad de las zonas radiadas (resist positivo). Más allá de esto se han probado también una serie de resists inorgánicos tales como los compuestos calcógenos [23], [24].

Técnica de ataque ácido

El ataque ácido elimina las zonas no protegidas por el resist y transfiere de este modo la información estructural expuesta en la laca hacia la subcapa. El proceso deberá ser preciso con ataque selectivo a la capa a eliminarse, pero no a sus subcapas. Para circuitos integrados con estructuras en rango submicrométrico se ha impuesto de manera general el ataque ácido de plasma, en el cual los iones generados en una descarga de gas emergen de manera acelerada por sobre el sustratoy de ese modo dan lugar a una abrasión anisotrópica, esto es, dirigida, que no pudo lograrse en el proceso húmedo anteriormente utilizado. En este caso el éxito depende de varias condiciones marginales tales como el tipo y tratamiento del resist, su misma conformación de capas, los gases de ataque utilizados, la energía de plasma y el diseño del reactor de ataque ácido. En la práctica esto lleva a la necesidad de desarrollar nuevos proceso de ataque ácido para cada aplicación especifica o al menos de optimizar los existentes.

Para el proceso se demanda por un lado una alta anisotropía, o sea un ataque ácido dirigido exclusivamente a la profundidad de la capa, a fin de evitar en lo posible un ataque inferior-lateral; por otro lado se deberá eliminar la capa a atacar y no su subcapa, es decir, que la capa será atacada de manera selectiva. En la práctica existe, sin embargo, una contradicción fundamental entre ambos requerimientos. Así, pueden alcanzarse mejor los ataques ácidos dirigidos con iones de alta energía pero químicamente no reactivos (p. ej. compuestos de Br), mientras que una buena selectividad demanda una reacción con un predominio químico más intenso (p. ej. moléculas con contenido de F [11]). Por esta razón, con frecuencia estos dos procesos se combinan secuencialmente un solo reactor a fin de - en una fase final de sobreataque - eliminar los restos de capa no deseados.

Debe observarse aun, que el ataque ácido químico-húmedo debido a la isotropía de este proceso lleva en general a un ataque inferior lateral. En el caso de anchos pequeños de estructura, no son tolerables los ataques inferiores laterales, de modo que este procedimiento no puede utilizarse en la super- integración. Por lo tanto, la química húmeda ha de emplearse tan sólo en la preparación o en la limpieza de substratos (u otros).

Procesamiento ulterior

Después de los últimos pasos del proceso para la fabricación de estructuras de circuito, de la aplicación de una capa de pasivización y del ataque químico libre, se procede a la medición de los chips, todos los cuales están aún sobre la oblea no dividida. Para ello, se encuentran sobre la oblea estructuras especiales de prueba. Se miden una gran cantidad de parámetros, por ejemplo tensiones de implantación de los transistores, resistencias de diverso tipo (resistencias de vía, de capa, de contacto), así como también parámetros geométricos. Si no se reconocen celdillas de memoria defectuosas o conforme a la calidad requerida, entonces pueden éstas sustituirse por elementos redundantes. Entre ellas se incluyen adicionalmente las celdillas de funcionamiento que se encuentran sobre la oblea, mismas que están igualmente conectadas. En caso de ser necesario, esto es, cuando otros elementos estén defectuosos, son éstas las que cumplen la función correspondiente. Después de la medición de los chips, las alimentaciones eléctricas de las celdillas redundantes son separadas mediante un cortador láser, quedando así separadas del sistema eléctrico.

Si la medición repetida arroja como resultado una función completa del chip, se procederá entonces a la separación de la oblea. Después de la separación los chips son sometidos de uno en uno a un nuevo control de función al que se agrega la prueba de estabilidad bajo carga intensa (por ejemplo tratamiento en un baño caliente). Solo después de esto es cuando se efectúa la encapsulación en una carcasa, la cual contiene la conexión a las alimentaciones eléctricas externas. En total se requieren para ello cerca de 50 pasos de proceso, con lo que la problemática particular del caso consiste en la evacuación (disipación) del calor generado en estos procesos.

2.2 Estado de desarrollo, problemas y tendencias

2.2.1 Característica del desarrollo

Antes que nada habrá que dar una visión global del estado de desarrollo y los problemas tecnológicos vinculados a ellos; el desarrollo esperado para el futuro, y la de ello resultante necesidad de la transición a una estructuración tridimensional. El desarrollo de la moderna microelectrónica se caracteriza por el permanente aumento de la densidad de integración y la velocidad de procesamiento de los elementos constructivos electrónicos. De este modo, desde el inicio de los años setenta se multiplica el número de celdillas de memoria por superficie - lo cual es un sinónimo del grado de integración - cada tres años [12]. Esta tendencia llega actualmente hasta el umbral de la entrada a producción de la 1Gbit-dRAM y la primera muestra de laboratorio de la 4Gbit-dRAM. En este caso se realizan actualmente de manera prioritaria altas densidades de integración mediante la aminoración de las dimensiones laterales de estructura. Esta tendencia de "desescalación" de la dimensión lateral del elemento constructivo ha sido hasta ahora determinante del desarrollo tecnológico y se mantiene inclusive hasta el nivel de la 16 Gbit [13], lo cual significa realización de estructuras del orden de magnitud de 0.1 - 0.2 μm.

Las memorias RAM se distinguen por una arquitectura de celdillas que se repite en forma simple y se producen además en gran número. Por ello son especialmente idóneas para ser señaladas como punteras en la transición hacia dimensiones más pequeñas. La figura 2.3 nos da una panorámica y el pronóstico de tendencia en el desarrollo RAM [22]. Se representa conjuntamente el procedimiento litográfico sugerible para el correspondiente nivel tecnológico. Éste contiene la transferencia del proyecto de circuito hacia el chip y representa el

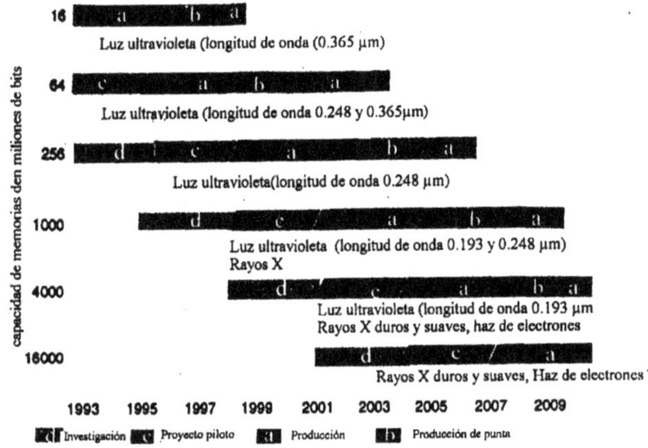

Figura 2.3: Pronostico de tendencia in el desarrollo de RAM (random access memory) [22]

paso decisivo de proceso para el empequeñecimiento de la estructura.

Con el empequeñecimiento de las dimensiones laterales de estructura resultan una serie de problemas, de los cuales pueden considerarse como los más dignos de mención aquellos que aparecen actualmente o que han de aparecer en un futuro próximo. Del lado de la tecnología esto afecta especialmente a la microlitografía. Del lado del material esto se aplica al sistema de vías conductoras y al sistema de contacto y más adelante al material aislante. Estos problemas deberán explicarse ahora de manera concreta.

2.2.2 Microlitografía

La microlitografía, es decir el traslado de la disposición (layout) del circuito hacia la superficie del chip adquiere un importancia muy especial en el marco del desarrollo descrito. Tal como ya se mencionó en la sección 2.1, el resist es el principal medio auxiliar de este proceso. La capacidad de resolución alcanzable con un resist depende tanto de su estructura física como del tipo de radiación aplicada y también del proceso de ataque ácido utilizado. Ya con la transición a las estructuras submicrométricas, lo que tuvo lugar con la introducción de la 1Mbit-dRAM, se alcanzó un ámbito en el que los fenómenos de difracción de la luz visible utilizada hasta ese momento para la radiación limitaron la capacidad de resolución (esto aparece en estructuras por abajo de 0.7 μm). Más allá de esto, con la cada vez mayor complejidad de los circuitos se da un creciente numero de capas cuyos espesores no son disminuibles. Las consecuencias son un aumento de la diferencia de alturas sobre la superficie del chip. Ahora es cuando precisamente el mejoramiento de la fineza de estructura se halla vinculado con una disminución de la nitidez de profundidad, con lo que incluso la nitidez óptica de profundidad del aparato de exposición se convirtió en un problema crítico. Por ello se efectuó forzosamente la transición hacia la litografía con longitudes más cortas de onda, esto es en el rango de la luz UV. A más tardar en la fabricación de 4 Gbit-dRAM's se habrá alcanzado allí también el límite (para recibir radiación UV intensa se utiliza láser Eximer por pulsos con longitud de onda de 193 nm), de modo que se estará llegando a la transición hacia la litografía de rayos X, y hacia la litografía con partículas cargadas, de manera especial hacia una litografía de electrones y, quizás, también hacia la litografía de iones.

El proceso de ataque ácido que transforma en un relieve las modificaciones generadas en el resist, debe estar adaptado a la naturaleza química del resist. Por eso deberán utilizarse los modernos procedimientos de solución como es el caso del ataque iónico reactivo.

Los tres componentes: resist, fuentes de radiación y procedimiento de ataque ácido deben por tanto contemplarse y desarrollarse siempre en relación el uno del otro De cualquier manera resultan en este caso límites físicos básicos y también límites en la economía. No habrá ningún resist que posea una ilimitada capacidad de resolución, aunque los resists de polímero sobre la base de PMMA (polimetilacrilato) tienen su límite en una magnitud de moléculas. Se desarrollan también fuentes de radiación de una intensidad deseada y una longitud más corta de onda; éste es el caso del sincrotrón del tamaño de una mesa para rayos X [14] (caso en el que la focalización del haz y la fabricación de las máscaras apropiadas significan el problema de importancia en consideración a costos) para instalaciones de exposición con haz de electrones (aquí los problemas se hallan en la escasa productividad) y para implantadores de iones. No obstante, el problema principal radica en el ataque ácido limpio de la imagen estampada en el resist.

Los límites resultan también por el hecho de que la capa de resist se aplica sólo sobre un sustratoplano en la primera estructuración. En todos los pasos siguientes se tiene un relieve por abajo del resist. La consecuencia es que estas ya no se pueden aplicar en forma delgada. En estructuras laterales cada vez más pequeñas resultan con ello relieves que se caracterizan por una considerable altura en comparación con la superficie base. No obstante, con eso se alcanzan forzosamente los límites de la adherencia de tales estructuras sobre el substrato, en caso de que éstas puedan todavía ácido-atacarse limpiamente.

Aquí es donde ahora la integración tridimensional, o sea la construcción del circuito en varios niveles de función representa una alternativa. La disminución de las dimensiones laterales de la estructura llevada a la práctica con enormes gastos y las múltiples influencias de falla que dado el caso evitan una explotación económica de circuitos, pueden ser evitadas de esta manera.

2.2.3 Sistema de contacto y de vías conductoras

Con la creciente integración disminuyen también las dimensiones de las vías conductoras y ventanas de contacto. Ya en el nivel tecnológico de la 4Mbit-dRAM las dimensiones de las vías conductoras fueron del orden de tan sólo 1 μm; en 16Mbit-dRAM, de 0.7 a 0.8. Con la desescalación (caracterizado por un factor de escalación K, el cual en la mencionada comparación entre 4Mbit-dRAM y 16Mbit-dRAM es del orden de 1.2 a 1.4) ??? en las vías conductoras:

- aumenta la densidad de corriente en forma proporcional a K^2 (lo que lleva a mayor carga de temperatura)

- disminuye la profundidad de penetración de las zonas a contactar en 1/K,

- disminuye la superficie de ventana de contacto en forma proporcional a $1/K^2$[15]

De esto se derivan consecuencias para el material de la vía conductora. Condicionado por la mayor temperatura y la mayor densidad de corriente esto deviene en difusión y en electromigración de los átomos del cuerpo sólido. Esta migración del material al interior de la vía conductora lleva consecuentemente a la formación de pozos y bordos y, finalmente en el punto más delgado (en el que la densidad de corriente crece cada vez más) a la interrupción de la vía conductora. En el aluminio utilizado principalmente en la tecnología microelectrónica hasta niveles tecnológicos de 256 kbit-dRAM, estas interrupciones de vía conductora representan la causa más frecuente de falla.

Debido a las favorables propiedades de aluminio, en comparación con otros materiales, debieran de mencionarse la alta conductividad eléctrica ($\rho = 2.7$ $\mu\Omega$cm) y la buena aleabilidad, las pretensiones se mueven cada vez más hacia la disminución de la tendencia de migración mediante la aleación de Cu, Si, Ti o bien metales de tierras raras [16] - [19] y con ello hacer (nuevamente) utilizable al aluminio para la alta integración. La adiciòn de Si (alrededor de 1 %) evita, por ejemplo, la interdifusión de Si y Al. La aleación con cobre disminuye la formación de poros y bordes y aumentacon ello la estabilidad respecto a la electromigración. En las contactaciones en las que la difusión de Si en el Al disminuye esencialmente su cuota de falla, es utis la construcción de barreras de difusión entre Al y Si. Especialmente, a este respecto fueron investigados aluminiuros de metales de transición con alta proporción de aluminio (p.ej. Co_2Al_9, Cr_2Al_{13} $MoAl_{13}$, WAl_{12}), los cuales pueden formarse a temperaturas de reacción de 350 - 525 $°C$ [20]

Mas allá de esto, y de manera especial para el sistema de vías conductoras se tienen también limites respecto a la arquitectura del circuito. Por un lado disminuye la conductividad eléctrica debido a la sección de vía conductora que se va haciendo más pequeña, de modo que (tratándose de capacidad uniforme) el tiempo de retardamiento de señal (caracterizado por el retardamiento RC, siendo R la resistencia de vía conductora, C la capacidad de vía conductora, esto es su acoplamiento capacitivo al substrato) crece. Además, en la alta integración también se agranda la superficie del chip. Esto conduce forzosamente a vías conductoras demasiado largas y con ello igualmente a un creciente retardo de señal. Aquí vemos que el tiempo de retardamiento de la señal sobre un chip resulta de la suma del tiempo de activación de la rejilla y el retardo

RC de la vía conductora. En el caso de vías conductoras largas (y una dada conductividad) se determinó consecuentemente la velocidad de procesamiento de la señal principalmente a partir del retardo RC. Sin tener en cuenta lo que se está buscando son materiales de la más alta conductividad posible (v.g. superconductores a alta temperatura, mismos que serán abordados en el capítulo 5) se tienen también requerimientos en cuanto a la arquitectura, por así decir el "tendido" de las vías conductoras en el chip. Debido a que por naturaleza las posibilidades geométricas sobre una superficie dada están limitadas, debe forzosamente traerse a consideración la tercera dimensión, es decir la profundidad del circuito, a partir de lo cual ésta se muestra - de manera inevitable - nuevamente como una transición a la integración tridimensional

2.2.4 Capas de aislamiento y dieléctricas

Con el sistemático empequeñecimiento de la estructura disminuyen los característicos espesores de capa tales como espesor de aislador o el espesor del óxido de entrada. Lo mismo ocurre con la distancia entre los elementos constructivos. Esto hace que se tengan altos requerimientos en cuanto a aislamiento, especialmente en la actual tecnología dominante CMOS, debido a que deben de evitarse las interrupciones dieléctricas. Además de que al hacerse más pequeños disminuye la capacidad de los condensadores. Por ello puede efectuarse sólo un mínimo almacenamiento de carga, lo que a su vez reduce la resistencia a la radiación del elemento constructivo. Mediante la radiación cósmica o de otro tipo pueden generarse portadores de carga no deseados en los elementos constructivos y con ello dar lugar a los llamados errores de software.

2.2.5 Límites adicionales

Debiera de observarse que en el ulterior empequeñecimiento de la estructura, más allá del nivel de las Gbit-dRAM's es donde tiene lugar la transición a la nanoelectrónica, punto en el que se llega básicamente a los límites físicos, siendo éstos de manera especial los siguientes:

- fluctuaciones térmicas de los átomos a partir de las estructuras más pequeñas;

- seguridad estática en la dotación pequeños volúmenes de circuitos (estructuras en estructuras extremadamente pequeñas se realiza un perfil de donación bajo circunstancias de sólo algunos pocos átomos de donador ó de aceptor, de modo que la falla de los átomos en lo individual modifica fuertemente la dotación);

- fluctuaciones estáticas de portadores de carga a partir de zonas dotadas,

- la incipiente influencia de fenómenos cuanto-mecánicos;

- límites de material para el silicio, especialmente problemas de intensidad de campo (de ahí se siguen interrupciones eléctricas y la inyección de "electrones calientes").

Además, los circuitos existen en tanto que tales en forma de estructuras de capas delgadas múltiples de diversos materiales que no se encuentran en equilibrio termodinámico y por ello están sometidos a reacciones específicas de cuerpo sólido. Éstas se activarán de manera especial en la operación dinámica (carga térmica y eléctrica), con lo que los problemas arriba enumerados se harán más intensos. Como consecuencia de ello disminuirá la confiabilidad y estabilidad por largo tiempo, de los elementos constructivos. Inclusive límites de sistema tal como ya fueron señalados en el sistema de vías conductoras, y la todavía difícil de ser dominada arquitectura del circuito ("logic design") [21] adquieren de manera creciente un papel relevante.

2.3   Tendencias a la integración tridimensional

Todos los problemas explicados en las secciones 2.2 pueden solucionarse con la transición a la estructuración tridimensional.

En principio ya se ha comenzado con esta transición dándose en ese sentido los primeros pasos, si bien todavía no con la disposición de transistores en varios niveles el uno sobre el otro. Los elementos de circuito fueron ordenados hasta el nivel tecnológico de 1 Mbit-dRAM exclusivamente en forma planar, de modo que los problemas mencionados en relación con el material aislante llevaron a la concepción de la construcción vertical de elementos constructivos [23], esto es aplicable al mismo tiempo a la disposición de las vías conductoras a varios niveles (parcialmente inclusive ya desde antes en la 256 kbit-dRAM). Con ello comienza en cierta medida la tendencia a ya no disponer más los elementos constructivos solo de manera planar sino a apilarlos. Esto puede ser desarrollado ulteriormente hasta llegar a la construcción de elementos de función en varios niveles. La fig.2.4 muestra para el caso el ejemplo de una 256-bit-sRAM estática tridimensional [24]. En el nivel inferior fueron dispuestas las celdillas de memoria, mientras que los elementos periféricos tales como decodificador, amplificador y puffer de entradas o salidas se encuentran en el nivel superior.

Los fundamentos tecnológicos para esta estructuración tridimensional deben de buscarse en el desarrollo del ataque ácido de zanjas, esto es, de la estructuración de zanjas profundas mediante ataque iónico reactivo, al igual que en la tecnología SOI (silicon on insulator). Mediante el llenado con material aislante de las zanjas atacadas pudo por ejemplo solucionarse el problema del aislamiento lateral de transistores en la técnica CMOS [25]

En la tecnología SOI se fabrican elementos constructivos en una capa delgada de silicio, la cual fue previamente precipitada sobre un dieléctrico. Con ello se evita el acoplamiento capacitivo de los elementos de función del circuito con el substrato. Básicamente, la capa de Si en la cual se forman los elementos activos de función debe ser cristalina. Sería especialmente favorable, en consecuencia, un sustratoaislante monocristalino en el cual pueda crecer el silicio en forma también monocristalina. A este respecto se conoce la utilización de zafiro (tecnología SOS-silicon on sapphire). Sin embargo esta tecnología no ha logrado un avance sustancial. La causa de ello ha de verse por un lado en

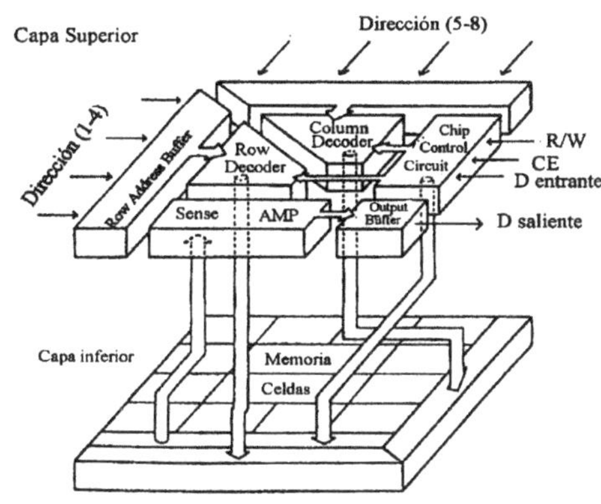

Figura 2.4: 256-bit-sRAM tridimensional (según [14])

costosa elaboración del substrato. Por otro lado, las capas epitaxiales crecidas sobre tales substratos muestran una gran diferencia de calidad, lo que conlleva a una mínima explotación económica de los circuitos. Por ello los afanes van en el sentido de precipitar el silicio sobre substratos policristalinos o amorfos (v.g. sobre substratos de Si oxidados). Debido a que el silicio aplicado está presente inclusive en forma policristalina o amorfa, se le debe recristalizar en una subsecuente etapa del proceso [26] Para ello son especialmente apropiados los procesos a temperatura por tiempo breve y los procesos de fusión de haz inducido (Laserannealing). Los dos garantizan que sólo la zona a ser recristalizada debe ser cargada térmicamente, de modo que las áreas que se encuentran abajo no sufran ninguna modificación sustancial.

Una posibilidad más la ofrece la generación de capas aislantes azanjadas mediante la implantación de alta dosis en el sustratode Si. Para ello se implantarán aquellos iones que junto con el Si pueden aceptar un compuesto aislante, es decir O^+ para la formación de SiO_x(se desea SiO_2) [27], [51] - [53], N^+ para la formación de Si_xN_{1-x} (se desea Si_3N_4) [28] así como C^+ para la formación de SiC_x (se desea SiC) [29]. Las dosis a implantar, dependiendo del tipo de ion, de la energía de implantación y del perfil de dotación de ahí resultante, están en el orden de magnitud de 10^{17}a 10^{18} iones/cm^2. Habiendo una energía de inyección lo suficientemente alta (de modo que los iones después de la implantación se encuentren a profundidad dentro del substrato) y un consecutivo tratamiento térmico, se origina de este modo una heteroestructura doble Si/aislante/Si, siendo la capa superior de silicio también monocristalina.

Se debe de ver, como variante más próxima, el crecimiento epitaxial de una capa aislante sobre un sustratode Si y sobre ella de nuevo una de Si monocristal-ino. En consecuencia el material aislante debe poseer una estructura cristalina adaptada al silicio. Los materiales tradicionalmente utilizados en la tecnología del silicio: SiO_2 y Si_3N_4, normalmente no poseen esta propiedad incluso si ya se ha logrado formar, con el método de la epitaxia molecular, una estructura doble $Si/SiO_2/Si$ [30] en la que ya haya estado presente el SiO_x en forma monocristali-na. Por el contrario, son apropiados como aislantes monocristalinos los fluoruros alcalinotérreos, especialmente CaF_2, BaF_2 [31]. Una amplia presentación de el-los se da en la sección 5.4.

Como ya se mencionó de entrada, con dichas tecnologías se efectúa una transición sistemática a la microelectrónica tridimensional, partiendo desde los elementos constructivos verticales (condensador de zanjas, transistor de puerta vertical) hasta llegar a sistemas tridimensionales integrados. Esto quiere decir en todo caso, realizar - además de la estructuración lateral normal (con ayuda de la litografía) - también una estructura de profundidad hasta el rango de pocos nanómetros y disponer los elementos de función de circuito distribuyéndolos en los diferentes niveles. Desde el punto de vista conceptual, la estructuración a profundidad está vinculada al crecimiento epitaxial por dos distintas razones:

- En primer lugar, son necesarias capas muy delgadas libres de defectos con propiedades geométricas, electricas y en caso dado ópticas exactamente definidas hasta un rango monoatómico. Entre las capas de diferente tipo no deben de tener lugar procesos de difusión de componentes de capa (en materiales perfectos monocristalinos son más altas las energías de acti-vación, lo cual aumenta su estabilidad sustancialmente).

- En segundo lugar, existen altos requerimientos para las superficies límite entre las capas de diferente tipo. Esto quiere decir que deben estar libres de impurezas, defectos de rejilla y tensionamientos (en caso de que estos no fueran expresamente deseados como ocurre v.g. con el sistema Si-Ge).

Mediante el apilamiento de capas de semiconductor, de aislante y de metal-ización es posible la realización de una electronica monocristalina. Esto quiere decir que inclusive el material aislante y las conductoras debieran vías ser monocristalinas, lo que no es el caso en los circuitos actualmente producidos. Subecuentemente, surge también el problema de tener que encontrar sistemas de material afines. Se trata aquí, además de la afinidad estructural, también de propiedades térmicas (v.g. coeficiente de dilatación térmico) y electrónicas (distancia de banda, tipo de portador de carga, número dieléctrico). Más allá de esto se tiene la posibilidad de combinar diferentes materiales unos con otros. Con ello, la electronica convencional de silicio puede incorporar las ventajas de la electrónica $A_{III}B_V$ (alta movilidad de portador de carga, en parte pasos directos de brecha, p. ej. GaAs, InP, GaSb; todo ello de interés para la optoelectrónica). De este modo pueden formarse grupos constructivos optoelectrónicos tales como diodos láser [33] o celdas solares [34] sobre un único circuito monolítico Si-VLSI. Pueden incluso integrarse los GaAs-FET's de activación rápida, mismos que a partir de la alta movilidad de electrones en el GaAs han ya alcanzado un monto

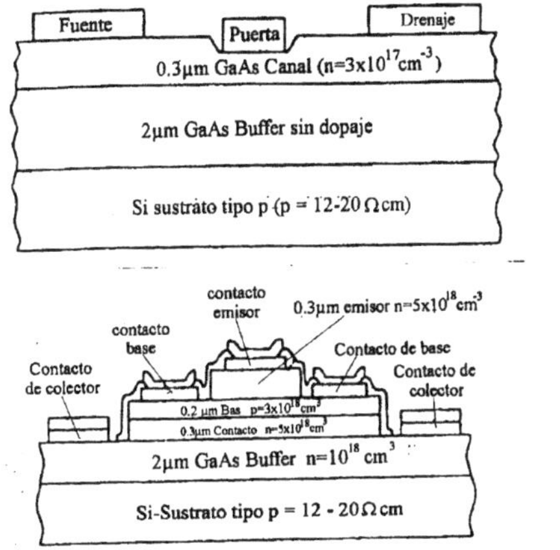

Figura 2.5: Presentación esquemática de un MESFET y de un HBT en GaAs crecido sobre sustrato de Si [35]

de producción considerable. También en este sentido, existen actualmente los trabajos tendientes a hacer crecer en gran superficie GaAs y otros semiconductores A_{III} B_V sobre obleas de silicio monocristalinas [35]. Con esto pueden dejarse de lado los costosos substratos de los semiconductores de compuestos. De este modo han sido producidos MODFET's (modulation doped field effect transistor) [36] y HBT's (heterojunction bipolar transistor) [38] en GaAs crecido sobre sustratode Si. La fig.2.5 muestra en forma esquemática ejemplos, realizados de similar manera, de MESFET y de un HBT.

Además, se han hecho crecer en particular semiconductores de compuestos de banda angosta, del grupo $A_{II}B_{VI}$ sobre substratos de silicio, lo cual es de importancia para la técnica de rayos infrarrojos. En este caso la ventaja reside nuevamente en la integración monolítica de materiales óptico-activos y silicio-electrónica de evaluación a nivel de VLSI. De ese modo han podido realizarse sensores sensibles a IR sobre la base de HgCdTe, crecidos sobre la estructura de capas fluoruro alcalinotérreo/Si en forma de matriz sensora para cámaras de imágenes de radiación térmica [39]. En el sustrato de Si ha sido integrada la necesaria electrónica de procesamiento y excitación (amplificador, multiplicador).

En general puede concluirse que los sistemas apilados tridimensionalmente permiten la integración de diferentes sensores con la electrónica de silicio, lo que ha de subrayarse como característica principal y ventaja decisiva respecto a otras tecnologías.

Mediante la estructuración a profundidad hasta llegar a escalas nanométri-

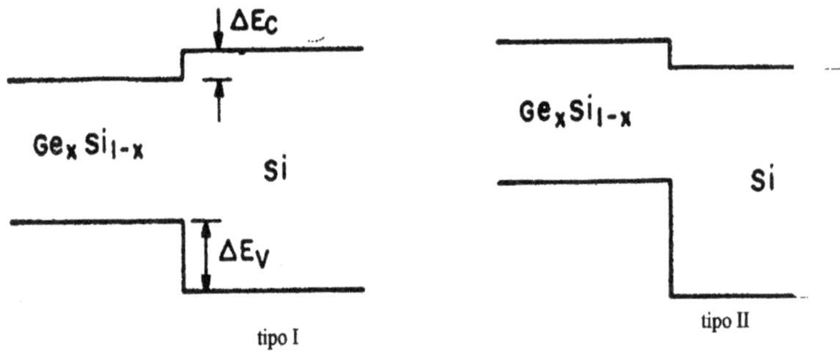

Figura 2.6: Representación esquemática de heterotransiciones de semiconductores teniendo como ejemplo Ge_xSi_{1-x}

cas se dispone también del desarrollo ulterior de la integración tridimensional para la nanoelectrónica cuántico-acoplada, misma que se abordará en detalle en el capítulo 7. Si se ponen en contacto dos materiales semiconductores con diferentes propiedades físicas (brechas de banda, constante de rejilla, dotación), se origina entonces una heterotransición. En el caso de una considerable modificación de la brecha de banda de energía ocurren deformaciones de banda debidas a las cargas espaciales existentes en las superficies límite. Es evidente que la dotación del material posee una influencia importante. Dependiendo del signo de estas continuidades de banda ΔE_c (para la banda de conducción) y ΔE_v (para la banda de valencia) pueden de aquí conformarse dos tipos diferentes de heterotransiciones. Al poseer ΔE_c y ΔE_v signos diferentes se moverán los electrones y los pozos hacia el material con la brecha de banda más pequeña (Tipo I), siendo los signos iguales se moverán en dirección contraria sobre la superficie límite, con lo cual quedarán separadas espacialmente (Tipo II)

La figura 2.6 muestra estas heterotransiciones de manera esquemática en el ejemplo de Ge_xSi_{1-x} Si ahora tales estructuras de capa se repiten varias veces resultan, correspondientemente, las ya halladas expresiones de suprarrejilla del tipo 1 o bien del Tipo II [41], [42].

Si los espesores de las capas en particular están en la magnitud de la longitud de onda de de-Broglie para los portadores de carga, se foman entonces pozos de potencial en los cuales están localizados los portadores de carga correspondientes. Con ello, su respectivo movimiento está en dependencia de la dirección, clásicamente en forma paralela a la dirección de crecimiento de las capas y cuantizadas perpendicularmente a ella. Mediante esta quantización tiene lugar la delimitación de la libertad de movimiento de los portadores de carga; se produce un gas bidimensional de portadores de carga, el cual se distingue por una alta movilidad el nivel paralelo a la dirección de crecimiento. La causa de esta alta movilidad lo es la separación local de los portadores de carga de los atomos de dotación, de modo que dicha movilidad no puede activarse volviéndose el centro de dispersión. Pueden también producirse materiales semiconductores altamente dotados sin que en ellos la movilidad de los portadores de carga se vea disminuida. Combinaciones interesantes de materiales, las cuales resultan tecnológicamente relevantes en relación con la electrónica, son especialmente Si/Ge y GaAs/AlAs. Esto incluye conjuntamente capas mixtas tales como Ge_xSi_{1-x}, y $Ga_xAl_{1-x}As$, con las que las transiciones que dependen de la composición pueden desarrollarse de manera menos abrupta. Sobre la base de estos materiales y utilizando las mencionadas propiedades se han realizado una serie de conceptos de nuevo tipo para elementos constructivos. Como ejemplo pueden nombrarse:

- MODFET's (modulation doped field effect transistor) [36], [43], [44] (respectivamente sobre base de Si y de GaAs),

- HBT's (heterojunction bipolar transistor) [38], [45], [46] (respectivamente sobre base de Si y de GaAs),

- Si-avalanche fotodetectores de alta sensibilidad en infrarrojos amplitud espectral [47]

- Microelementos de alta frecuencia Si/Ge_xSi_{1-x} en el rango de frecuencia de hasta 100 GHz (diodos IMPATT -impact avalanche transit time), SIMMWIC's (silicon molithic millimeter- wave integrated circuits) [48])

- Diodos de tunelamiento por resonancia [49], [50] (respectivamente sobre base de Si y de GaAs)

Estos conceptos de elementos constructivos amplían aún más - de manera considerable - las posibilidades que ya se dan mediante la integración tridimensional. Mediante la utilización de efectos cuánticos tal como se dan a través de la formación de gases bidimensionales y unidimensionales (v.g. tunelamiento por resonancia de portadores de carga en superrejillas) han de esperarse elementos constructicos enormemente rápidos. En el capítulo 7 se abordarán en detalle una vez más algunos de estos elementos.

Como requisitos básicos para la realización de tales sistemas pueden mencionarse los siguientes:

- Dominio seguro de procesos para la separación de capas con subsecuente crecimiento epitáxico para espesores que van desde una capa monomolecular hasta 100 nm.

- Dominio de las regiones de superficie límite en escala de 1 a 5 capas monomoleculares (es decir, deben de ser factibles superficies límite atómicamente lisas).

- Empleo seguro de perfiles de dotación en escala de hasta pocas capas atómicas.

- Realización de pasos de proceso en escalas de temperatura que estén en lo posible por abajo de 800-1000 C.

- Búsqueda e investigación de materiales, mismos que sean compatibles con la tecnología de Si o con la de GaAs y posean una alta estabilidad a largo plazo respecto a cargas eléctricas y térmicas.

- Búsqueda de procesos apropiados (en lo más posible, evitando tecnologías de separación y eliminación de capa) para la estructuración lateral hasta escalas en las que sean efectivos los fenómenos cuanticos.

- Empleo de procedimientos que satisfagan las altas exigencias de limpieza (ausencia de defectos) de las estructuras nanométricas.

- Aseguramiento de una alta homogeneidad y reproducibilidad en sustratos lo más grandes que sea posible, teniendo como objetivo un alto rendimiento en circuitos y suficiente estabilidad a largo plazo.

- Empleo de procesos tecnológicos que posean una alta afinidad con el medio ambiente (evitación de desechos dificiles de confinar).

Capítulo 3

Procedimientos para la elaboración de sistemas microelectrónicos monocristalinos

3.1 Revisión general de procedimientos posibles para la separación de capas

La estructuración a profundidad, la cual - en el sentido de una estructuración tridimensional - debe entenderse como la elaboración de capas consecutivas más delagadas, en lo posible monocristalinas, puede realizarse con diferentes procedimientos epitaxiales. Estos puden subdividirse de manera general en:

A: Técnicas de vacío

A1 Epitaxia por haz molecular (MBE o MBD - molecular beam deposition)

A2 Vaporización por haz de electrones

A3 Desprendimiento atómico (magnetrónico, de tensión continua, de alta frecuencia)

A4 ICBD (ion cluster beam deposition)

A5 Técnicas a base de haz de iones

A6 Separación de fuentes gasiformes (recubrimientos reactivos, CBD a baja presión, fuentes de gas MBE)

B Técnicas a presión atmosférica

B7 Separación quimica en fase vapor (CVD, MO-CVD)

B8 Vaporización laser (-laser pulse deposition)

La selección de los procedimientos se determinará a partir de conveniencias de índole física, técnica y por supuesto también económica. Por ejemplo, las dos tecnologías UHV, la MBE y la ICBD se diferencian en primer término y principalmente - sólo en el tipo de generación de los haces de vapor. Como resultado de ésta se tiene, no obstante, una composición completamente distinta al interior del vapor del material. Si en el haz MBE existen moléculas monoméricas, diméricas o indisociadas (por ejemplo en los floruros alcalino-térreos), entonces un haz de vapor generado mediante la técnica ICB ha de contener clusters con 100-2000 átomos. Éste se origina después de que un haz de átomos producido mediante procesos térmicos es enfriado abruptamente. Los clusters son entonces acelerados abruptamente en un campo eléctrico de tal modo que la energía cinética media por átomo es de 1-10 eV [54]. A este respecto, comparativamente, las partículas activadas térmicamente poseen una energía de alrededor de 0.1 eV (que es el caso de MBE). Para el proceso de crecimiento de capa es por supuesto esencial si con la MBE son atomos aislados los que, mediante unas pinzas atómicas, se "ponen" sobre el sustrato, o si todos los clusters que, a decir verdad, represententen cuerpos sólidos en miniatura, alcanzan la superficie del sustrato. Mientras que con la ICBD para la homoepitaxia de, por ejemplo, silicio sobre silicio, se pueden observar mejores propiedades de crecimiento de capas debido a la aparición de cluster ricos en energía [55] (alta calidad de capa en comparativamente baja temperatura de sustrato así como más alta velocidad de crecimiento), para el caso de la epitaxia sobre semiconductores de unión, siliciuros metálicos o fluoruros alcalino-térreos, este método se muestra como inapropiado.

A continuación se detallarán brevemente - partiendo de los procedimientos mencionados - algunos métodos especialmente relevantes desde el punto de vista tecnológico. La MBE se abordará en una sección específica. En este caso debe de observarse que de la meta fijada - alta limpieza de capa y cristalinidad - resultan resumiendo tres exigencias principales a partir de las cuales habrán de considerarse los procedimientos:

a) La superficie de sustrato debe estar libre de todas las impurezas y defectos.

b) El vapor no debe estar sucio durante el transporte del crisol a la superficie del sustrato.

c) Debe garantizarse que se disponga de material de base de alta limpieza, mismo que durante la vaporización no deberá reaccionar ni con las paredes del crisol no con otros materiales que se encuentren próximos a él.

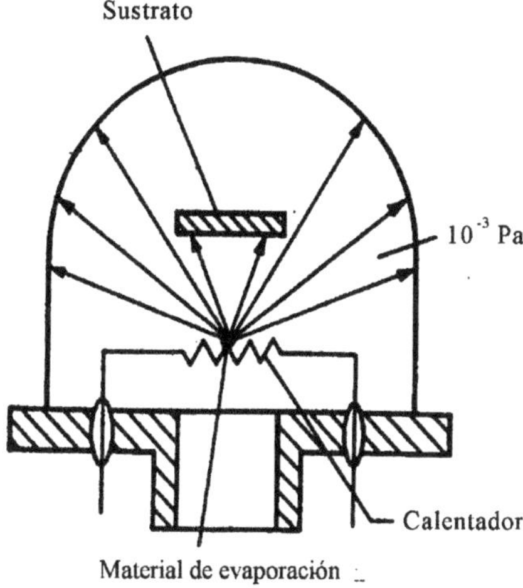

Figura 3.1: Esquema de un equipo de evaporación

Vaporización térmica

La separación térmica es el método físico más sencillo para la producción de capas en vacío. El material de vaporización es vaporizado mediante el calentamiento de navecillas, filamentos o recipientes cónicos hechos de W, Mo o Ta, esto mediante flujo de corriente eléctrica (calentamiento por resistencia). Normalmente, el cambio de material de sólido a gaseoso no ocurre de manera directa (sublimación), sino a través de la etapa intermedia de la fase líquida. Habiendo una distancia suficientemente grande entre la fuente de vaporización y el sustrato, la fuente aparece como fuente puntual. En qué medida los haces de vapor se dispersen sin efecto recíproco depende de la longitud libre media de trayectoria de las partículas. Dicha longitud será mayor mientras menor sea la presión, esto es, mientras mejor sea el vacío del recipiente. Al haber una dispersión libre de efecto recíproco de los átomos y las moléculas se está hablando de haces moleculares, sobre los cuales se entrará más en detalle en la siguiente sección 3.2. al considerar la epitaxia de haz molecular. La figura 3.1 muestra la construcción principal de un aparato para vaporización sobreaplicada.

En un envase cerrado - dependiendo de la temperatura - se produce una presión de vapor saturante, la cual se encuentra en equilibrio con la fase líquida o sólida. Para algunos materiales importantes se le puede tomar de la figura 3.2

La velocidad a la que las partículas son vaporizadas de la superficie del cuerpo sólido aumenta aproximadamente de manera exponencial con la temperatura.

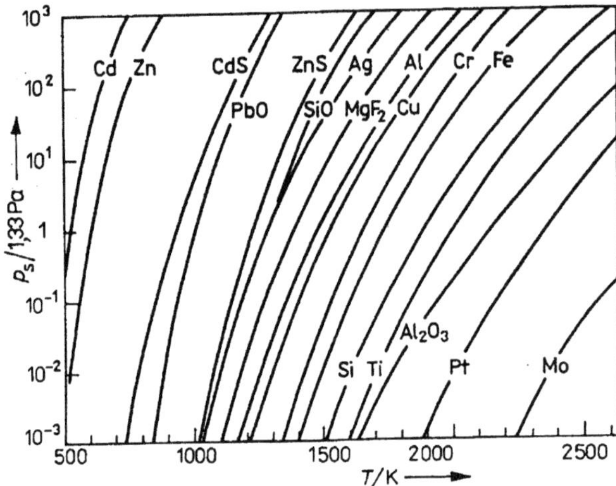

Figura 3.2: Gráfica ilustrativa de como la presión-vapor de saturación p$_s$ depende de la temperatura de los materiales (aquí se han seleccionado algunos).

La energía cinética de los atomos vaporizados o de las moléculas está entre 0.1 a 0.2 eV a temperaturas de 1500-2000 K.

También la evaporación a partir de celdillas de efusión (celdilla de Knudsen) es un tipo especial de evaporación térmica (Sección 3.2). En una celdilla de Knudsen, por encima del material de vaporización se forma la presión de vapor de equilibrio del material de acuerdo con la respectiva temperatura. De una pequeña abertura fluye

el vapor -normalmente generado mediante calor de resistencia- hacia el vacío, con lo que las relaciones termodinámicas de equilibrio se ven apenas interferidas. La figura 3.3 muestra esquemáticamente un celdilla de Knudsen (según [61]) tal como se le utiliza en las instalaciones MBE.

Vaporización de haz de electrones

La vaporización por haz de electrones (contrario a la vaporización térmica no se trabajará aquí en equilibrio termodinámico) se utiliza preponderantemente para la generación de vapor de metales de alto punto de fusión. Como de alta fusión o de difícil vaporización deben de considerarse también en este caso tales sustancias durante cuya vaporización térmica la idoneidad para UHV de los crisoles no puede garantizarse. Entre ellas ha de contarse, por ejemplo, el silicio (en el sentido de la mencionada tercera exigencia). Para alcanzar la presión de vapor requerida para el silicio, debería llevarse a éste precisamente a una temperatura de hasta 2000 K. A estas temperaturas el silicio es, no obstante, muy reactivo y reacciona consecuentemente con los respectovos materiales del

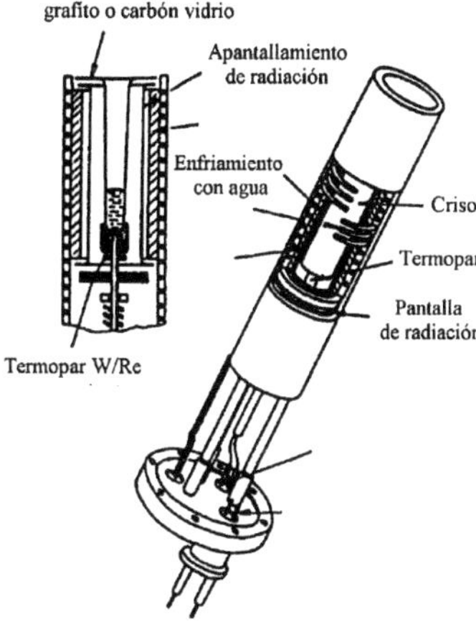

Figura 3.3: Presentación esquemática de una celdilla de Knudsen según [61]

crisol. La salida está por eso en la vaporización del silicio a partir de un crisol enfriado por agua utilizando haces de electrones. En este caso se funde sólo una mínima parte del silicio y el material de vaporización todavía sólido conforma en cierta manera un crisol para el material líquido.

Más allá de esto, la vaporización con haz de electrones es también apropiada para la abrasión estequiométrica de tales compuestos que son vaporizables de manera térmicamente incongruente o sea que no son vaporizables en su composición deseada (esto es, cuando a la correspondiente temperatura el compuesto se disocia y sus componentes pasan a la fase vapor de manera fraccionada debido a su diferente presión de vapor). De cualquier manera debe ponerse atención en el hecho de que no todo compuesto puede ser manejado de esta manera sin problema. Por ejemplo, al momento de la vaporización de aislantes de difícil volatilidad pueden aparecer problemas de carga que hacen que la vaporización por haz de electrones aparecezva como desfavorable.

A fin de minimizar cualesquier daño al sistema de generación de haces a causa del vapor y con el propósito de evitar un ensuciamiento de las capas a ser generadas a causa del material catódico en vaporización, se emplearán vaporizadores de haz de electrones con un ángulo de inclinación de 270°. Esto permite también una protección segura del cátodo ante la aplicación del material y se le asegura con ello una larga vida útil.

En el empleo de vaporizadores de haz de electrones debe considerarse como problema principal la emisión de electrones secundarios altamente energizados, lo que puede dar lugar a efectos no deseados:

- Desorción de moléculas gaeosas y polvos desprendidos del material del envase

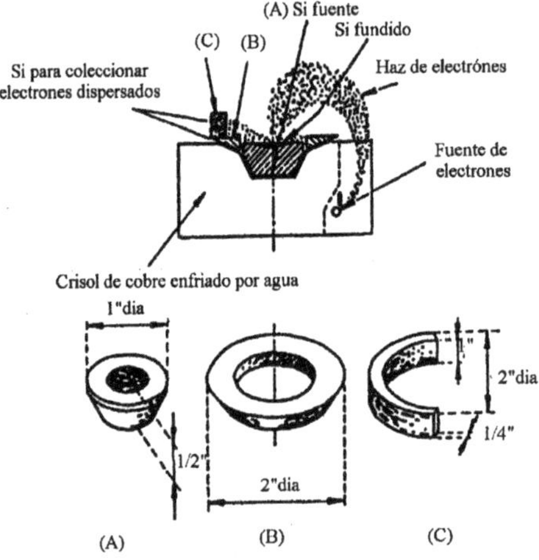

Figura 3.4: Principio de un vaporizador de haz de electrones con 270° de inclinación de haz [60][62]

(esto lleva a un aumento de la presión en el recipiente y a una contaminación adicional de las capas en crecimiento).

- Defectos de crecimiento provocados por colisión electrónica.

- Falla de aparatos de medición montados en el interior del recipiente.

El problema puede ser solucionado mediante el recubrimiento de todas las superficies interiores del vaporizador, procurando que dicho recubrimiento se haga utilizando el material a vaporizar en el mencionado vaporizador [60]. El principio bajo el cual trabajará tal vaporizador se describió en el ejemplo del silicio (Sección 3.4). La emisión de gas al interior del sistema generador de haces y de las paredes próximas se resolverá rodeando el vaporizador de haz de electrones con superficies frías, mismas que pueden enfriarse con nitrógeno líquido o helio.

Un parámetro importante de todo vaporizador de haz de electrones es la potencia del haz. Con el incremento de la potencia de haz se alcanzan altos coeficientes de crecimiento. En este caso, surge bajo ciertas condiciones (por ejemplo con el silicio) un efecto muy desventajoso. Al sobrepasarse una potencia crítica de haz, cuyo valor depende de la forma del crisol y de la dirección del haz de electrones sobre el material de vaporización, puede ocurrir que el silicio salpique. Es posible que de este modo clusters de silicio mayores puedan alcanzar la superficie del sustrato y den lugar a fallas en el crecimiento.

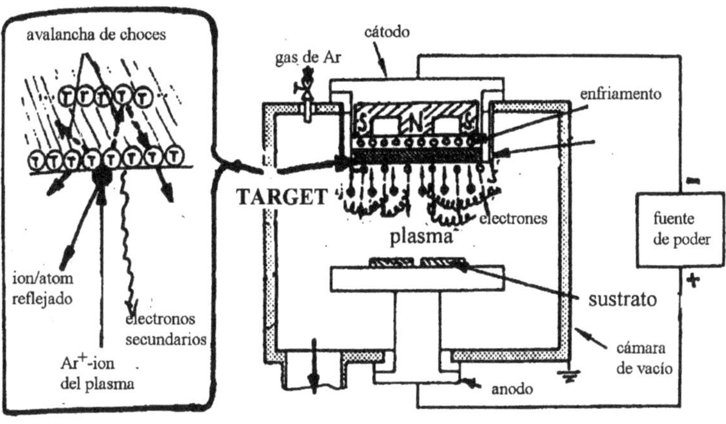

Figura 3.5: Presentación esquemática de la producción de capas mediante desprendimiento. A la izquierda, los procesos sobre la superficie del objetivo

Deposición de capas mediante desprendimiento

Otro método importante de producción, especialmente de capas metálicas, lo es la deposición mediante desprendimiento por bombardeo iónico (pulverización catódica). Éste método, al igual que la vaporización por haz de electrones, no trabaja en equilibrio termodinámico. El principio de la deposición de capas mediante desprendimiento se describe en la Sección 3.5. En una cámara de vacío se encuentran los sustratos a recubrir, frente el así llamado objetivo. La cámara es primero evacuada y entonces el gas de desprendimiento, v.g. argon, es cargado adentro. Con una presión de 0.1 a 1 Pa, y vía un generador de alta frecuencia o de tensión continua, es entonces incendiado un plasma. In situ se tienen tensiones típicas de 500 a 2000 V, corrientes típicas de 2-20 A. El objetivo en este caso hace las veces de cátodo y el sustrato las veces de ánodo. La distancia es de algunos centímetros. A consecuencia de la alta conductibilidad del plasma, en el que hasta 10 % de los átomos de Argón quedan ionizados, la totalidad de la tensión se halla prácticamente por arriba del llamado espacio oscuro. Aquí, comúnmente, son acelerados sobre el cátodo iones provenientes del plasma.

En el encuentro se liberan en el objetivo procesos de choque mediante los cuales son desprendidos átomos de la capa superior del objetivo (figura 3.5, derecha).

La energía más probable de los átomos desprendidos está entre 5 y 20 eV. Debido a la longitud mínima libre de trayectoria de cerca de 1 cm a 0.1 Pa, puede ocurrir un parcial enfrenamiento de los átomos desprendidos antes de que se encuentren con el objetivo. A pesar de ello conllevan en su deposición sobre el sustrato una esencialmente energía cinética mayor en comparación con átomos generados mediante vaporización térmica. Esto lleva en muchos casos a propiedades mejoradas de las capas desprendidas respecto a las vaporizadas. En la ionopulverización se liberán también electrones secundarios que en el campo elevado del espacio oscuro se aceleran y con una alta energía van al encuentro del electrodo contrario. Esto da lugar a un calentamiento del sustrato. A fin de evitar lo anterior, en el llamado desprendimiento-magnetrón se monta un magneto permanente cerca del cátodo, cuyo campo magnético llega hasta el ámbito del objetivo del plasma. En este campo magnético son arremolinados en trayectorias en espiral los electrones secundarios acelerados, con lo que se les mantiente lejos del ánodo. Mediante lo anterior, además, se incrementa el grado de ionización y con ello el rendimiento de la ionopulverización. De este modo la descarga puede mantenerse habiendo condiciones de baja presión. Debido a que la capa positiva de carga espacial antes del objetico desacopla eléctricamente el sustrato del objetivo, puede también verse variado el potencial del sustrato en forma independiente. Mediante la sobreposición de un prevacío pueden de ese modo iones procedentes del plasma ser dirigidos también hacia la capa en crecimiento. Por tanto, en este denominado desprendimiento-'bias' una parte de la capa en crecimiento será siempre pulverizada de nuevo, lo que bajo las circunstancias dadas influye positivamente a la microestructura de la capa así generada, dando lugar con frecuencia incluso a una mejorada adherencia de ésta y, sobre todo, reduce marcadamente la incorporación de gases inertes provenientes del área de plasma. Esta incorporación de gases inertes se lleva a cabo sobre todo por el hecho de que una parte de los iones que van al encuentro del objetivo son reflejados con alta energiá a partir del plasma. Debido a que en este proces de reflexión los iones de Ar^+ son mayoritariamente neutralizados en el objetivo, pueden atravezar el campo contrario del espacio oscuro sin ningun frenado y de ese modo dar con más alta energía sobre el sustrato y allí ser implantados.

Como en todos los procesos de separación con una haz dirigido del depósito, también en el desprendimiento sobre estructuras no parejas, se llega a efectos de oscurecimiento, esto debido a que los átomos del objetivo que dan sobre el sustrato tienen una cierta dirección preferencial.

Esto conduce al problema de cubrimiento de cantos que se ilustra en la Sección 3.6. Debido a que al aumentar la miniaturización las dimensiones laterales se hacen cada vez más pequeñas - los espesorescaracterísticos de capa quedan casi iguales - en el interior de tales estructuras se hace cada vez más difícil separar material para digamos contactos eléctricos con ayuda del proceso de desprendimiento. Una cierta ayuda en este sentido es la que se ofrece en la utilización de la técnica de ionopulverización. A través del bombardeo de la capa en crecimiento con iones de Ar^+ se aumenta la movilidad superficial de los átomos separados, de modo que llega más material a las paredes laterales oscurecidas. Un mejoramiento de la situación se obtiene mediante la utilización de la separación química en fase gaseosa.

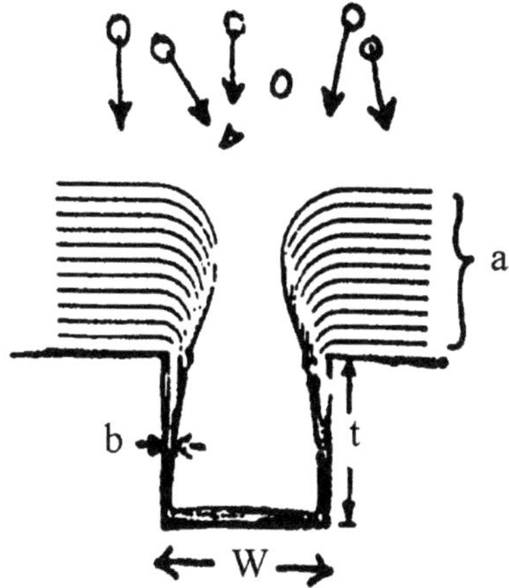

Figura 3.6: Cubrimiento de cantos mediante efectos de oscurecimiento en la separación de capas mediante desprendimiento.

Laser-Puls-Deposition (LPD) (Desposición por pulsación láser)

De manera similar a los métodos ya descritos, el depósito por pulsación láser es también especialmente apropiada para materiales de difícil evaporación, tales como tungsteno o carbono, los cuales vaporizan incongruentemente a nivel térmico, o bien se descomponen térmicamente. También en este caso, átomos y moléculas en grandes formaciones se eliminan del objetivo mediante una alta aplicación de energía. Al contrario de la vaporización por haz de electrones, por este medio pueden aplicarse tambien materiales aislantes de difícil volatilidad, esto sin ningún problema y sin los interferentes fenómenos de sobrecarga.

Para el bombardeo láser es necesario un laser que trabaje por pulsos con una densidad de potencia > 107 W/cm^2. Son especialmente apropiados para ello los laser Nd :YAG que poseen una buena estabilidad térmica a largo plazo. El rayo láser con una longitud de onda de 1.06 μm puede acoplarse bien a recipiente mediante una ventana UHV; debido a lo cual la compatibilidad con tecnologías de alto vacío está, sin problema, garantizada. En este caso el láser se enfocará simultáneamente. En la cámara, el laser con una alta densidad de potencia va de este modo a chocar sobre el material de vaporización. A fin de que el arrastre no ocurra siempre en el mismo lugar del objetivo, éste deberá girar. La figura 3.7 muestra la disposición de una fuente de vaporización láser en una instalación UHV [66]. Una ventaja del procedimiento consiste en que no hay la complicabilidad que sí se tiene para hacer posible la aplicación de material en condiciones de altas corrientes de vapor y alta energía de deposición.

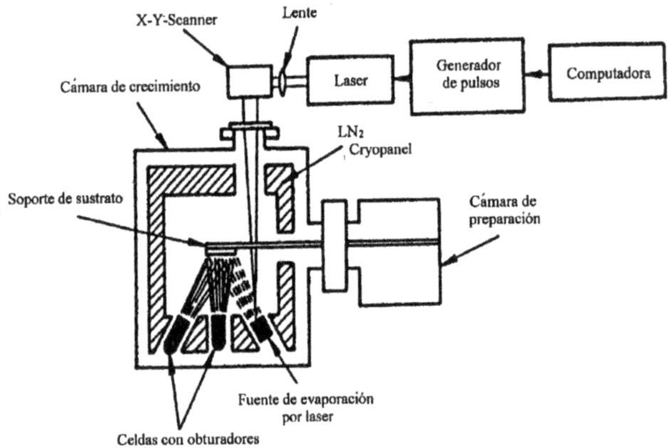

Figura 3.7: Presentación esquemática de una instalación UHV con vaporización por láser y celdillas de efusión (según [66])

ICBT ("ionized cluster beam technique")

Por clusters se entienden en un amplio sentido aglomerados de átomos y moléculas que al momento de la vaporización no se manifiestan en equilibrio termodinámico (v.g. después de calentamiento por resistencia o a partir de céldillas de efusión), las siguientes propiedades pueden estar subordinadas a ellos:

- son estables (en estado de no interacción),

- estando en interacción están sometidos a fragmentación al encontrarse con otro átomo o molécula

- al incorporarse un átomo o una molécula más, ocurre una modificación importante de la geometría (esto es, se trata de fragmentos con número atómico o molecular de alrededor de 100)

Más allá de interesantes cuestiones físicas (los cluster son a decir verdad microcristales en los que en comparación con los cristales macroscópicos la relación de volumen a superficie es realmente pequeña; cierran una brecha entre la materia condensada y la no condensada) es decisivo en lo que toca a la fabricación de capas que los clusters, mismos que después de ser generados poseen una energía cinética de 1 a 10 eV átomos, al momento de aparecer sobre la superficie del sustrato traigan consigo un elevado contenido de energía. Al momento de su aparición los clusters se fracturan dando lugar como consecuencia - por un tiempo breve - a un conjunto muy dinámico de átomos migrantes, lo que fenomenológicamente puede interpretarse como calentamiento local de la superficie [63]. Por este medio es posible bajar significativamente la temperatura del sustrato para el crecimiento de la capa y, en este caso, a pesar de las capas cerradas (incluso capas epitaxiales) alcanzar una alta calidad. Ademas, los fragmentos surgidos con una alta energía generan una limpieza superficial permanente sobre el substrato, lo que, especialmente en capas que estan siendo crecidas epitaxialmente, es significativo en el sentido de la influencia de la nocontaminación sobre el crecimiento epitaxial.

Los cluster pueden encontrarse antes que nada en todos los procesos de depósito por desequilibrio, tales como: vaporización por haz de electrones, separación por impulsos láser o ionopulverización. La ICBT, misma que ha sido desarrollada por Tagaki y sus colaboradores es, no obstante, un método dirigido a la fabricación de clusters. En este caso se generan en primer término clusters neutrales, por ejemplo mediante haz de iones o rayo láser (éste es especialmente ventajoso ya que con él son aceptadas ampliamente en la de fase vapor las condiciones geométricas y químicas del objetivo original (3.14). El gas de esta manera originado es expandido adiabáticamente al ser transferido al (la cámara de) vacío a través de una tobera angosta ($\emptyset$ 0.1 a 1 mm). Los clusters producidos son a continuación ionizados; para lo cual es apropiada la fotoionización mediante láser o mediante choque electrónico. Para ello el gas cluster es irradiado lateralmente. A continuación los clusters ionizados se desplazan atravezando un campo eléctrico, a través del cual se establece su energía en función de la tensión de campo aplicada. Mediante la separación de masa es posible separar clusters exactamente definidos utilizando una energía definida.

Deposición química en base vapor (CVD)

El método CVD representa un procedimiento fundamental ya establecido dentro de la tecnología de capas delgadas. Al igual que en los procesos físicos (PVD physical vapor deposition), el material de la capa es llevado en forma gaseosa hacia el substrato. Lo que es diferente es la construcción de la fase gaseosa en comparación con el método físico.

En los procesos PVD, un cuerpo sólido es vaporizado dentro de un ámbito inmediatamente cercano al sustrato (pulverizado a partir de celdillas Knudsen, utilizando vaporizadores de haz de electrones o mediante bombardeo iónico). Las partículas atómicas o moleculares se precipitan sobre su superficie y forman una película delgada. En cada caso es el vacío la condición previa para una buena calidad de capa.

En los procesos CVD, al contrario, los componentes volátiles - de aquí en adelante compuestos gasiformes (llamados asimismo precursores) - reaccionan en las superficies calientes del reactor hacia el material de capa sólido (fig.3.8), ocurriendo esto - (como es común en los reactores químicos) - de manera tanto más rápida como más alta sea la temperatura. A partir de cierto valor umbral la conversión química ocurre tan rápidamente que el coeficiente de deposición sólo se determinará a partir de la difusión de partículas e, inclusive, a ulterior aumento de temperatura no se incrementará más. Pero la temperatura de proceso está normalmente por abajo de este umbral y es tan hasta cierto punto elevada, que el sustrato a recubrir todavía resiste.

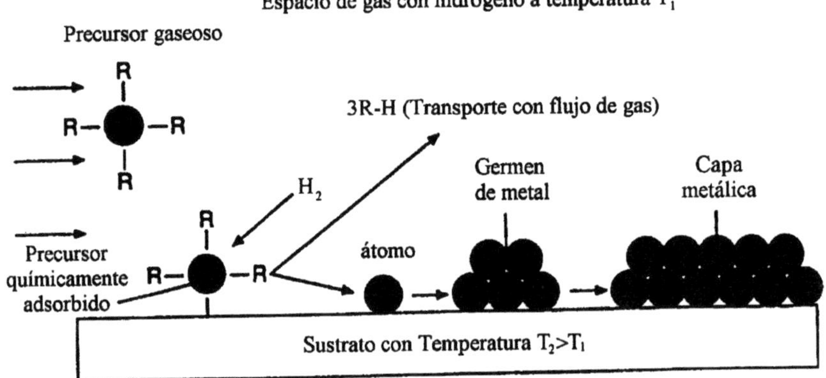

Figura 3.8: Procesos básicos en la CVD: Por ejemplo, en metles una molécula prcursora a una temperatura T_1 reacción con hidrógeno (H_2 hacia un complejo, mismo que se deposita sobre la superficie a recubrir. A la sustancialmente alta temperatura T_2 del sustrato, se descompone el sustrato en un residuo R y un átomo metálico Me, que con otros átomos forma los gérmenes para el crecimiento de capas (según [56]

Debido a que en las técnicas físicas las corrientes de partículas son concentradas, pueden recubrirse geometrías complicadas de sustrato (p. ej. una superficie de un circuito microeléctrico ya estructurada después de varias etapas de proceso) no sin problema o bien sólo mediante complicados movimientos giratorios (se adquiere entonces - a nivel de la tecnología de circuitos - el compromiso de no permitir niguna diferencia demasiado grande entre el ancho de la estructura y la altura de la misma). La ventaja es que con frecuencia temperaturas mínimas de proceso del orden de 150 a 500°son suficientes si sólo se deben de producir capas policristalinas. En el crecimiento epitaxial de capas monocristalinas se plantea, por el contrario, la cuestión de si una buena calidad del cristal es alcanzable a este rango de temperatura (ver Sección 3.2 y Capítulo 5). En tal caso el proceso CVD demanda una más alta temperatura. Una ventaja sustantiva de la CVD es, con seguridad, que se puedan formar relativamente sin problema capas uniformes sobre sustratos de cualquier configuración, lo que precisamente en estructuras microelectrónicas más finas es de gran significación.

Algunos compuestos esenciales que sirven como precursores en la producción de capas, deberán especificarse con mayor amplitud. Los compuestos metalorgánicos adquieren en este caso especial importancia. En un sentido estrictamente químico dichos compuestos están como mínimo junto con una unión metal-carbono. En la tecnología de capas delgadas se entienden bajo este concepto tambien sustancias en las que estos elementos están vinculados mediante un puente de oxígeno. La figura 3.9 muestra varias clases de compuesto con los correspondientes ejemplos de formación de capa. De los componentes moleculares orgánicos del compuesto respectivo de carbono depende la volatilidad del complejo, dependiendo de qué tanto ésta hace disminuir las interacciones metal-metal.

Un precursor ideal metalorgánico para procesos CVD debería:

- ser fluido en condiciones normales, pero fácil de evaporar

- descomponerse según un esquema conocido e influenciable y

- no ser tóxico, ni corrosivo, ni en absoluto explosivo

De esta manera se descompone el trimetilaminalan a partir de 100 °C hacia aluminio puro. No obstante, las capas separadas son - (en comparación con su espesor) - demasiado ásperas debido a que preferentemente crecen cristalitas de aluminio. Con ello, este procedimiento para circuitos impresos se hace inutilizable en la microelectrónica puesto que, como ya se explicó, para los subsecuentes procesos litográficos de estructuración se requieren superficies lisas lo más posible.

También para la producción de superconductores de alta temperatura, p. ej. sobre una base de óxidos de cobre-itrio-bario (ver también capítulo 5) se tienen experiencias con la CVD. Para la separación de capas delgadas se utilizan prefe- rentemente determinados compuestos orgánicos complejos (betadiacetilacetona) de metales; el material superconductor se origina a temperaturas de sustrato de 700 a 800 °C. De cualquier manera, el compuesto de bario debe ser calentado hasta entre 190 y 220 °C para la volatilización, descomponiéndose de modo que la concentración de precursores en la fase gaseosa no permanece estable bajo tales condiciones.

La CVD es también apropiada para la separación selectiva de materiales. Esto ocurre mediante la selección de precursores y condiciones de proceso apropiados, de modo que el material se precipite sólo sobre determinadas partes de la superficie a recubrir, por ejemplo sólo sobre una área de sustrato electroconductora, pero no sobre una aislante. Esto es por lo tanto posible, debido a que el estado de las superficies de sustrato influyen sobre deposición de las moléculas precursoras y con ello sobre la formación de gérmenes para el cre- cimiento de capas. Especialmente en el caso de aislantes, la barrera energética para la formación de gérmenes es mayor que en electroconductores. Esto es de interés por ejemplo para la metalización en la microelectrónica: para el cobre no hay todavía - (a diferencia del aluminio) - ningún proceso establecido de ataque, no obstante que con una CVD selectiva pueden eliminarse tales procesos de estructuración.

Lo que le da su carácter específico a la CVD, el disolver los compuestos básicos en los reactivos deseados es lo que le define también sus límites. Algunas veces se requieren, además, altas temperaturas. Especialmente los sustratos ya tratados (elementos estructurales, dotados, estructurados, acabados, tales como

Clase de Compuesto	Ejemplo	Fórmula Química	Material de capa
Halógenos metálicos	Titantetrachloid		TiN como capa ultradura y barrera de difusion
Metal-Beta-Diketonate	Tris(2,2,6,6-Tetramethyl-3,5-heptandionato) yttrium	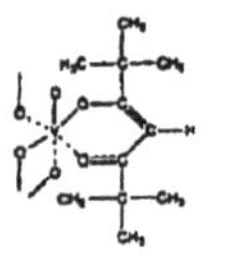	YBCO como superconductor Cerámico
Metal-Alkoholate	Tantal(V)-ethylat	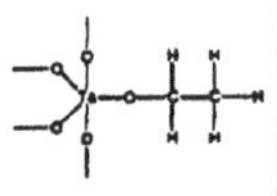	Oxido de Ta para dieléctricos
Metal-Carbonyle	Wolfram-hexacarbonyl	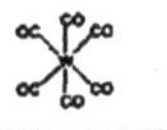	Capas de tungsteno para la microelectrónica
Metall-Alkyle	Tri-isobutyl-aluminium	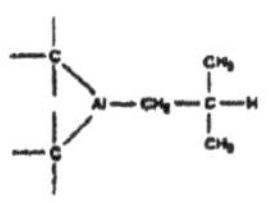	Capa de Al para pistas metálicas
Compuestos de amidos metálicos	Tetrakis-(dimethylamido) titan	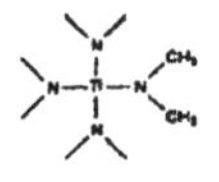	TiN barrera de difución en la microelectronica
Aduktverbindungen	Trimethylamin-alan	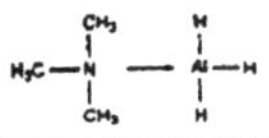	Capas de Al para pistas eléctricas

Figura 3.9: Separación de compuestos metálicos a partir de halogenuro corrosivo metálico o complejos de metales con compuestos orgánicos. Los componentes moleculares de carbono determinan en este caso sobre todo la volatilidad del complejo

áreas de aislante rellenadas o ventanas de contacto), en los que, habiendo temperaturas de proceso incrementadas, se han modificado de manera irreversible las estructuras originadas o las propiedades de material o ambas, son los que pueden recubrirse sólo a bajas temperaturas. Además de esto, para la separación de determinados materiales metaestables se requiere de una concentración de moleculas o átomos activados, la cual se da térmicamente sólo a varios miles de grados Celsius.

El suministro de energía para la disociación del compuesto básico puede, no obstante, realizarse de diferentes maneras, de modo que las temperaturas de proceso puedan mantenerse en valores esencialmente bajos. A este respecto, podemos incluir aquí los procedimientos apoyados por plasma, independientemente de como dicho plasma se origine. Una posibilidad es generar un plasma mediante una descarga de gas con comparativamente mínimo grado de ionización aplicando para ello una corriente eléctrica continua o un campo de corriente alterna [57]. Normalmente se utilizan generadores de microondas con 13.56 Megahertz o con 2.45 Gigahertz, los cuales dan lugar en el gas a una ionización de choque. Con ello las reacciones químicas de los precursores y del gas portante pueden iniciarse no en forma térmica, sino mediante radicales de fácil reacción y iones. A manera de ejemplo, la transformación de tetracloruro de titanio, nitrógeno e hidrógeno a nitruro de titanio se efectúa de manera convencional (o sea, simplemente por reacción térmica) sólo a temperaturas de alrededor de 1000 °C, siendo que mediante apoyo de plasma esto ocurre ya a los 550 °C; sobre todo gracias a los radicales de nitrógeno e hidrógeno que allí se originan.

Es evidente que tambien hay otras posibilidades para la exitación utilizadas tecnológicamente, por ejemplo mediante láser o mediante haces de electrones, mediante lo cual tiene lugar una fotólisis o pirólisis de los materiales básicos [58].

3.2 Característica de la MBE

3.2.1 Descripción general del método MBE

En el presente apartado habremos de abordar el método de MBE, mismo que se representa de manera esquemática en la figura 3.10. La MBE ("Epitaxia" está aquí por una parte como concepto para el crecimiento epitaxial y, por otra parte, como sinónimo de los métodos de fabricación que tienen como objeto el crecimiento epitaxial) en los últimos 35 años ha podido - condicionada por el desarrollo de la técnica de vacío - desarrollarse hasta ser un método fundamental de preparación. Su principio físico radica en expansión interactiva libre de haces de átomos o moléculas. Esto significa, por un lado, que la longitud libre media de onda de las partículas debe ser mucho más grande que la trayectoria entre fuente del vaporizador y sustrato y, por lo tanto, también mucho mayor que las dimensiones típicas del recipiente (condición Knudsen). Por otra parte, las partículas no deben de interactuar unas con otras, lo cual tiene lugar si a una presión dada dentro del vaporizador la longitud libre media de onda de las

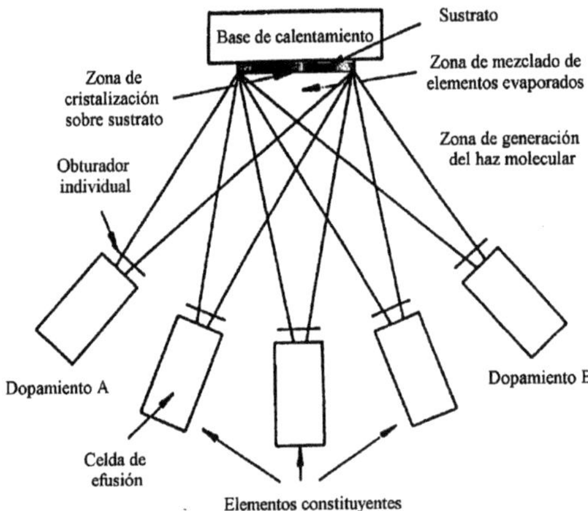

Figura 3.10: Representación esquemática de las partes más importantes de una cámara de crecimiento MBE (según [68]).

partículas es mayor que la abertura del vaporizador. Con ello está garantizado que las reacciones químicas en

la trayectoria que va de la fuente de vaporización al sustrato queden eliminadas. La formación de compuestos como se da, por ejemplo, en el caso de los semiconductores de interconexión $A_{III}B_V$, se efectúa sólo después de la precipitación sobre el sustrato. El principio mencionado puede llevarse a la práctica a baja presión (prec.$<10^{-3}$Pa, $p_{vap.}<1$Pa).

Desde el punto de vista físico la MBE tiene respecto a todos los demás procedimientos las siguientes ventajas:

- una sencilla y bien controlable cinética de reacción

- muy altas condiciones de limpieza por el PUAV (procedimiento al ultraalto vacío, UHV siglas en alemán)

- ninguna reacción homogénea en la fase gaseosa y con ello ninguna generación de partículas en la cámara de reacción.

La MBE se caracteriza por las siguientes particularidades:

- Se pueden realizar coeficientes de crecimiento muy bajos, de modo que se pueden fabricar capas -de semiconductor, de metal y de aislante- monocristalinas en extremo delgadas hasta llegar a una dimensión atómica; esto con superficies de crecimiento lisas a nivel atómico. Con ello se tiene ya la base para estructuración de profundidad.

- Debido a la expansión libre de interacción de las partículas, éstas se mueven en línea recta hacia el sustrato, de modo que la corriente de material puede interrumpirse mecánicamente en forma abrupta. De esta manera pueden -habiendo varias fuentes de vaporización- precipitarse, unas sobre otras, diversas capas con superficie límite abrupta.

- La temperatura de sustrato debe elevarse sólo hasta el punto que las partículas emergentes sobre el sustrato tengan la suficiente movilidad para migrar a sus lugares de rejilla (crecimiento bidimensional). Dicha temperatura está generalmente por abajo de los 800 °C, lo que excluye ampliamente la interdifusión entre capas de diferente tipo o entre areas dotadas. De este modo permanecen invariables las transiciones abruptas y los perfiles de dotación.

- El UHV garantiza que haya condiciones de precipitación limipias y definidas. En la superficie límite gas-cuerpo sólido no existe ningún gas extraño y, en general, no se genera ningún producto secundario. De ese modo pueden fabricarse capas de alta limpieza.

- Mas alla de lo anterior, es posible (mediante el UHV) un acoplamiento no problemático con sistemas de análisis superficial tales como RHEED, AES y STM (scanning tunneling microscope), con lo que los procesos de crecimiento pueden ser vigilados in situ. Estos sistemas de análisis pueden también ser utilizados para el control del proceso de precipitación de capa (utilizando p. ej. oscilaciones RHEED, las cuales indican el número de capas crecidas).

Los parámetros tecnológicos esenciales para el crecimiento de capas son: la temperatura del sustrato (garantia de una suficiente movilidad superficial de las partículas adsorbidas para fines de crecimiento bidimensional), así como la densidad y la composición de la corriente de partículas. Estos pueden variar uno del otro de manera independiente simplificándose de este modo la conducción del proceso. Resumiento:

i) la generación de un haz dirigido de partículas neutras en general, no interactivo con otras ni con el "envase de reacción" (el recipiente);

ii) la interacción de las partículas de este haz en la superficie del sustrato con el sustrato mismo, ya sea unas con otras o con las partículas de otros haces;

Entre estos dos procesos principales se da:

iii) el movimiento de las particulas de haz del lugar de su generación al sustrato.

Precisamente en la separación espacial de estos procesos parciales se fundan las ventajas pero también las desventajas de la MBE. Los procesos son casi independientes uno del otro y pueden ser modificados en sus parámetros en lo individual. Para ello deberán de abordarse algunos aspectos físicos y técnicos de estos procesos parciales.

3.2.2 Fundamentos físicos de la MBE

En su forma original la generación del haz de partículas se efectuaba como una vaporización térmica bajo condiciones de quasi-equilibrio en vacio intermedio ($<10^{-1}$ Pa), esto es, como haces moleculares, forma en que fueron primeramente descritos por KNUDSEN. Partiendo de un sistema cerrado, isotérmico, que contiene un material, se conforma entonces mediante éste una presión de vapor en equilibrio PD, misma que - para el gas ideal - puede ser descrita mediante:

$$P_D(T) = p_o \exp(-Qm/RT) \tag{3.1}$$

m = massa de las partículas, Q = energía, T = temperatura R = constante molar de vapor

y es independiente de la presión de vapor de otra especie. Para sistemas reales se emplea la relación

$$P_D(T) = 10^{(A/T + B \log T - C}$$

calculada empíricamente con las constantes especificas de elemento A, B y C [71] misma que sin embargo refleja también la inequívoca dependencia de la temperatura por parte de la presión. El movimiento de las partículas de gas se efectúa de manera irregular, su velocidad sigue una distribución de MAXWELL, ([72]) cuyo valor medio para

$$\frac{\dot{\;\;}}{z_s} = (8k_B T/\pi m)^{1/2} \tag{3.2}$$

k_B - constante de Boltzmann

puede ser así determinado. A partir de consideraciones elementales se tiene para los coeficientes medios de choque-pared específicos de la superficie que se trate

$$\bar{z}_s = P_D/2\pi m k_B T \tag{3.3}$$

y para el camino libre media del gas ideal

$$\bar{l} = (\sqrt{2}P_D 4a_o^2)^{-1/2} \tag{3.4}$$

Si se dejaran escapar del sistema a través de una pequeña abertura algunas suficientemente pocas partículas de gas, aún así seguirán siendo válidas las formulas desarrolladas. A consecuencia de la distribución MAXWELL de la velocidad según dirección y cantidad se tiene como resultado una distribución de coeficiente de vapor zv que responde a la simetría de la abertura. Para la casi siempre válida caida de la simetría respecto al eje polar j, tiénese como resultado una dependencia exclusiva del azimut j, misma que con frecuencia sigue una ley de coseno

$$\frac{\dot{\cdot}}{z_v} = \cos^n \delta \qquad (3.5)$$

en donde n es influenciada por la geometría de la abertura y cuyo valor es uno considerando una fuente ideal de luz (ver también Secc. 3.11). Debe observarse que este específico coeficiente de vaporización se refiere a la superficie de una semiesfera y necesita de una ulterior corrección para substratos usualmente planos:

$$\frac{\dot{\cdot}}{z_v^*} = \frac{\dot{\cdot}}{z_v} \cos \delta \qquad (3.6)$$

Condición previa para la aplicación de las ecuaciones (3.5, 3.6) lo es la expansión no interferida de partículas desde la abertura de vaporización hasta el substrato, misma que está dada por la condición

$$\bar{l} \gg L \qquad (3.7)$$

para longitud media libre de trayectoria $\bar{l}$ y las dimensiones típicas del recipiente. Ademas, la interacción entre las partículas debe ser despreciable, lo cual resulta en una condición para la presión en el interior del vaporizador p_D respecto a la abertura de vaporización (diámetro $= d_o$).

$$\bar{l}(P_D) > d_o \qquad (3.8)$$

Para los campos de interes típicos de la MBE se tienen como valores indicativos los siguientes:

$$P_{\mathrm{Re}\,z} < 10^{-1}...10^{-3} Pa$$

$$P_D < 1...10 Pa \qquad (3.9)$$

El coeficiente de evaporación activo en el sustrato es - bajo condiciones reales - demasiado pequeño para las aberturas de vaporización casi puntiformes. Y puesto que además del incremento a la presión dentro del vaporizador hay otros límites superiores tecnológicamente condicionados, los vaporizadores KNUDSEN que se han construido tienen aberturas más grandes. Mientras una gran parte de las partículas que emergen de la fase líquida o sólida hacia la fase gasiforme, entre nuevamente en interacción con el fluido (es decir, que emerja

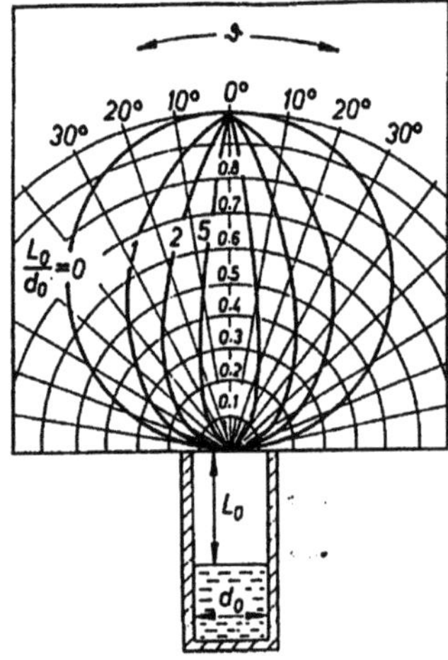

Figura 3.11: Representación de la distribución de coeficientes de vaporización dependiendo de la relación abertura de celda a profundidad de celda (según [62] [71])

nuevamente sobre él) las variaciones en el equilibrio termodinámico pueden ser consideradas como una perturbación pequena. Además de la interacción de las partículas gaseosas entre sí, la interacción con la pared del vaporizador juega un papel importante para, cuando se trate de aberturas grandes, poder también basarse en los enunciados de las fórmulas válidas para condiciones de equilibrio. Como parámetro puede servir aquí la relación entre la abertura de celda y la distancia espejo de líquido-abertura de celda (h), mismo que también juega un papel esencial para distribución del coeficiente de vaporización (ver secc. 3.11). Ya desde la condición $h/d_o \succ 1$, la mayoría de las partículas gaseosas dan nuevamente contra el líquido debido a la interacción con la pared.

Las variaciones cuantitativas de la característica de vaporización en vaporizadores KNUDSEN reales respecto al sistema ideal con equilibrio termodinámico pueden -en general- ser definidas por un factor dependiente de la geometría. La ventaja del vaporizador KNUDSEN está fundada en el hecho de que, a una geometría dada, el coeficiente de vaporización en el sitio del sustrato sólo está determinado por dos parámetros: la temperatura T (ver referencia 3.1) y la distribución de coeficiente de vaporización dependiente de h/d_o. Dado que h/do se modifica lentamente con el nivel de llenado del vaporizador y es accesible a una determinación experimental o dinámica, mediante la temperatura puede efectuarse un control del coeficiente de vaporización. Si se parte de de las condiciones del equilibrio termodinámico, pueden entonces derivarse de manera relativamente fácil los requerimientos de estabilidad de temperatura. Con la compatibilidad de la variación de la entalpía libre

$$dG = SdT - Vdp_D \qquad (3.10)$$

para el estado líquido/sólido (índice f) y el estado gaseoso (índice g) se obtiene la ecuación CLAUSIUS - CLAPEYRON

$$\frac{dp_D}{dT} = \frac{S_g - S_f}{V_g - V_f} = \gamma \qquad (3.11)$$

La diferenciación de (3.3) a partir de la temperatura da junto con (3.11)

$$\frac{\overline{\dot{dz_s}}}{\dot{z_s}} = \left(\frac{\gamma T}{p_D} \cdot 0,5\right)\frac{dT}{T} \qquad (3.12)$$

Partiendo de esta ecuación siguen directamente los requerimientos para la estabilidad de la temperatura. Para metales es el factor ([73])

$$\frac{\gamma T}{p_D} \cdot 0,5 = 20...40, \qquad (3.13)$$

de modo que, para la mayoría de los materiales que vienen al caso, la estabilidad de temperatura debe ser mejor en algo así como un orden de magnitud respecto a la estabilidad del coeficiente de precipitación. Para efectos prácticos se aplica $\frac{\overline{\dot{dz_s}}}{\dot{z_s}} \prec 1\%$ y $T = 1000K$ de modo que $\Delta T < 0.5K$ tiene que quedar garantizado.

A pesar de la posición favorecida de los vaporizadores KNUDSEN respecto a la generación de haces de partículas en el proceso MBE, sobre todo en A_{III}-MBE -, surgió por razones de índole tecnológica la necesidad de procesos alternativos. Valga como ejemplo la vaporización de silicio para la homoepitaxia. Para alcanzar coeficientes de crecimiento lo suficientemente altos se requiere de temperaturas mayores a los 1700 K. A estas temperaturas la obtención de crisoles de vaporización tecnológicamente estables es muy problemático. El silicio a estas temperaturas ya esta líquido, y reacciona o se liga con todos los materiales conocidos de crisol de una forma tan intensa que después de poco tiempo ya no se tiene ningún material de vaporización limpio. Por ello se debe depender de las condiciones requeridas por el quasi-equilibrio termodinámico: sólo el material de vaporización debe de calentarse, el crisol y su entorno deben de estar bajo enfriamiento. Esto se puede realizar mediante la vaporización de haz de electrones, por ejemplo a partir de un crisol de cobre enfriado por agua. Las ecuaciones arriba desarrolladas son en general no aplicables ya que ahora se está hablando de una vaporización LANGMUIR [74]. Además de la fuerte dependencia de la geometría, el papel decisivo en este caso lo juegan las dificultades para una exacta determinación de la temperatura, la existencia de pronunciados gradientes de temperatura y las inestabilidades del proceso de vaporización. Resumiendo puede decirse que los procesos para la generación de haces de partículas son, en general, conocidos tanto teórica como experimentalmente y se tiene, en lo esencial, dominio sobre ellos.

Para el caso del segundo proceso parcial - el transporte de las partículas hacia el sustrato - hay pocas posibilidades de influencia si se parte de los procesos MBE clásicos. Entre las condiciones previas para las ecuaciones 3.7 y 3.8 se asume que las partículas se mueven en línea recta de la abertura de vaporización al substrato. Con ello, y mediante obturación mecánica, son posibles un fundido y un desvanecimiento abruptos (Shutter). De esta manera, a coeficientes de crecimiento medios del orden de una monocapa por segundo es relativamente posible una estructuración vertical de capa atómica a capa atómica. De esta posibilidad es de la que se hará uso en la fabricación de superredes, estructuras cuánticas, etc. La posibilidad de estructuración lateral se da mediante obturación mecánica con perforaciones (máscaras). Los ensayos al respecto han sido exitosos hasta el rango de algunos micrómetros, de modo que es posible pensar en su utilización para algunos efectos de la microelectrónica. En este mismo sentido se han probado también obturadores móviles para la estructuración de circuitos impresos.

Otra posibilidad más de la influencia es la que se aprovecha en los semiconductores A_{III}-B_V: Los clusters atómicos (As_4) que se originan en forma primaria durante la vaporización son sometidos a un proceso térmico de ruptura (crack), el cual da lugar a moléculas As_2 (rara vez a As), mismas que muestran esencialmente mejores propiedades de crecimiento. No obstante, en este caso se modifican inmediatamente las propiedades termodinámicas del haz de parículas. Otras influencias del haz de partículas se apartan generalmente de la MBE clásica. Como ya se mencionó (sección 3.1), esta es la razón por la que, por ejemplo, la técnica ICB (ionized cluster beam) ha de verse como un subtipo de la MBE.

Existen varias teorías para la descripción de procesos directos de crecimiento, mas hasta ahora no existe una completamente válida para todos campos de interés. Tal vez esto no es posible debido a la multiplicidad de sistemas existentes. A partir de la observación microscópica son los siguientes procesos los que influyen sobre la precipitación de capas:

- coeficiente de impacto de las partículas sobre la superficie del sustrato;

- adsorción de las partículas en la superficie del sustrato;

- desorción de las partículas después de un tiempo de espera $\tau_A = 1/\nu_a$ exp $(E_a/k_B T_S)$con el coeficiente de desorción $R_{des} = n/\tau_A$ (ν_a - frecuencia de oscilación de los átomos adsorbidos aprox. 10^{13} s^{-1}, E_a - Energía de adsorción,T_S - Temperatura del substrato);

- difusión de los adátomos sobre la superficie del sustrato $D = \nu_d D_o$ exp $(E_d/k_B T_S)$ (ν_d - frecuencia de salto de los átomos aprox. 10^{13} s^{-1}, d$_o$ - distancia de salto; E_d - energía de activación para la difusión);

- formación y disgregación de gérmenes metaestables (esto depende de la

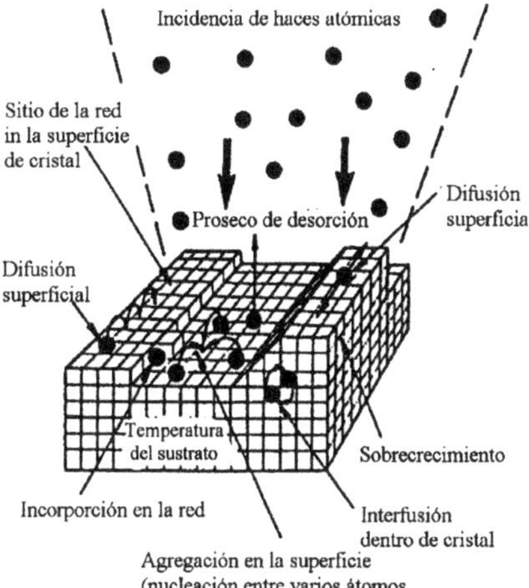

Figura 3.12: Representación esquemática de los procesos de crecimiento de capas con MBE (según [62])

energia de interacción entre adátomo y adátomo, asi como adátomo y substrato);

- difusión de clusters mayores;

- coalescencia, es decir crecimiento conjunto de gérmenes en conglomerados cada vez mayores.

En concreto, el crecimiento de la capa epitaxial puede dividirse en tres procesos más o menos independientes, mismos que se muestran en Fig.3.12

i) Los procesos de adsorción y desorción despues de la aparición de las partículas sobre el sustrato no se correlacionan forzosamente en el tiempo el uno con el otro. Esto se define a nivel macroscópico mediante el coeficiente de adherencia s_i, el cual representa la relación de las particulas $\dot{N}_i$ que se quedan adheridas al sustrato respecto al total de las particulas emergentes $\frac{\bullet}{z_i}$ de la clase i, y depende de la temperatura del sustrato y de la naturaleza química y geométrica del sustrato y de las partículas:

$$s_1 = \frac{\dot{N}_i}{\overline{z_i}} \tag{3.14}$$

Bajo las condiciones de la MBE, este proceso transcurre lejos del equilibrio termodinámico, lo que conduce a una alta sobresaturación de adátomos.

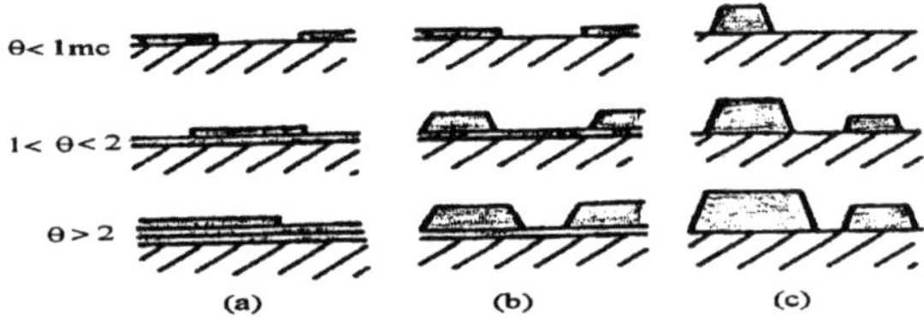

Figura 3.13: Presentación esquemática de modos de crecimiento cristalino (según [141]) a) Crecimiento de capas según FRANK Y VAN-DER-MERWE b) Crecimiento de capas e insular según STRANSKI-KRASTANOV c) Crecimiento insular según VOLMER y WEBER

ii) Las partículas ligadas a la superficie mediante la fisisorción y la quimisorción no están en ese momento todavía fijas en la rejilla cristalina de la superficie y pueden migrar, dependiendo esto de su energía y de la estructura y temperatura de la superficie del sustrato durante el tiempo de adsorción t_A (predominantemente sobre la superficie).

iii) La integración de los adátomos en una rejilla cristalina es decisiva. El resultado macroscópico puede dividirse en tres modos de crecimiento [75]:

a) Crecimiento estratificado (por capas) (LW); modelo de FRANK y VAN-DER-MERWE Siendo la interacción entre sustrato y adátomos sustancialmente mayor que entre adátomos vecinos, comienza entonces (no antes) la siguiente capa a crecer, si la anterior está concluida. Se llega al llamado crecimiento bidimensional (2D), mismo que se caracteriza por capas planas, sin defectos.

b) Modo de crecimiento según STRANSKI-KRASTANOV (SK); Si las energías de interacción del adátomo y del atomo del sustrato son de similar magnitud, entonces el crecimiento estratificado puede convertirse en crecimiento insular (por islotes), es decir: a la formación de una o de pocas capas atomícas sigue la formación insular.

c) Crecimiento insular (VW); modelo de VOLMER-WEBER Si la interacción de adátomos vecinos es sustancialmente mayor que la que hay entre depósito y sustrato, entonces las partículas en precipitación tienden a la formación de clusters y se tiene desde el principio un crecimiento insular.

Para b) y c) es característico el crecimiento tridimensional. Es evidente que el entrecrecimiento de islas en crecimiento 3D lleva a fuertes concentraciones de imperfecciones de rejilla al igual que en el caso de crecimiento estratificado, y favorece la integración de átomos extraños. En la figura 3.13 están representados esquemáticamente los modos de crecimiento descritos. La presión mínima equivalente de haz y los pequeños coeficientes de crecimiento en la MBE nos acercan a la presunción de que, en el caso del crecimiento 2D, la transición cristal ordenado a vacío se efectúa en el interior de una monocapa. Partiendo de esta presunción FUENZALIDA [76] aplicó con éxito en los campos de interés de la MBE la descripción microscópica del crecimiento estratificado desarrollada por BURTON, CABRERA y FRANK (modelo BCF) para el caso de una mínima sobresaturación de adátomos (por ejemplo en la CVD). Para el modelo BCF se parte de los siguientes supuestos:

1) Una superficie real tiene siempre una desorientación α respecto a un nivel de red señalado en general como bajo. Esto conduce a escalones cuya altura h_s es monoatómica cuando se trata de desorientaciones pequeñas, y su distancia d_s está dada por

$$d_s = h_s \cot \alpha \tag{3.15}$$

2) Las partículas que emigran sobre la superficie alcanzan durante el tiempo de adsorción una distancia máxima x_o del lugar de impacto, la cual se detemina por

$$x_o^2 = D_{OF} t_A \tag{3.16}$$

(D_{OF}- constante de difusión para difusión superficial).

En el caso de $x_o \ll d$ pueden migrar las partículas hasta los escalones y entonces habrá que esperar crecimiento estratificado. En el caso xo d ocurre primero una nucleación sobre las terrasas, los gérmenes forman islas, mismas que o entran en coalescencia o son rodeadas por los escalones en expansión. La alta saturación de los adátomos en la MBE lleva a una gran densidad adatómica, de modo que la nucleación es importante desde un principio. Con un diámetro de isla suficientemente pequeño es posible, durante de la coalescencia, un reordenamiento de los átomos de acuerdo con la cristalografía del substrato, inclusive a posteriori.

Partiendo de ideas sustancialmente diferentes se ha llegado al modelo desarrollado por HERMAN [78] de un quasi-gas cercano a la superficie (NSQG - near surface quasi gas), cuyo contenido esencial es el presupuesto de un estrato no ordenado de 4 monocapas de espesor sobre el substrato, con la densidad comparable a un fluido y con una movilidad atómica comparable a la de un gas; de manera que el proceso de MBE se subdivide en dos procesos parciales:

i) la permanente reposición del NSQG mediante las corrientes emergentes de partículas y

ii) la cristalización propiamente dicha utlizando los clusters generados en el NSQG

Mientras el primer proceso - también en este modelo - se interpreta como alejado del equilibrio termodinámico, el segundo está, con mucho, más cerca del equilibrio, permitiendo con ello la aplicación de las teorías y formalismos correspondientes.

Además de los defectos de rejilla, las impurezas juegan un papel esencial. La definición microscópica del contenido de impurezas h de la capa en crecimiento se efectúa mediante el coeficiente de choque a pared Z y el coeficiente de adherencia s:

$$\eta = \frac{\sum \frac{\cdot}{z_j} \cdot s_j}{\sum \frac{\cdot}{z_s} \cdot s_s} \tag{3.17}$$

con lo que los índices j van sobre todos los elementos de impureza y s sobre todas las corrientes de particulas requeridas. El coeficiente de choque a pared depende, como ya se sabe, de la presión parcial o del coeficiente de vaporización 3.3 o 3.6

El coeficiente de adherencia es esencialmente más dificil de obtener, ya que depende en gran medida de factores tales como temperatura, estructura de la superficie y composición química, además de que puede adicionalmente ser influenciado por las reacciones. Si hacemos caso omiso de las impurezas del material de vaporización (que presupone una correspondiente limpieza mejor a $99.999\% = 5$ Nueves), entonces los componentes esenciales de las impurezas lo son las especies de gas residual.

Bajo las condiciones típicas para la MBE

$$\sum \frac{\cdot}{z_s} \cdot s_s \approx \left(10^{14}...10^{15}\right) s^{-1} \tag{3.18}$$

(esto corresponde a una velocidad de crecimiento del orden de 1 monocapa s^{-1} ó de $1\mu m h^{-1}$), y la condiciones requeridas de limpieza

$$\eta \leq 10^{-5}...10^{-6} \tag{3.19}$$

de aquí resulta:

$$\sum \frac{\cdot}{z_j} \cdot s_j \prec 10^{-9} s^{-1} \tag{3.20}$$

lo que después de la ecuación (3.3) para la presión parcial de las especies significa:

$$\sum p_j s_j \prec 10^{-14} Pa \tag{3.21}$$

Aunque para las especies de gas residual más importantes a las temperaturas típicas de sustrato (> 500 oC) el coeficiente de adherencia es generalmente s_j

$\prec 10^{-6}$, de las ecuaciones 3.20, 3.21 resulta la exigencia de condiciones UHV con $p_{ges} \prec 10^{-8}$para los campos de interés de la MBE de semiconductores. Para las especies química o eléctricamente inactivas o para el caso de coeficientes de adherencia bajos (H_2, gas inerte) las exigencias son menores.

Aunque para las especies de gas residual más importantes a las temperaturas típicas de sustrato (> 500 oC) el coeficiente de adherencia es generalmente $s_j \prec 10^{-6}$, de las ecuaciones (3.20, 3.21) resulta la exigencia de condiciones UHV con $p_{ges} \prec 10^{-8}P$apara los campos de interés de la MBE de semiconductores. Para las especies química o eléctricamente inactivas o para el caso de coeficientes de adherencia bajos (H_2, gas inerte) las exigencias son menores. Las consideraciones hasta ahora planteadas, sobre todo las referentes a la perfección de rejilla, implican esencialmente homoepitaxia. En este caso las relaciones son sencillas en la medida en que las propiedades del sustrato continuen siendo identicas a través del substrato; sustrato y capa se caracterizan, distienguíendose una de otra, a lo sumo por diferencia gradual (consistencia defectuosa, contenido de impurezas, etc.). En la heteroepitaxia las condiciones son de otro índole, incluso la ya conocida epitaxia no se da a priori. Por epitaxia se entiende en primer término el entrecrecimiento de dos miembros cristalinos. Desde el principio las condiciones geométricas juegan un papel esencial para la comprensión de la epitaxia, sin olvidar que una gran cantidad de parámetros (temperatura, reacciones químicas, estructura, característica superficial, impurezas) tienen influencia sobre la realización de las formas epitaxiales geométricamente posibles. Dos cuestiones geométricas significativas en el caso de la MBE no deberán pasar inadvertidas:

i) Si la epitaxia ha de entenderse en el sentido arriba mencionado, entonces la simetría del sustrato debe reflejarse en la simetría del depósito. Tomado en sentido estricto, este planteamiento se refiere solamente a la simetría de las respectivas superficies en el plano límite substrato-depósito

ii) Para obtener depositos no dañados en grandes superficies, las respectivas constantes de rejilla del sustrato (a_s) y de depósito (a_f) deben ser de aproximadamente la misma magnitud.

Los sistemas epitaxiales reales indican ahora, que las capas delgadas bajo ciertas condiciones muestran estructuras completamente nuevas respecto al cristal volumétrico a fin de satisfacer la relación simétrica del substrato. Esto da lugar a giros e inclinaciones de las rejillas unas con otras y a la coexistencia de varias relaciones epitaxiales en el mismo sistema depósito-substrato, dependiendo de los parámetros de fabricación. La exigencia de un ajuste de falla de rejilla

$$\frac{\Delta a}{a} = \frac{a_f - a_s}{a_s} \tag{3.22}$$

menor a 10% debe de relativizarse. Las capas delgadas (10 ... 100 Monocapas) pueden asimilar cariaciones mayores de las constantes de rejilla (15...20%)

mediante tensiones, sin tender a la formación de dislocciones.Los 'strained layers' así formados tienen al mismo tiempo propiedades electrónicas modificadas que sugieren su utilización en microestructuras cuánticas. Las minimas orientaciones de falla (aproximadamente 2°) de la superficie del sustrato favorecen el crecimiento epitaxial libre de defectos incluso en ajustes de falla de regilla. Un giro de las mallas elementales del depósito respecto al sustrato pude llevar a la minimización del ajute de falla, o la adaptación de la superficie límite ocurre a través de mallas mayores que contienen n mallas elementales de sustrato o de depósito (n,m = 1, 2, 3, 4) cuyo ajuste de falla

$$\frac{\Delta a}{a} = \frac{(ma_f - na_s)}{na_s} \tag{3.23}$$

es satisfactoriamente pequeño ($\prec 1\%$).

En este sentido, debe abordarse también la posibilidad de diferentes coeficientes térmicos de dilatación del sustrato y del depósito. En general, la epitaxia ocurre a altas temperaturas, tanto que el ajuste de falla durante el crecimiento y bajo condiciones normales (ΔT 200 ... 700 K) puede ser muy diferente, lo que lleva a desventajosos defectos de rejilla, dislocaciones de capa y, en caso extremo, al desgarramiento o desplazamiento del depósito. Como ulterior argumento debe de ponerse atención, en la heteropitaxia, al pronunciado gradiente químico de la superficie límite substrato-depósito, el cual caracteriza a estos sistemas como estados inestables de desequilibrio. Esto depende tanto de la composición química como de la composición estructural ante todo de la superficie límite, esto es en qué rango de temperatura tiene lugar un estado quasi-estático, mismo que permita un empleo por largo tiempo (>105 h) en el elemento constructivo de la microelectrónica.

Resumiendo, puede decirse que mediante la separación espacial que hay entre la generación de los haces de partículas y el crecimiento de capas propiamente dicho es posible variar los parámetros esenciales del proceso de crecimiento (temperatura de substrato, densidad y composición de la corriente de partículas) de manera independiente el uno del otro, para de esa manera suministrar valores favorables al crecimiento epitaxial. Los parámetros válidos para los sistemas concretos son encontrados casi exclusivamente de manera experimental. La tendencia teóricamente fundamentada de una mejor epitaxia a mayores temperaturas de sustrato no se confirma en el caso de la heteropitaxia. Los rangos de temperatura comprobados experimentalmente para crecimiento epitaxial comienzan por abajo de las condiciones de MBE (1 mm h^{-1} velocidad de crecimiento), en general abajo de aquellas comparables a capas CVD, lo que por una parte contradice el mantenimiento de estados inestables de superficie límite en escala atómica bajo condiciones de proceso, pero que es, por otra parte, de significación si se toma en cuenta su aplicabilidad en estructuras electroníscas (evitación de procesos de difusión de, por ejemplo areas dotadas).

3.2.3 Características abreviadas de instalaciones MBE realizadas

La arquitectura de una instalación MBE depende de los materiales a ser evaporizados. Por ello deben de diferenciarse las instalaciones para la fabricación de semiconductores de compuestos (especialmente $A_{III}B_V$ y $A_{III}B_{VI}$), de aquellas para la fabricación de semiconductores elementales (especialmente silicio). Debido a las distintas propiedades físicas (presión de vapor, temperatura de fusión o de sublimación) se utilizan diferentes fuentes para la generación de haces de moléculas. Como ya se mencionó, pueden vaporizarse los componentes de semiconductores de compuestos normalmente a partir de celdas térmicas de efusión (celdas de Knudsen), mientras que para la separación de silicio y de metales de difícil fusión (para la elaboración de siliciuro) son necesarios evaporizadores de haz de electrones. En consonancia con ello es como las instalaciones Si-MBE se equipan con los correspondientes componentes. Una instalación Si-MBE se caracteriza por el siguiente equipamiento técnico ([88]-[90] :

- Sistema UHV, regularmente compuesto de varias camaras,

    - cámara de crecimiento
    - cámara de esclusar

como variante mínima, y yendo más adelante cuenta con

-
    - cámara de preparación - cámara análitica (AES, LEED, SIMS, SEM entre otras),
    - cámara de ataque (ataque en seco para estructuración lateral),
    - una segunda cámara de vaporo-aplicación (para crecimiento de otros materiales, especialmente aquellos que habrian cuestionado la limpieza de la primera cámara de crecimiento; también aquellos que son para la vaporo-aplicación con fines de contactación eléctrica).

así como con el necesario sistema combinado UHV (y las válvulas de UHV que separan las cámaras).
Además le pertenecen:

- Un sistema de bombeo de vacío (bombas de adsorción iónica, bombas de sublimación, bombas turbomoleculares, criobombas-refrigerador) el cual debe garantizar una presión básica de 10^7 - 10^8 Pa.

- Sistema de desgasificación para el mejoramiento de la presión de la instalación (el caso más sencillo, tiras calientes que rodean protegiendo los componentes de UHV),

- fuentes térmicas de vaporización tales como celdas knudsen (p. ej. para la evaporización de fluoruros alcalinotérreos, Al, Ge o materiales de dopaje como Sb, Be),

- Vaporizador de haz de electrones (para la vaporización de silicio y materiales de difícil fusión como W, Mo, Y (para superconductores a alta temperatura),

- Cubiertas móviles (shutter) sobre todas las fuentes de vaporización. Manipulador de substrato, movible en varios ejes, equipado con soporte de sustrato y un calentador de sustrato para hasta 800 oC;

- Equipo de medición para

  - medición de vacío (p. ej. tubos para medición de ionización),

  - análisis de gas residual (p. ej. espectómetro cuadrípolo de masa)

  - determinación de coeficiente de vaporización (p. ej. sensor de cuarzo para oscilaciones),

  - medición de temperatura en las celdas de vaporización y sobre el sustrato (p. ej. termoelementos),

  - control del crecimiento de capa (p. ej. RHEED), - electrónica de mando (p. ej. para control del proceso);

- Alimentación de corriente para todo el sistema.

Algunas características típicas de los componentes de las instalaciones MBE deberán de ser abordadas aún más en detalle.

Sistema de vacío

El sistema de vacío, conformado a partir de cada una de las diferentes cámaras de funcionamiento, está hecho con aceros de alta aleación usuales en la técnica de alto vacío. Todas las cámaras pueden ser bombeadas por separado y están unidas unas con otras mediante un sistema de transporte. Se utilizan sólo bombas anteriores o posteriores sin agente de propulsión, tales como bombas de nitrógeno, de sorción, de adsorción iónica y bombas de sublimacion de titaneo. Una posición favorecida la tienen las bombas turbomoleculares y las criobombas en base a He líquido, debido a que cuentan con especialmente alto rendimiento de succión. Todos los conjuntos calientes están recubiertos con blindaje de enfriamiento (en su mayoría enfriados a su vez con nitrógeno líquido). Como materiales tienen aplicación: tantalio, grafito, nitruro pirolítico de boro y tungsteno. Por lo general se demanda de los aparatos una capacidad de calentamiento de mínimo 150 oC (mejor 200 - 250 oC) para el mejoramiento del vacío. Las presiones básicas así alcanzadas están especificadas en $\prec 10^{-8}Pa$, con lo que el componente preponderante del gas residual es hidrógeno. Durante la vaporoaplicación a temperaturas de sustrato de 750 oC permanece la presión en un rango de $10^{-7}Pa$. Investigaciones de p. ej. Kasper [82] muestran que las densidades defectuosas de capas epitaxiales de silicio a un vacío de $4x10^{-8}Pa$, $1x10^{-8}Pa5x10$ y aprox. Pa (los componentes de gas residual son

N_2, CH_4, H_2O), se comportan como $1 : 10 : 10^{-5}$. El hidrógeno, por el contrario, hasta $5x10^{-6} Pa$ apenas tiene influencia sobre la homoepitaxia de silicio.

Para evitar las impurezas por partículas excitadas, el recipiente se cubrirá - en el ámbito del sustrato - con silicio altamente limpio. Al mismo tiempo, el silicio remanente es capturado sobre superficies apropiadas (más alto coeficiente de adherencia mediante superficie rugosa) y es retirado periódicamente del recipiente.

Generación de haces moleculares

En la Si-MBE se ha impuesto la vaporización de silicio mediante el vaporizador de haz de electrones como única variante. En este caso, para capas epitaxiales de alta perfección se alcanzan coeficientes de crecimiento de hasta un orden de magnitud de 10 mm/h. Para la evitación de fallas de crecimiento son necesarios: un buen encapsulamiento del generador de haces, aplicación de una deflexión de haz de 270 y el enfriamiento del ánodo de cobre, tal como se muestra en la figura 3.4. Igualmente, utilizando vaporizadores de haz de electrones los materiales de difícil fusión W, Ta, Ni, Cr, etc. son sobreaplicados, debiéndose mencionar que los diseños especiales de celdas de Knudsen permiten por completo la vaporización de p. ej. Ni con pequeños coeficientes de precipitación.

Para la mayoría de los otros materiales, los que se utilizan son los vaporizadores KNUDSEN modificados, con materiales de crisol a base de grafito, especialmente nitruro de boro pirolítico (pBN) o cerámicas. En el caso de elementos de dosificación se emplean, además de las variantes arriba mencionadas, también material para el blanco ya predotado (ya sea sobrevaporizado térmicamente o sobrepulverizado), asi como también el método de la ionoimplantación simultánea con bajas energías iónicas. Esto da lugar, además de a una área de dotación ampliada, a una reducción de las impurezas, a una buena controlabilidad del perfil de dotación y a la posibilidad - en perspectiva - de la estructuración lateral de dotación. Para minimizar los defectos de la superficie por la acción del haz de iones, se hace sin embargo necesaria, dado el caso, una más alta temperatura.

Calentamiento del sustrato

El calentamiento es problemático tratándose de substratos de Si, ya que en muchos casos sólo un paso de alta temperatura de hasta 1250 °C garantiza una suficiente limpieza de la superficie del substrato, debido a que en el procedimiento de prelimpieza no se pueden evitar por completo las impurezas de carbono. Una exitosa técnica de preparación (p. ej. con el método SHIRAKI [90], sección 5.2.1) demanda por el contrario sólo temperaturas de aprox. 750 - 850 oC, las cuales por tanto están intrascendentemente apenas por encima de las temperaturas típicas de crecimiento. Aquí son necesarios la manipulación libre de la muestra para el esclusamiento y el control de proceso, lo mismo que eventualmente una rotación de la muestra durante la vaporoaplicación. La alta desgasificación del sustrato esperada a estas temperaturas pide considerar las siguientes acciones:

- La superficie de sustrato debe ser llevada a un volumen espacial lo más grande posible, con lo que mediante las superficies enfriadas con nitrógeno líquido el volumen efectivo se agranda;

- el sustrato debe estar bien protegido térmicamente a fin de evitar una desgasificación de otras superficies a consecuencia del calentamiento bajo la radiación calórica;

- la utilización de materiales porosos (cerámicas) debe de evitarse, sobre todo en la cercanía del substrato.

Son típicas las variantes en las que el sustrato es aplicado sobre discos-muestra a partir de grafito y silicio (o SiO_2), los cuales, puestos sobre la radiación, son calentados directamente por atrás. La potencia calórica total transformada es ya en obleas de 3" y a una temperatura de sustrato requerida para su tratamiento térmico de 1200 °C, bastante considerable (aproximadamente 4 kW); lo que hace necesarios los recubrimientos de chapa de tantalio, molibdeno o tungsteno.

Además de los materiales a vaporizar, el grado de equipamiento de los sistemas MBE se orienta naturalmente según sea su utilización: intalaciones de investigación o instalaciones de producción. Las instalaciones de investigación están con frecuencia diseñadas con más variabilidad (muchas diferentes fuentes de vaporización, empleo de varios procedimientos de medición in situ), en tanto que las de producción disponen regularmente de pocos métodos para el análisis y de un número reducido de fuentes de vaporización. Se llegan a utilizar tamaños de oblea de hasta 8 pulgadas, lo que hace necesario recipientes de gran tamaño y, por lo consiguiente, sistemas de bombeo con alta capacidad de succión. Se rechazan en gran medida las partes móviles a fin de evitar la generación de partículas que por su causa pudiera ocurrir. Una alta homogeneidad de densidad de capa sobre la totalidad del sustrato tendra lugar no mediante el giro continuo de la muestra durante el crecimiento (como es común en instalaciones de investigación), sino mediante una gran distancia de la fuente de vaporización. La figura 3.14 muestra un sistema de ese tipo, mismo que trabaja de manera completamente automática (incluyendo manejo de la muestra) y con el cual se producen -sobre obleas de silicio de 6 pulgadas- elementos constructivos de alta velocidad con frecuencias de conmutación de hasta 100 GHz [67]. Otra instalación universal presentada por BEAN et al. [85] ya a principios de los años 80 es el que se muestra en la fig.3.15. Ésta cuenta con las siguientes características:

- La presión básica en el recipiente es de $2x10^{-8}Pa$, durante la evaporoaplicación aumenta la presión hasta 1a $9x10^{-7}Pa$;

- se emplean discos de 3 y 4 pulgadas. Un sistema de cajitas y esclusas permite por cada capa de evaporoaplicación una producción de 10 discos;

- para la limpieza del sustrato se utiliza una fuente de pulverización;

- la velocidad de crecimiento es de $0.33\mu m/h$ incluso sin rotación la inhomogeneidad del espesor de capa es menor al 1%;

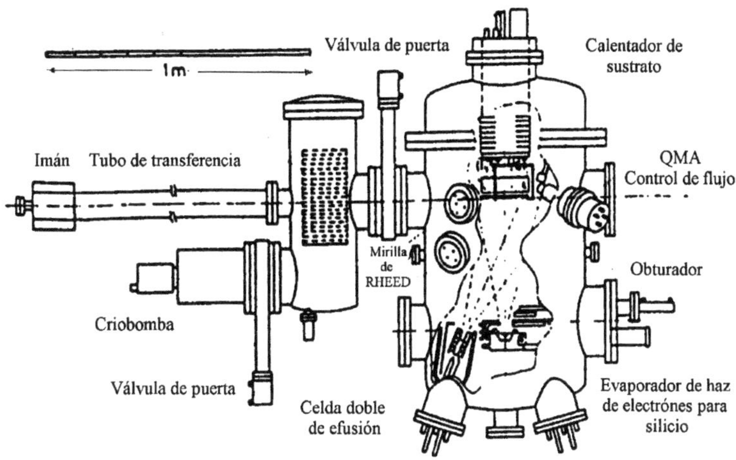

Figura 3.14: Instalación industrial MBE según E. KASPER [88]

- en cuanto a técnicas de medición se utilizan: RHEED, AES, LEED; y para para el análisis del gas residual se emplea un espectrómetro cuadrípolo de masa.

La fig.3.16 muestra un sistema de tres cámaras para fines de producción, de TABE [86]:

- La presión básica es de $1x10^{-8}Pa$, durante la vaporoaplicación la presión es menor a $1x10^{-6}Pa$;

- discos de 4 pulgadas pueden -mediante un sistema de esclusas y cajitas (10 discos)- ser introducidos en la instalación; el paso por disco (para un crecimiento de una capa epitaxial de silicio de 1m de espesor) es de 20 minutos;

- el soporte de sustrato es giratorio (4 rpm); la velocidad de crecimiento es de $7.2\mu m/h$; la inhomogeneidad del espesor de capa es menor a 10%;

- los vaporizadores de haz de electrones se utilizan para silicio, al contrario de los vaporizadores KNUDSEN que se usan para los elementos de dotación. El control de coeficiente se efectúa mediante un monitor de cuarzo;

- en cuanto a técnicas de medición in situ se emplean equipos RHEED, y para el análisis de gas residual se utiliza un espectrómetro cuadrípolo de masa.

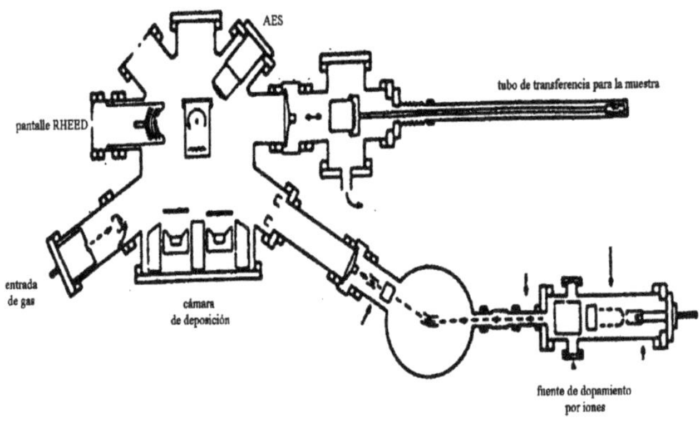

Figura 3.15: Equipo de Si-MBE [85]

Además, a manera de ejemplo debemos llamar la atención sobre una instalación Si-MBE disponible comercialmente. La instalación V90S de la Cía. VC Semicon, misma que se muestra en la fig.3.17, está compuesta por:

- Un sistema de tres cámaras: la cámara de evaporación, la cámara de esclusamiento (cajita con 10 discos) y la cámara de preparación para discos. Los discos son movidos verticalmente sobre carros a través de las cámaras que están separadas una de otra mediante esclusas;

- el tamaño de disco utilizado es de 6 pulgadas;

- la presión básica en todo el sistema es de $1x10^{-8}Pa$, en la cámara de vaporización aumenta la temperatura durante la vaporización a un máximo de $1x10^{-6}Pa$;

- la totalidad del sistema está construido en forma modular, esto quiere decir que dependerá del criterio del usuario en qué medida quiera ampliar la instalación mediante la colocación de otros recipientes o cuáles han de ser las tecnicas de medición in situ a emplear, etcétera.

Existen instalaciones equiparables en este tipo de construcción modular de diferentes proveedores. Entre estos habrá que hacer mención de la Cía. RIBER.

De cualquier manera, en tales instalaciones de producción la generación de vapor a través del calentamiento de un material sólido de vaporización representa un obstáculo. Si por ejemplo, una celda de Knudsen se vacía, la instalación debe ser ventilada para volverla a llenar. Hasta la restauración de las condiciones

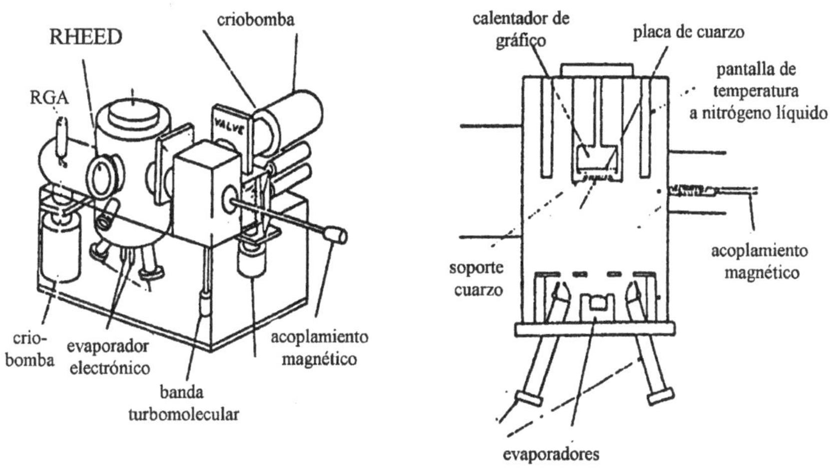

Figura 3.16: Instalación de producción para Si-MBE según TABE [86] (a) con corte transversal pasando por la cámara de vaporización (b)

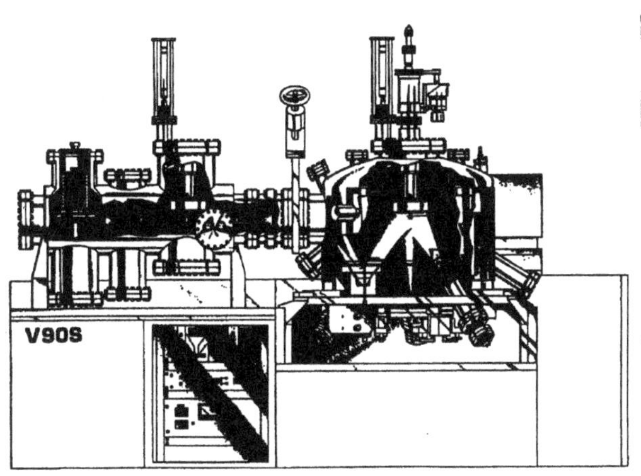

Figura 3.17: Instalación comercial Si-MBE (V90S) de la Cía. Semicon

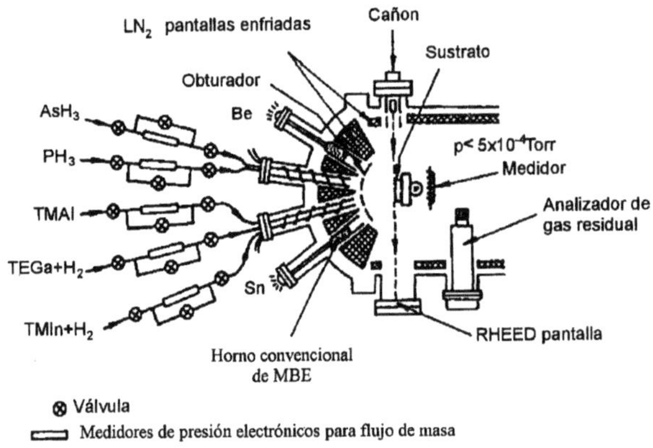

Figura 3.18: Cámara de crecimiento de una instalación MO-MBE con fuentes de gas conectadas para la elaboración de GaAs.

originales (sin tomar en cuenta las fallas que normalmente se hacen presentes) habrá que contemplar varios días de paro de la instalación. Aquí se ofrece como recurso una combinación con MO-CVD. Se trata precisamente del empleo de fuentes de haces de gas en los que la alimentación del material ocurre de manera continua desde afuera [89]. La fig.3.18 muestra una instalación MO-MBE, mediante la cual se fabrican semiconductores de vinculación GaAs. Si se tuviera que hacer crecer silicio en lugar de GaAs, entonces deberá de sustituirse la fuente de gas por Si H_3 :

3.3 Estructuración de haz de iones como un procedomiento factible para la estructuración lateral

3.3.1 Motivación

La elaboración de circuitos tridimencionales requiere de tecnologías recíprocamente compatibles para la estructuración lateral y de profundidad. De acuerdo con las descritas características específicas de la epitaxia de haces moleculares, con la aplicación de radiación rica en energía - que puede ser acoplada a la UHV- se tiene una elegante posibilidad para ello. Se puede pensar sobre todo en haces de laser, de electrones y de iones, ya que con ellos se puede irradiar de manera selectiva una zona estrictamente delimitada de la oblea.

En la tecnolgía hasta ahora desarrollada, tienen - sobre todo los haces de iones - extensa aplicación para la dotación de materiales semiconductores. La aparición de iones en relación con plasma o con ataques iónicos reactivos, o con la separación en fase vapor apoyada por plasma, no debe ser considerada a este respecto.

La implantación de iones se ha impuesto por esta razón en la tecnología de semiconductores, ya que con ella es posible una muy exacta dotación de las obleas. Vía el ajuste de la energía de implantación es posible alcanzar una en cierta medida discrecional y definida distribución de profundidad de las partículas, cuya concentración en esta distribución es ajustable mediante la dosis iónica respectiva. En el sentido de la buscada de estructuración lateral resultan de la aplicación de haces de iones varias ventajas:

- La tecnología de haz de iones es una tecnología de UHV, con lo que es -sin ningún problema- compatible con la MBE.

- Los haces de iones pueden focalizarse intensamente, de modo que se hace posible generar muy finas dimensiones laterales de estructura.

- Mediante la selección de la energía de implantación es, dentro de ciertos límites (dependiendo de la masa de iones), posible la generación de la estructura deseada incluso en la profundidad de capa ("capas enterradas")

- Mediante la utilización de específicas especies de iones pueden los materiales del blanco no sólo cambiar, sino también modificarse químicamente de manera completa y dirigida.

- La alta entrada de energía debida a los iones se encarga en la zona implantada de una efectiva modificación de las propiedades estructurales y de las ulteriores propiedades físicas.

Los primeros dos puntos son válidos también para el caso de haces laser y haces de electrones. Los otros puntos son, por tanto, específicos sólo para haces de iones, con lo que, no obstante, el último punto mencionado representa también, al mismo tiempo, una desventaja de la tecnología de haz de iones. En los materiales irradiados se llega generalmente a daños de haz, esto debido a módulos de rejilla desplazados. Si esto no representa ninguno de los efectos deseados, deberán tales daños de haz ser eliminados a posteriori mediante tratamiento térmico, lo que sobre todo en materiales monocristalinos no siempre resulta exitoso.

Para mejor comprensión de los procesos de interacción, mismos que juegan un papel importante en la penetración de iones hacia el blanco del cuerpo sólido, se hace necesaria una breve exposición al respecto.

3.3.2 Fundamentos físicos de la estructuración de haz de iones

3.3.2.1 Panorama de los mecanismos de transferencia de energía

Al penetrar los iones - con masa M_1, número atómico Z_1 y con energía de inyección Eo - en un cuerpo sólido, se llega entonces a la interacción con los átomos del blanco (masa M_2, número atómico Z_2). En este caso son posibles los siguientes procesos de interacción [91]:

i) Choques elásticos con los atomos de rejilla: Si la energía transferida es mayor que la energía umbral ED requerida para el desplazamiento de un átomo del blanco, entonces el átomo del blanco es desalojado de su derivado lugar de rejilla. Los átomos desplazados con alta energía cinética dan lugar a otros desplazamientos. Con ello se forman cascadas de choques en cuya progresión se originan vacantes y fallas expandidas. Resulta dañado sobre todo el orden de corto alcance del blanco, lo que en los materiales monocristalinos puede llevar hasta la amorfización. Si la energía transferida está por abajo de la energía de desplazamiento, tiene lugar entonces la excitación de los módulos de rejilla chocados hacia oscilaciones de rejilla (fonones).

ii) Choques no elásticos con electrones ligados: Estos llevan a la excitación o a la ionización de los átomos del blanco y también a posibles reordenamientos de enlace.

iii) Choques elásticos con electrones ligados.

iv) Intercambio de carga entre ion bombardeado y átomo del blanco.

v) Choques no elásticos con núcleos atómicos.

Estos llevan a la inducción de reacciones de núcleo. Para el caso del área de energía (algunos keV hasta aprox. 2MeV), de interés para la estructuración lateral y otros tópicos de la tecnología electrónica son, empero, de relevancia, solamente los procesos 1 (pérdida nuclear de energía) y 2 (pérdida electrónica de energía).

Debe agregarse que, en el caso de la deposición de energía, se trata antes que nada de sólo el proceso primario. Hay aún, sin embargo, una serie completa de procesos secundarios, mismos que se originan a partir del efecto de energía depuesta. Han de mencionarse aquí la difusión inducida por radiación, las transformaciones químicas inducidas por radiación, entre otras. Estos efectos son específicos del material, por ello deben de investigarse de manera individual para cada cuerpo sólido y son, debido a su aparición compleja, a veces muy difíciles de registrar.

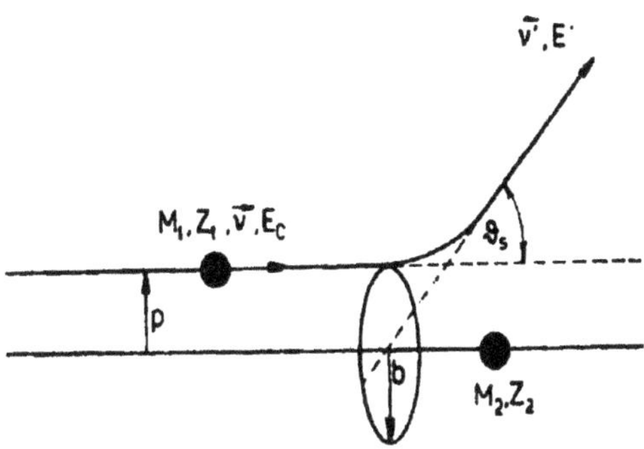

Figura 3.19: Presentación esquemática de la dispersión de un ión (M_1, Z_1) sobre un átomo (M_2, Z_2)

3.3.2.2 Transferencia de energía mediante interacción nuclear

Como consecuencia de la interacción elástica nuclear, un ion bombardeado pierde energía y es difractado. El resultado es la dispersión en un ángulo qs, como se muestra en la fig.3.19.

De interés es el conocimiento del ángulo de dispersión qs en función del parámetro de choque p. El cálculo se efectúa en el sistema del centro de masa. Como resultado se tiene la clásica integral de dispersión [92]:

$$\theta_s = \pi - 2 \int\limits_0^{U_{\max}} \frac{pdu}{\left(1 - V(u)/E_s - p^2u^2)^{1/2}\right)} \tag{3.24}$$

En este caso $u = 1/r$, con r como distancia entre los partícipes de choque, siendo E_s la energía del centro de masa:

$$E_s = E_o M_2/M_1 + M_2) \tag{3.25}$$

La transferencia nuclear de energía $T_n(E,P)$ resulta del conocimiento del ángulo de difracción

$$T_n(E,P) = \frac{E\,2\,M_1 M_2}{(M_1 + M_2)^2}(1 - \cos\theta_s) \tag{3.26}$$

a partir de lo cual la pérdida nuclear de energía en una capa de espesor dx se puede calcular por:

$$S_n(E) \;=\; \frac{1}{N}\left(\frac{dE}{dx}\right)_n = \int\limits_0^\infty T_n(E,p)2\Pi p\,dp = \int\limits_0^{T_{\max}} d\sigma(E,T_n) \qquad (3.27)$$

$T_{\max}$ es la energía máxima transferible en un solo choque (eq.3.26 para $\theta_s =$ 180o), $d\sigma = 2\pi\ pdp$ es el corte transversal diferencial efectivo y n es la densida atómica. $S_n(E)$ es el corte transversal nuclear efectivo. Si el potencial efectivo de cambio V(r) es conocido, se puede efectuar el cálculo de (3.24), (3.26) y (3.27).

En el caso de altas energías de entrada (rango de varios MeV) se acercan los partícipes de choque a una distancia tal que el efecto de apantallamiento debido a los electrones de valencia es despreciable, por lo que se puede calcular con el potencial coulombiano. Para el caso del área de energía (keV a algunos MeV) interesante para la implantación de iones o bien para la estructuración lateral de capas epitaxiales debe, no obstante, ser considerado el efecto de apantallamiento debido a la envoltura de electrones. Esto representa un problema teórico complicado, ya que el potencial de interacción resulta de varios factores (energía electrostática del potencial de ambos núcleos, interacción electrostatica entre las distribuciones de electrones de ambos copartícipes de choque, interacción entre el núcleo respectivo y la envoltura de electrones del otro participe, energia de excitacion de los electrones, energia debido al principio de Paulo) [94].

Existen un gran numero de funciones de apantallamiento, $\varphi(r/a)$,que en general son ligadas como factor al potencial coulombiano

$$V(r) = \varphi\left(r/a\right)\frac{Z_1 Z_2 e^2}{4\pi\varepsilon_o r} \qquad (3.28)$$

a es en este caso la longitud de apantallamiento adaptada a los correspondientes potenciales.

Son reconocidos y se hallan extendidos los resultados de las investigaciones de Lindhard y colaboradores [93] Exactas soluciones pueden alcanzarse mediante la utilización del modelo atómico estático de Thomas Fermi, en que la función de apantallamiento se obiene al solucionar la ecuación diferencial[91]

$$\Phi"\left(r/a\right) = r/a\ \varphi^{3/2}\left(r/a\right) \qquad (3.29)$$

como longitud de apantallamiento se da la llamada longitud de apantallamiento Thomas-Fermi

$$a = 0.8853\ a_o\left(Z_1^{2/3} + Z_2^{2/3}\right)^{-1/2} \qquad (3.30)$$

$a_o = 0.053\ nm$ - radio de Bohr

La solución numérica de $\Phi\left(r/a\right)$ existe en forma de tabla, según ocurre por ejemplo en Landau [92]. En un posterior trabajo de Lindhard, Scharf y Schiott

(Teoría LSS) [95] se enumeran las interdependencias de vigencia general relativas a la pérdida nuclear de energía para todas las combinaciones iones-blanco, mismas que se basan en la normalización de las magnitudes físicas aplicadas (radio de acción, energía, parámetros de choque). La aquí introducida función universal de apantallamiento es obtenida por aproximación en magnitudes normalizadas; por consiguiente, hay una multiplicidad de descripciones para ello ([97]-[100]).

Otra aproximación con frecuencia utilizada para la función de apantallamiento está dada por el plantemiento exponencial

$$\varphi\left(r/a\right) = \sum \alpha_i \, \exp\left(-\beta_i r/a\right) \tag{3.31}$$

Los coeficientes α_i y β_i se obtienen después del ajuste a datos experimentales de mediciones de sección de activación ión-átomo, de una cantidad lo más grande posible de combinaciones. En este caso la más conocida es la aproximación de Moliére con los coeficientes

$$\alpha_i = \{0.1; 0.55; 0.35\} \qquad \beta_i = \{6.0; 1.2; 0.3\} \tag{3.32}$$

La aquí correspondiente longitud de apantallamiento se obtiene según Firsow [96] de:

$$a_F = 0.8853 \, a_o \left(Z_1^{1/2} + Z_2^{1/2}\right)^{-2/3} \tag{3.33}$$

3.2.2.3 Transferencia de energía mediante interacción electrónica

Tratándose sobre todo de iones ligeros altamente energizados es la moderación la que domina como consecuencia de choques inelásticos con los electrones de los átomos del blanco. Para el caso del area no relativizada a considerar aquí (misma que hasta una energía de algunos MeV es ilimitadamente válida) no hay ninguna expresión analítica cerrada. En la fig.3.20 se muestra esquemáticamente la pérdida de energía dependiendo de la velocidad de los iones [91].

Si la velocidad ν_o del ion incidente es grande respecto a la velocidad de trayectoria vB de sus electrones, ocurre entonces una ionizacion completa (area III en la fig.3.20).

El ión aparece como núcleo desnudo, mediante el cual la transferencia de energía a un electrón puede ser manejada como dispersión de Coulomb.

La pérdida electrónica de energía puede en este caso ser descrita mediante la fórmula Bethe-Bloch:

$$S_{e_{BB}}\left(E\right) = \frac{-1}{N}\left(\frac{dE}{dx}\right)_e = \frac{8\pi Z_i^2 e^2}{I_o \varepsilon_B} In \, \varepsilon_B \tag{3.34}$$

con donde:

$$\varepsilon_B = \frac{2 \, m_e \, v^2}{I_o Z_2}; \qquad I_o = \left\{\frac{(12 = 7/Z_2)eV}{(9.76 + 58.8 \, Z_2^{-1.19})}\right\} \quad para \, Z_2 \prec 13; \quad Z_2 \geq 13$$

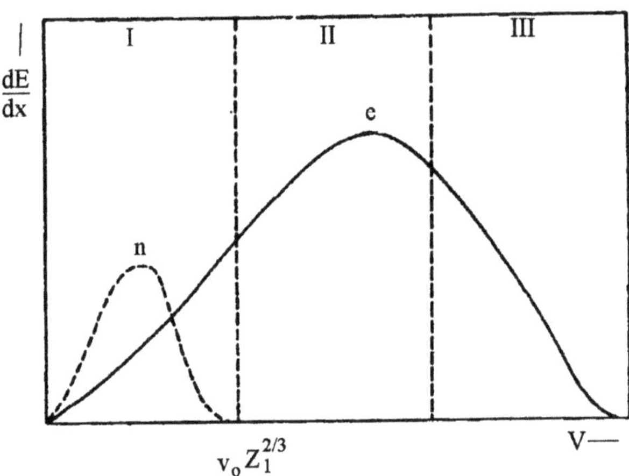

Figura 3.20: Representación esquemática de la pérdida de energía dependiendo de la velocidad iónica

m_e - masa de electrón

e- carga elemental

I_o- constante de Bloch

$S_{eBB}(E)$ - corte electrónico de activación según Bethe-Bloch

En la derivación de (3.34) se manejó la interacción con el modelo del gas de electrón libre, siendo por tanto despreciada la estructura orbital de la envoltura electrónica. Por este medio resulta una moderación continua inversamente proporcional a la energía de incidencia.

En el área de baja energía (área I de la fig 3.20) no pierde el ion su envoltura electrónica. La pérdida electrónica de energía es proporcional a la velocidad iónica y con ello a la raíz de la energía. Suponiendo un gas de electrón de densidad constante resulta según Lindhard et al. [95]:

$$S_{e_{LSS}}(E) = -\frac{1}{N}\left(\frac{dE}{dx}\right)_e = \frac{Z_1^{7/6}\, 0.0793\, Z_2^{1/2}(M_1 + M_2)^{3/2}\, E^{1/2}}{\left(Z_1^{2/3} + Z_2^{2/3}\right)^{3/4} M_1^{3/2}\, M_2^{1/2}} \tag{3.35}$$

$S_{e_{LSS}}(E)$- corte electrónico de activación según Lindhard et al. Es problemática la descripción teórica de la interacción al interior del área II, en la cual el ion pierde sólo una parte de sus electrones. Hasta ahora, la literatura no ofrece para ello ninguna expresión analítica. Biersack [101] utiliza una combinación de las relaciones (3.34) y (3.35):

$$S_e(E) = \left(S_{e_{BB}}(E)^{-1} + S_{e_{LSS}}(E)^{-1}\right)^{-1} \tag{3.36}$$

Las simplificaciones en el manejo teórico de la pérdida electrónica de energía llevan a divergencias entre la teoría y el experimento, mismas que se expresan en oscilaciones de la pérdida de energía dependiendo de Z_2. En este caso resultan, de manera casi independiente de la energía iónica, divergencias máximas y mínimas como función del número atómico de los átomos del blanco. Comparaciones al respecto se encuentran, entre otros, en Fink [102]. Lo mismo se hace manifiesto tambien respecto al número atómico de los iones incidentes (Z_1).

Además de la pérdida electrónica de energía, la fig. 3.20 muestra también el área de activación de la deposición nuclear de energía. Con el número de actos interactivos disminuye la energía del ión y con ello queda por abajo de $v_o\, Z_1^{2/3}$ también la parte correspondiente a la pérdida electrónica de energía. Debido a que a más baja energía domina la interacción nuclear, mediante la velocidad iónica pueden ambas partes variar experimentalmente de manera dirigida.

3.3.2.4. Radio de acción y distribución de iones implantados

Para las siguientes consideraciones se partirá de una distribución estática de los átomos en el blanco.

El blanco posee un espesor x y una densidad atómica N. Un ion pierde la energía dE después de recorrer la trayectoria dx a consecuencia de los descritos procesos de interacción. El total de pérdida de energía es de

$$-\left(\frac{dE}{dx}\right) = \left(-\frac{dE}{dx}\right)_e + \left(-\frac{dE}{dx}\right)_n = N \quad (S_e(E) + S_n(E)) \qquad (3.37)$$

Mediante la integración se obtiene el radio medio de acción del ion en el blanco

$$R = 1/N \int_0^{E_o} 1/\left(S_e(E) + S_n(E)\right) dE \qquad (3.38)$$

En el caso de una incidencia vertical es posible medir la proyección de R sobre la dirección de incidencia de un ion, el llamado radio de acción proyectivo Rp. A fin de poder determinar la distribución de los iones inyectados debe resolverse el problema del transporte de iones considerando los procesos de interacción descritos. Ello se puede hacer mediante dos procedimientos:

i) Para ello deben resolverse las ecuaciones integrodiferenciales derivadas por Lindhard et al.[95] del tipo Boltzmann. Estas no son calculables en forma cerrada, por lo que deberán de llevarse a cabo aproximaciones. Soluciones de este tipo se encuentran en Lindhard [103] y, más adelante, en Ziegler [94] y Burenkov [105]. Como resultado se obtienen los momentos de distribución a profundidad de los iones, correspondiendo los momentos más bajos de los radios de acción proyectivos medios R_p y de la divergencia estándar σ_{Rp} a una distribución de Gauss. Pero existen también momentos calculables más altos, los cuales describen la asimetría de la distribución (skewness), así como su pendiente (kurtosis). La solución de todo el sistema de ecuaciones permite además el cálculo de la distribución espacial y, con ello, de la divergencia lateral de los iones inyectados [106], [107].

ii) Simulación del transporte de iones mediante los cálculos de Monte-Carlo Este método se basa en el cálculo de los procesos elementales, en los que después de cada acto interactivo se determina lugar y energía del ion. Los iones son seguidos hasta su punto de reposo, o bien hasta que abandonan el blanco. Con ello se tiene la ventaja de que pueden calcularse la distribución de iones en cualquier blanco de varias capas o de varios componentes, además de la distribución de los iones retrodispersos los iones transmitidos. El límite del método resulta de que una seguridad estática suficiente de los resultados hace necesaria la simulación de una gran cantidad de eventos. Por ello debe de establecerse un compromiso entre exactitud y tiempo de cálculo. En la literatura existe una serie completa de Programas Monte-Carlo, tales como TRIM de Biersack [94], [101], para el cual hay variantes diversas [108]-[110]. Otros programas conocidos son p. ej. MARLOW [111] y PIPER [112].

Aunque existen numerosas obras de consulta [94], [105], [113] con amplios datos sobre la interacción de iones con átomos, no pueden derivarse de ellos todos los valores (deposición de energía, distribución de los iones inyectados) para cualesquiera blancos de componentes múltiples o de capas múltiples, por ello se hace evidente la conveniencia de los cálculos respectivos para los casos especiales.

3.3.2.5 Generación de daños por el haz

De especial significación es el desplazamiento de átomos en la retícula del sólido. Éste aparece cuando la energía transmitida de un ion inyectado a un átomo del blanco es mayor que la energía de desplazamiento. La oferta de vacantes y átomos desplazados que se origina como consecuencia de las cascadas de choques lleva consiguientemente al daño del material.

El número de los átomos desplazados - en un primer choque - por cada ion inyectado se obtiene de la fórmula Kinchin-Pease [91]:

$$N_D = E/(2E_D) \tag{3.39}$$

Biersack [94], [101] modificó el modelo Kinchin-Pease obteniendo la energía de desplazamiento en dependencia con la energía transmitida al átomo chocado del blanco (recoil), encontrando correspondientemente a partir de ello la cantidad de los desplazamientos.

$$
\begin{aligned}
N_D &= 0.8E_N \;/\; (2E_D) \quad para \;\; E_N \geq 2.5\, E_D, \\
N_D &= 1 \qquad\qquad\qquad para \;\; E_D \leq E_N \prec 2.5\, E_D
\end{aligned}
\tag{3.40}
$$

3.4 Realización técnica

El elemento más importante de una instalación de haz de iones lo es la fuente iónica. Ésta determina el uso y la productividad de dicha instalación de manera fundamental. De acuerdo con su aplicación hay para las diferentes especies de iones diferentes fuentes iónicas.

El punto de partida lo es regularmente la transición del material a ionizar a una fase en la que éste se pueda ionizar con facilidad (si es que esta fase no existiera ya, como cuando se trata de un gas). A continuación se efectúa la ionización de esta fase y finalmente la aceleración de las especies iónicas producidas.

La transición a la fase mencionada puede efectuarse de múltiples maneras. Correspondientemente, las fuentes iónicas se diferencian también por forma y la manera en que los iones son producidos. La aceleración de éstos, así como la focalización del haz son, por lo contrario, de la misma índole y se efectúan según los conocidos principios del sistema electrostático y electromagnético de Linsen.

En las fuentes de ionización térmicas se aplica la conocida tecnología proveniente de la vaporización de materiales. Materiales sólidos (p. ej. metales u óxidos) son calentados hasta su disgregación. En este momento pasan a la fase vapor. Tratándose de materiales de difícil vaporización, digamos metales de difícil fusión, se hará también uso de la pulverización (sputtering).

Como una variante de importancia, existen además para los iones metálicos fuentes de metal líquido en las cuales, por ejemplo, una punta de wolframio es rociada con metal fundido (o sea líquido). En un campo eléctrico intenso (mismo que posee en la punta del metal la mayor intensidad), los iones son desprendidos de la punta y a continuación acelerados a partir de ésta. Tales fuentes tienen aplicación por ejemplo para iones de Ga^+ y de In^+ y se caracterizan por una alta corriente iónica y, por lo tanto, por una alta productividad.

Para la generación de iones de gas inerte se utilizan fuentes de ionización por descarga de gas. En un gas introducido se produce mediante choque-ionización una nube de carga de electrones y iones libres. Mediante un cátodo logran los iones arribar a un trayecto de aceleración, siendo así acelerados en dirección del blanco. Como una variante importante se han impuesto en este caso las fuentes de duoplasmatrón. El gas inerte es atraído a un campo eléctrico intenso en el que mediante el encendido de una descarga de arco éste se ioniza y a partir de él, y de manera correspondientemente dirigida, son acelerados los iones. Con fuentes de este tipo pueden alcanzarse grandes corrientes iónicas como consecuencia de una ionización completa del gas. Pero también son posibles fuentes de cátodo frío en las que el gas correspondiente es ionizado mediante la aplicación de altos voltajes a través de los electrones que salen del cátodo.

Esta breve relación no tiene en modo alguno pretensiones de totalidad. Los parámetros que interesan para efectos de caracterización son:

- La intensidad ('luminosidad') de la fuente iónica, la cual a través del tiempo de implantación determina la dosis iónica en la zona implantada. Así,

en una deseada concentración de partículas en el blanco, es la intensidad
la que por ende determina la productividad de una instalación.

- La incertidumbre energética de los iones emitidos, la cual en una subsecuente concentración de haz lleva a aberraciones y a pérdida de intensidad
  por causa de un sistema de lentes electrostático (aberración cromática).

Un haz de iones no puede concentrarse nítidamente de manera arbitraria,
porque debido a la interacción electrostática de los iones tiene lugar una repul-
sión recíproca. En este caso la incertidumbre energética trae problemas adicionales, ya que a consecuencia de ello y dependiendo de si la energía es mayor
o menor que el valor definido, los iones se acelerarán o se frenarán según el caso.
Ahora bien, el diámetro del haz de iones determina la magnitud lateral de las
estructuras generadas, mediante lo cual se dan para éstas las limitantes respectivas. No obstante, de las dimensiones geométricas resulta sólo un valor teórico.
Aún en el caso de una radiación ideal se tiene mediante la fluctuación fortuita
de partículas una modificación de la cantidad y de la distribución espacial de
los iones. Con ello disminuye la capacidad teórica de resolución en un orden
de magnitud de cerca de 10 nm [91]. La figura 3.21 muestra la conformación
esquemática de una instalación de implantación iónica. Dicha se compone en
principio de un simple separador de masa, que está en el potencial de la tensión del acelerador, y de un subsecuente trayecto de aceleración de típicamente
200 kV. Los átomos ionizados en la fuente iónica son extraídos con 30 kV. El
haz de iones es focalizado mediante los lentes electrostáticos sobre la ranura de
entrada de un magneto de difracción de 90. En el campo magnético se selec-
cionan los iones según su masa, de modo que sólo un isótopo llega al trayecto
de aceleración y es allí acelerado a la energía final. Después de pasar por una
trampa de partículas neutras, el haz de iones expandido homogéneamente en
dirección x y y llega - en el modelo representado - hasta una de las dos cámaras
de implantación, mismas que pueden ser alimentadas alternativamente con una
cajita (cassette) de las obleas a implantar.

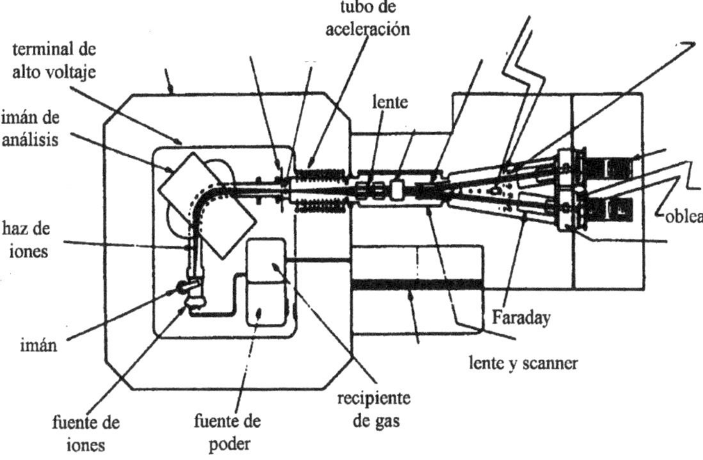

Figura 3.21: Instalación de implantación de iones [114]

La fuente iónica es correspondientemen- te intercambiable para las respectivas especies de iones. Para el caso de la implantación de iones para fines de dotación en silicio se montan, según corresponda, las fuentes para donador (As^+, Sb^+) o para aceptores (B^+, Ga^+).

En relación con la elaboración de estructuras tridimensionales son de interés sobre todo los haces iónicos finamente focalizados. Un sistema de haces iónicos de ese tipo se muestra en la fig.3.22 [115] Su acoplamiento a una instalación MBE posibilita durante el crecimiento de capa la estructuración lateral sin la utilización de un resist adicional - por una parte - y, selectivamente, la modificación física o química de pequeñas áreas de capa. Pueden con ello también realizarse directamente procesos epitaxiales de crecimiento poniendo como con unas pincillas iones de baja energía (pocos keV) sobre la superficie del sustrato. La fig.3.23 muestra la realización de una instalación de este tipo [115]. Un sistema combinado de este tipo es conocido como FIBI - MBE (fine focused ion beam implantation).

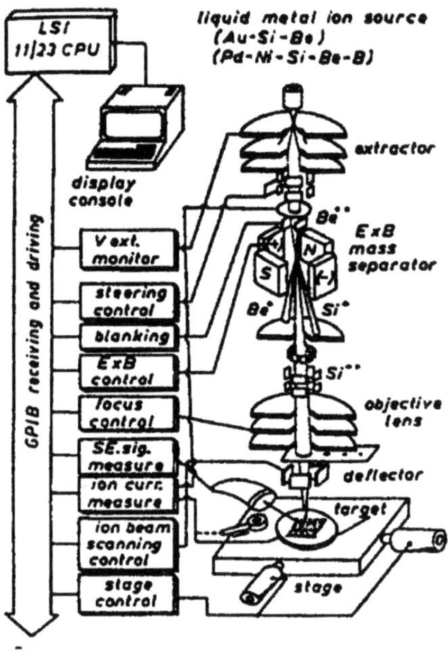

Figura 3.22: Representación esquemática de un sistema de implantación de 100 kV con haz de iones finamente focalizado (según [115])

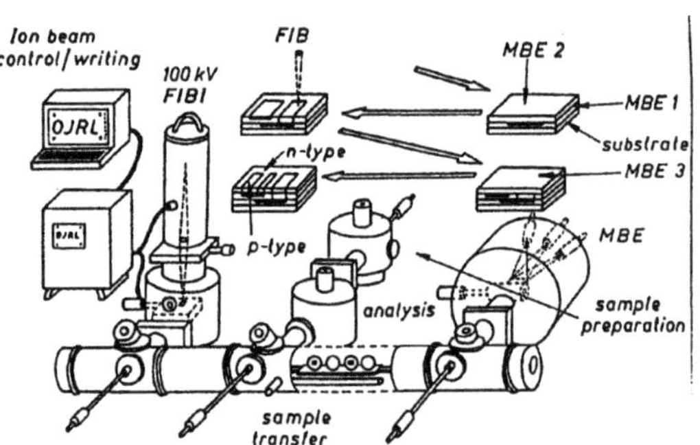

Figura 3.23: FIBI-MBE Instalación con cámara combinada de crecimiento y estructuración [115].

Capítulo 4

Sistemas de Análisis para la caracterización de capas epitaxiales

4.1 Panorama general

A continuación daremos de manera breve las características de los principales procedimientos para la investigación de sistemas epitaxiales de capas. Una detallada descripción de ellos se encuentra en la ya amplia literatura especializada, p. ej. en [116], [117].

Los métodos de análisis que son esenciales para la investigación de capas epitaxiales, especialmente las que son relevantes para la microelectrónica (en el capítulo 5 se les describe ampliamente), se subdividen de acuerdo con la información a obtener. En este caso habrá que poner atención en que algunos métodos - debido a las relaciones propiedad-estructura o a conocidos efectos físicos - permiten la determinación de varias propiedades.

Las propiedades estructurales pueden determinarse p. ej. con:

- RHEED (**R**eflection **H**igh-**E**nergy **E**lectron **D**iffraction)

- Microscopía electrónica

- SEM (**S**canning **E**lectron **M**icroscopy)
- TEM (**T**ransmissions **E**lectron **M**ikroscopy)
- STM y AFM (**S**canning **T**unneling **M**icrocopy; **A**tomic **F**orce **M**icroscopy)

- EBMA (**E**lectron **B**eam **M**icroanalysis)

- XRD (**X**-**R**ay **D**iffraction, difracción de rayos X)

- RBS (**R**utherford-**B**ackscattering, Retrodispersión Rutherford) y

- RBS-Channeling (Mediciones de Canalización)

Las propiedades químicas pueden ser determinadas por:

- AES (**A**uger **E**lectron **S**pectroscopy

- SIMS(**S**econdary **I**on **M**ass **S**pectroscopy)

así como por procedimientos que ya han sido mencionados en la investigación de propiedades estructurales, tales como:

- EBMA

- RBS

Para la determinación de las propiedades ópticas deben mencionarse de manera especial:

- La espectroscopía de fotoluminiscencia

- La espectroscopía óptica

- La espectroscopía Raman

- La elipsometría

En este caso debe ponerse atención en que el conocimiento de las propiedades ópticas de los materiales no es sólo de interés por sus aplicaciones ópticas u optoelectrónicas, sino que mediante las relaciones estructura-propiedad son posibles múltiples interpretaciones de la naturaleza estructural y química del objeto investigado. Esto puede igualmente aplicarse a la investigación de las propiedades eléctricas, respecto a lo cual han de mencionarse como métodos fundamentales:

- Mediciones de conductibilidad o de resistencia eléctrica específica

- Mediciones corriente-voltage

- Mediciones capacidad-voltage

- Mediciones Hall para lo obtención de la movilidad de portadores de carga

4.2 RHEED

En las investigaciones de estructura el método RHEED ocupa una posición central, ya que es aplicable *in situ* y, por consiguiente, es posible una vigilancia directa del proceso de crecimiento de capa. RHEED se basa en la difracción de un haz de electrones de media a alta energía (5 - 50 keV) que incide de manera rasante sobre la muestra, con lo que la longitud de onda de los electrones es pequeña en comparación con las distancias de rejilla de la muestra a investigar.

El ángulo de incidencia a será muy pequeño (1-5°), de modo que longitud de trayectoria libre media de los electrones (5-50 nm) se reduzca pronunciadamente debido al factor geométrico sin α. Por este medio sólo pocos estratos atómicos de la región superficial de la muestra contribuirán efectivamente a la imagen de difracción y con ello a la información sobre la estructura. La fig.4.1 muestra la rejilla recíproca y la esfera de Ewald para electrones y rayos x, así como el diseño EWALD basado en las condiciones de difracción de LAUE. Dicho diseño nos vuelve a dar una evidente interpretación de las imágenes de difracción como representación de una rejilla recíproca cristalina haciendo énfasis en los factores de estructura y de forma atómica.

En la figura 4.2 está representada la disposición geométrica correspondiente a la difracción de electrones en condiciones de incidencia rasante y la aquí resultante imagen de difracción. Los reflejos de difracción están en este caso estirados hasta tomar la forma de los característicos "streaks". La aparición de estos "streaks" no puede ser explicada sólo con el diseño Ewald (fig.4.1), en el que las barras de rejilla ubicadas en el espacio recíproco tocan tangencialmente la esfera de Ewald al cumplirse la condición de difracción.

Debe aceptarse adicionalmente un cierto orden defectuoso en determinadas direcciones sobre la superficie de crecimiento. En la imagen de difracción mostrada en la fig.4.2 para una superficie (001)-GaAs aparecen aún entre los reflejos de estructura principal, mismos que son típicos para la estructura de blenda de zinc, reflejos de superestructura que son originados por la reconstrucción de la superficie. La reconstrucción resulta de la transposición de enlaces libres de los átomos de la superficie. Una tal rehibridización de orbitales de enlace disminuye la energía libre de la superficie. Vinculado con ello se da lugar a una reducción de la simetría en la superficie, o sea que la celda elemental de superficie tiene una mayor longitud de periodo. Sobre la superficie (001) de semiconductores A_{III}-B_V pueden surgir en la epitaxia pro haz molecular diversas reconstrucciones que están en relación estrecha con la composición química de la superficie del semiconductor de unión. Ésta depende directamente de las condiciones de crecimiento (temperatura de substrato, relación de los flujos de haz molecular, etc.). A la derecha de la fig.4.2 se reproducen esquemáticamente, bajo un azimut diferente, las imágenes de difracción para las dos reconstrucciones de superficie más importantes en la epitaxia de haces moleculares de GaAs (001): la reconstrucción (2 x 4) y la (4 x 4) estables al arsénico. A partir de la aparición de determinadas reconstrucciones de superficie, mismas que son identificadas en la imagen de difracción pueden por tanto hacerse conclusiones sobre las condiciones de reacción.

Un elemento característico más de la difracción de electrones bajo condiciones de incidencia rasante lo es la modificación periódica de la intensidad del haz directamente reflejado y del haz difractado al darse el crecimiento cristalino. La fig.4.3 muestra lo anterior para el caso del crecimiento epitaxial de un nivel de capa GaAs/AlAs.

El periodo para la modificación de intensidad corresponde exactamente al tiempo necesario para la precipitación de un nivel de capa GaAs, $AlAs$ ó $Al_x GA_{1-x} As$. En este caso y en un primer acercamiento puede presuponerse

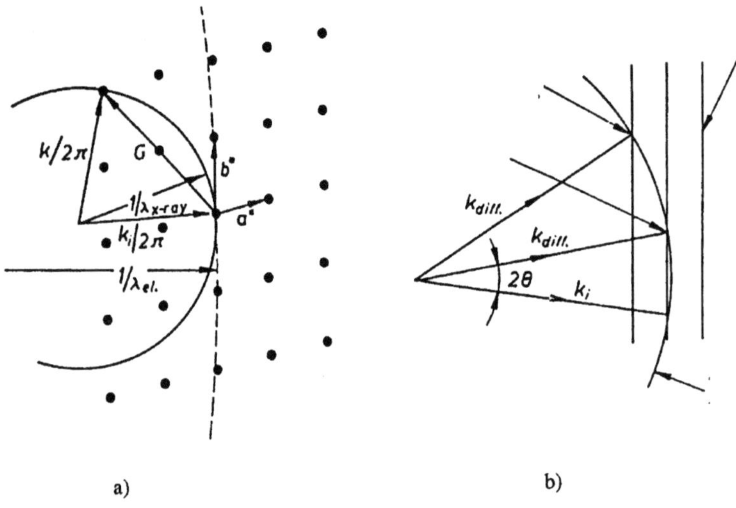

Figura 4.1: a)Rejilla recíproca y la Esfera de Ewald para electrones y rayos X, b) Construcción EWALD para imágenes RHEED. El vector numérico de onda k_i es grande respecto a las distancias de los niveles en la rejilla recíproca (según [118] y [119]).

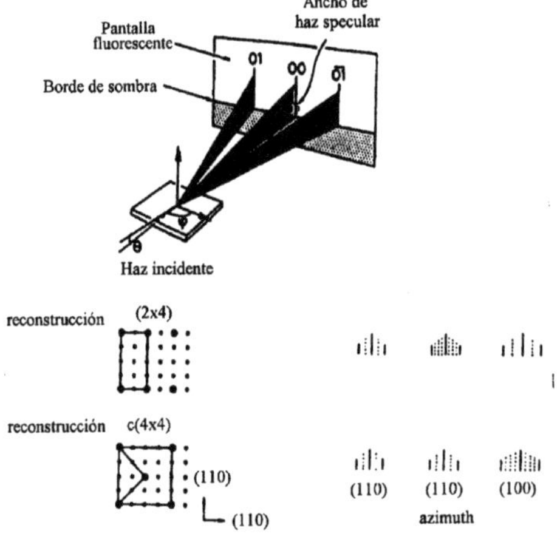

Figura 4.2: (a) Arreglo geométrico en el método RHEED; (b) Celda elemental de superficie e imagenes de difracción correspondientes para la reconstrucción (001)GaAs (según [120]).

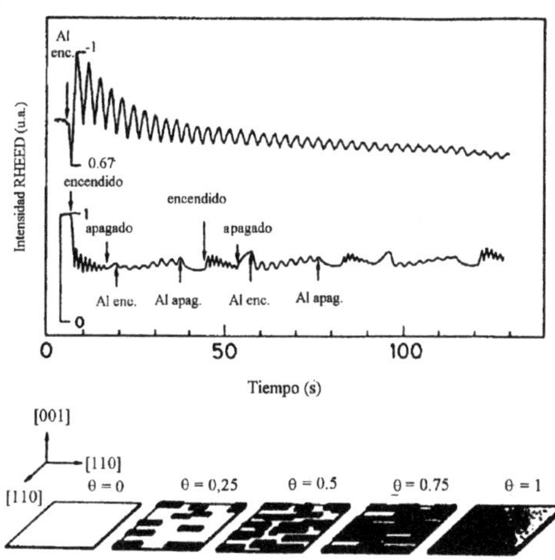

Figura 4.3: Arriba: En RHEED, variación periódica de la intensidad del haz de electrones directamente reflejado como una función del tiempo en capas epitaxiales de GaAs/AlAs. Abajo: Representación esquemática de la formación de islotes de crecimiento bidimensionales de diferente extensión, mediante la cual se explica la distinta capacidad de reflexión de las superficies en crecimiento.

que la amplitud de las oscilaciones de intensidad alcanza con exactitud su máximo precisamente cuando un nivel de red está completamente terminado. De acuerdo con la fig.4.3 abajo, en un caso como este se tiene como resultado una potencia máxima de reflexión del haz RHEED. La formación del respectivo siguiente nivel de red comienza siempre con islotes bidimencionales estadísticamente distribuidos, los cuales tienen la altura de un estrato atómico del depósito. Al aumentar la extensión de los islotes disminuye la intensidad del haz de electrones difractado o reflejado. De ocurrir una semicubrición de la capa ($\Theta = 0.5$) la capacidad de reflexión de la superficie de crecimiento es mínima. Al aumentar aún más la cubrición crecen los islotes más y más juntos y la capacidad de reflexión alcanza de nuevo, finalmente, un máximo de cubrición completa (($\Theta = 0.1$). En forma por demás interesante, la amplitud de intensidad vaporiza intensamente después de ya sólo algunas amplitudes hasta llegar a un mínimo valor residual. Aparentemente, esta atenuación a observar débese al hecho de que los dominios superficiales abarcados por el haz de electrones no están en fase. No existe, sin embargo, una concepción unitaria respecto a este fenómeno.

Independientemente de las causas para la atenuación, la aparición de las oscilaciones RHEED en la difracción de electrones es, no obstante, una prueba decisiva de que el cristal se construye realmente plano por plano de red, si un proceso de crecimiento bidimensional (en dependencia con la interacción substrato-depósito, con la temperatura y, derivándose de ello, con la movilidad superficial de las partículas emergentes) está presente. Por tanto, el método puede emplearse como una rutina para la determinación de coeficientes absolutos de crecimiento. Pero debe de ponerse atención en que al momento de la evaluación de los datos de intensidad RHEED pueden aparecer errores, ya que en general electrones tanto elástica como difusamente difractados contribuyen a la intensidad observada. Deben por tanto seleccionarse condiciones de difracción en las que predomine la contribución de la dispersión elástica a la intensidad. A partir de la evaluación de las oscilaciones RHEED pueden obtenerse además informaciones importantes sobre la estructura microscópica de las superficies límite al darse una modificación abrupta de la composición.

Visto en conjunto, las imágenes de difracción obtenidas con RHEED permiten las siguientes interpretaciones:

a) Distinción entre estructuras amorfas, policristalinas y monocristalinas sobre la capa, esto mediante una imagen de difracción correspondientemente difusa, en forma de anillo o bien en forma de punto o raya;

b) Determinación del tipo de rejilla y de la constante de rejilla después de la calibración (evaluación fotográfica de las imágenes de difracción provenientes de muestras con constante conocida de rejilla, por tanto calibración de las imágenes de difracción de las muestras a investigar);

c) Información relativa a la orientación del substrato y del depósito vía la estructura de la imagen de difracción;

d) Información relativa a la rugosidad de superficie de escala atómica mediante la transición gradual de la imagen de difracción, yendo de reflejos de punto (en alturas de estructura »1 nm) a reflejos cortos de raya (en una superficie atómicamente lisa), a diferencia de los reflejos largos de raya de las interferencias superficiales a nivel monocápico,

e) Información relativa a la distancia y altura de escalón en superficies (quasi) atómicamente lisas (p. ej. en desorientaciones pequeñas) a partir de la estructura interna de los reflejos de raya [143];

f) en casos aislados, mediante comparación con estructuras conocidas, una información limitada respecto a la composición química de la superficie y

g) algunas informaciones respecto al comportamiento dinámico de la superficie en crecimiento, especialmente sobre la observación de las oscilaciones de RHEED

Además de las amplias informaciones que son posibles utilizando el método RHEED, debe de mencionarse como desventajosa la fuerte interacción de los electrones con los átomos del cuerpo sólido. En algunos materiales que reaccionan a esta interacción con modificaciones químicas o estructurales, digamos en este caso los fluoruros alcalino-térreos (ver sección 6.2), puede esto modificar, de manera no deseada, el objeto a investigar cuando se trate de la aplicación de altas dosis de electrones.

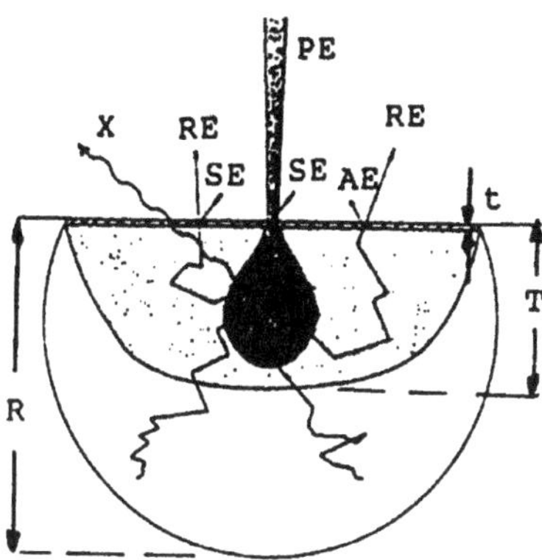

Figura 4.4: Volumen de expansión de electrones primarios verticalmente incidentes, y ámbito de salida de las partículas o de la radiación originadas por la interacción (según [124]) PE: electrones primarios, SE: electrones secundarios, RE: electrones retrodispersos, AE: electrones Auger, X: radiación X característica, R: alcance de los electrones primarios, t: profundidad de salida de los electrones secundarios, T: profundidad de salida de los electrones retrodispersos

4.3 Microscopía electrónica

4.3.1 Microscopía electrónica por barrido (SEM)

Un método importante para la investigación de la estructura por medio de electrones es la microscopía de electrones porbarrios (REM, por sus siglas en alemán o bien SEM por sus siglas en inglés: Scanning Electron Microscopy). En este método la superficie de la muestra es explorada mediante un haz de electrones finamente focalizado y la imagen de intensidad de los electrones retrodispersos es traducida a imagen. La interacción de los electrones primarios (PE) del haz con el cuerpo sólido es mostrada en la fig.4.4. Ésta puede definirse a través de procesos de dispersión elástico e inelásticos, los cuales procuran diferentes informaciones sobre la materia expuesta al haz [122], [123].

Como procesos de dispersión elásticos se entiende aquellos en los que el electrón conserva su energía. Si el haz de electrones da contra el objeto, entonces una parte de los electrones es dispersada en los átomos del objeto. Los electrones dispersos abandonan nuevamente el objeto y pueden ser medidos como electrones retrodispersos. Debido a que el coeficiente de retrodispersión, esto es el número de los electrones retrodispersos depende del número atómico del material del objeto, pueden éstos ser utilizados para el análisis de material.

Una ulterior posibilidad de dispersión elástica está condicionada por la eventualmente dada periodicidad del cristal. Por causa de la naturaleza de onda de los electrones se da - de manera análoga a la difracción de rayos X en cristales - también una difracción de las ondas de electrón en el objeto si éste muestra una estructura periódica. Esto lleva a una intensificación o a una debilitación de señal de los electrones retrodispersos a determinados ángulos entre el haz de electrones y el objeto. Tales efectos de canalización condicionados por la rejilla de cuerpo sólido (channeling) pueden utilizarse para la determinación de orientaciones cristalinas, pero también para la investigación de defectos en zonas cercanas a la superficie.

La dispersión inelástica o sea la dispersión del electrón en condiciones de entrega de energía al copartícipe de dispersión, lleva a una gran cantidad de señales secundarias. Por medio de la dispersión inelástica en la envoltura de electrones de los átomos del objeto se da lugar a la liberación de una gran cantidad de electrones secundarios. Los electrones secundarios de baja energía (0 - 50 eV) sólo pueden abandonar el objeto si son generados en una capa muy delgada por abajo de la superficie. De allí que ellos ofrezcan la mejor resolución lateral y sean predominantemente utilizados para la reproducción de la superficie.

Debido a que los electrones primarios cuentan con altas energías se da también la posibilidad de entregar suficiente energía a un electrón de átomo de la muestra, mismo que se encuentra sobre una envoltura interna, de modo que éste abandone dicho átomo. La vacante así generada puede ahora ser ocupada por un electrón libre. Esto ocurre mediante el envío de un cuanto de rayo X con una energía característica para el átomo (predominantemente en números atómicos altos) o sin radiación mediante transferencia de energía a un electrón diferente (electrón de Auger) cuando se trata de números atómicos pequeños. Los dos efectos pueden emplearse para el análisis de materiales (Espectroscopía de rayos X o de electrones de Auger).

En el caso de objetos no metálicos, digamos semiconductores, se conforma mediante el haz primario una elevada cantidad de pares hoyo-electrón, cuya recíproca recombinación lleva a otras señales. La recombinación pude ocurrir sin radiación mediante fonones (p. ej. en silicio) o con radiación mediante fotones (p. ej. en GaAs). Los fotones emitidos pueden ser comprobados directamente utilizando un detector apropiado tal como la llamada cátodo-luminiscencia [10], [21]-[23]. Una parte de los portadores de carga en minoría pueden sin embargo, ser también "reunidos" mediante un contacto de Schottky (de manera análoga a los portadores de carga generados por luz en celdas solares) y pueden ser comprobados mediante un circuito de medición como corriente inducida de Haz de electrones (Electron Beam Induced Current, EBIC).

La principal construcción de un microscopio de electrones por barrido es la que se muestra en la fig.4.5 Los electrones son emitidos térmicamente a partir de un cátodo o por emisión de campo y son acelerados en campo eléctrico con alta tensión variable (aprox. 500 V hasta 30 kV) hacia el ánodo. En un sistema subsecuente de lentes electromagnéticos el haz de electrones es focalizado sobre

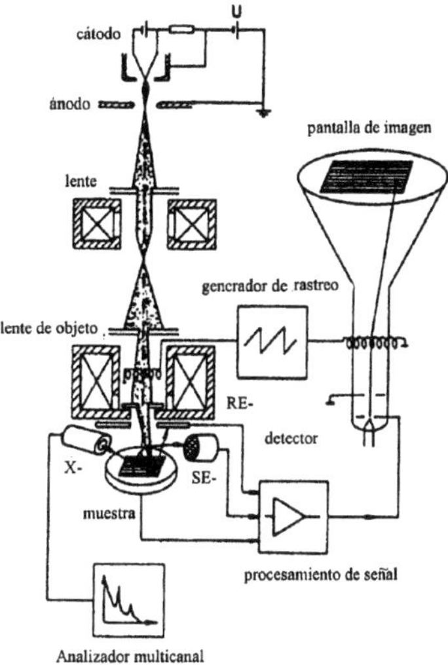

Figura 4.5: Esquema de un microscopio electrónico por barrido (según[123])

la superficie de la muestra donde mediante los procesos de interacción descritos se liberan los electrones y fotones que portan la información sobre la estructura. Si con el auxilio de un sistema de deflexión se lleva al haz de electrones primarios explorando sobre la muestra y se controla con la señal detectada la intensidad de un haz de electrones sincronizadamente conducido vía una pantalla, se origina entonces en forma de puntos una reproducción de zona radiada de la muestra.

Por el principio de exploración determina la superficie de salida de los electrones emitidos la resolución en el microscopio de electrones de barrido. Para la imagen de electrón secundario y gracias a la mínima profundidad de salida de los electrones secundarios, dicha superficie de salida es aproximadamente igual al diámetro del haz primario focalizado sobre la superficie de la muestra. Debido a que los electrones retrodispersos provienen de una mayor profundidad y desde una zona con diámetro mucho mayor, la imagen electrónica de retrodispersión esta notablemente mal resuelta. La resolución depende, más aún, del contraste y de la relación señal-ruido. El punto luminoso del haz lo más pequeño posible determina por ello su "irradiación", o sea la densidad de corriente de haz por elemento de ángulo espacial (valor indicativo de haz para el cátodo). Las fallas en el sistema de lentes conducen a una ampliación del punto luminoso del haz. En REM es responsable de ello principalmente la falla de color. Ésta es proporcional al ancho de energía con el que los electrones primarios son emitidos desde el cátodo. Los electrones lentos son difractados de manera más intensa en el campo del lente que los rápidos. Mientras más grande sea la amplitud de energía, en esa medida será mayor por tanto el diámetro del punto luminoso en el nivel de focalización. Además de ello, el defecto cromático es inversamente proporcional a la energía de los electrones primarios. Debido a que la amplitud de energía de los electrones primarios es una constante que sólo depende del tipo de cátodo, quiere esto decir un empeoramiento de la resolución al haber una creciente tensión de aceleración.

En general pueden resolverse estructuras laterales de 10 a 50 nm. A través de la pequeña abertura del haz de electrones se dispone de una gran nitidez de profundidad. Además de la reproducción de morfología de la superficie de las muestras es cuantitativamente posible, utilizando diferentes ángulos de observación en el marco de los límites de resolución, el análisis de la estructuración superficial tanto en sentido lateral como en sentido transversal. Mediante el empleo de técnicas de preparación tales como el procedimiento de corte de inclinación iónica puede efectuarse la deposición libre de perfiles de profundidad, los cuales pueden ser evaluados de la misma manera que una superficie [122].

Además de lo anterior, mediante el contraste de luminosidad puede determinarse sobre diferencias en la composición química de las muestras, aunque sin información cualitativa o cuantitativa. Por ello se utiliza con frecuencia en combinación el método de microanálisis de haz de electrones (Elektronenstrahlanalyse ESMA por sus siglas en alemán), mismo que analiza en forma energético-dispersiva (rara vez dispersiva en longitud de onda) la radiación X producida por el haz de electrones y permite así la información cualitativa y cuantitativa relativa a la estructura química de la zona superficial. Sin embargo, estas informaciones se originan por lo general a partir de la totalidad del volumen de excitación, de modo que la resolución lateral es de aproximadamente 1 μm y la profundidad de información de 10 μm. En la mayoría de los sistemas de medición (energético-dispersivos) pueden comprobarse sólo elementos con número atómico mayor a 20.

4.3.2 Microscopía electrónica por transmisión (TEM)

En comparación con el microscopio de electrones por barrido, en el que muestras masivas son exploradas con el haz de electrones, en la Microscopía electrónica por Transmisión (TEM) una muestra delgada (espesor de muestra aprox. 0.1 μm) con electrones altamente energizados es intrarradiada y reproducida gráficamente. Esto presupone regularmente una preparación costosa de las muestras antes de las investigaciones en el microscopio electrónico. De cualquier manera, la microscopía de electrones por transmisión ofrece, en comparación con la microscopía de electrones por barrido, dos ventajas sustanciales. En primer término, la reproducción alcanza una gran resolución que llega hasta el nivel atómico. En segundo término permite la intrarradiación de las muestras en una superficie límite. Esto es de interés especialmente en el caso de estructuras de capa apiladas debido a que la estructura geométrica de capas delgadas sobrepuestas puede ser mejor examinado en su corte transversal.

Mientras en el microscopio electrónico por barrido el haz focalizado de elec-

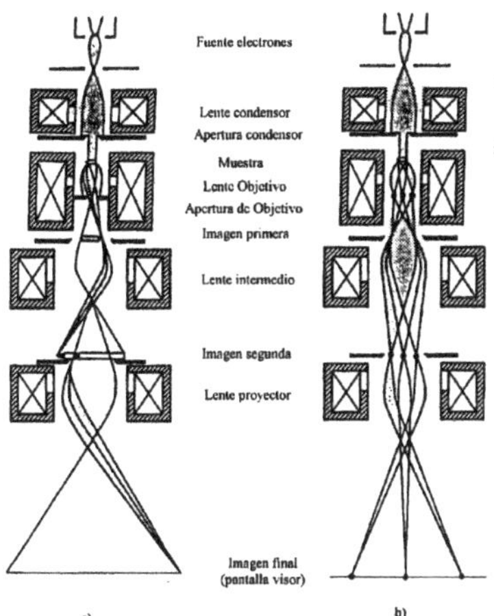

Figura 4.6: Esquema de un microscopio electrónico por transmisión con paso de haz para la reproducción del campo luminoso (a), y la difracción de zona fina (b) (según [125])

trones explora la muestra linealmente, en el microscopio electrónico de transmisión la prueba delgada es intrarradiada en toda su superficie. La fig.4.6 muestra la construcción esquemática de un TEM así como la longitud del haz. Los electrones emitidos por la fuente de electrones son acelerados a una energía de p.ej. 200 keV y entonces con la ayuda del lente condensor son conformados en haz aproximadamente paralelo, el cual ilumina la muestra de manera uniforme. El lente del objetivo genera una primera imagen de la muestra, la cual será agrandada con ayuda del lente intermedio y del lente proyectivo. La última imagen puede entonces ser contemplada directamente sobre la pantalla luminosa o ser fotografiada. El contraste de imagen se origina por distinta difracción o dispersión (en un cristal) de los electrones en la muestra. Todos los electrones que en la muestra son dispersados o difractados en una y la misma dirección, se juntan en el punto focal, en el nivel posterior del lente de objetivo. Ello origina allí la imagen focalizada de difracción de la muestra. Si la longitud focal del lente intermedio varía por la modificación de la corriente del lente, entonces, en lugar de la primera imagen, puede reproducirse el nivel posterior de encendido del lente de objetivo. Este método se designa con el nombre de difracción de zona fina, debido a que la información de difracción proviene de un zona fina de la muestra, misma que es seleccionada por una pantalla en el primer nivel de imagen. El tamaño de las zonas seleccionadas es mínimo 0.5 μm (fig.4.6).

En muestras cristalinas los electrones son difractados si se cumplen las condiciones

$$\lambda = 2d \sin \theta \tag{4.1}$$

siendo λ en este caso la longitud de onda de los electrones aplicados (de acuerdo con su energía E, ésta resulta de $\lambda = hc/E$), d la distancia más corta del conjunto de planos reticulares y θ la mitad del ángulo de dispersión. Debido a la pequeña longitud de onda de electrón ($\lambda = 0.0025$ nm por 200 keV) el ángulo de Bragg está en el rango de 0.5°. Los electrones son difractados sólo en tales niveles reticulares que están aproximadamente paralelos al haz incidente. Si los electrones caen a lo largo de una dirección cristalina de baja indexación en una muestra monocristalina, entonces la difracción ocurre a varios niveles reticulares. La imagen de difracción de electrones tiene entonces la forma de una muestra por puntos que refleja la simetría cristalina en esa dirección. En muestras policristalinas cuyo tamaño de grano es esencialmente más pequeño que el área de donde proviene la imagen de difracción, se producen por el contrario diagramas anulares mientras que las sustancias amorfas generan anillos de difracción difusos.

En la reproducción de la muestra, el contraste de imagen se produce a causa de los electrones elásticamente difractados o dispersados. Los electrones inelásticamente dispersados atraviesan la columna electrónico-óptica con energía disminuida. La aberración cromática del lente primeramente reproducido, del objetivo, lleva a un embadurnamiento de la imagen y delimita de esa manera el espesor de muestra, el cual con el microscopio electrónico por transmisión puede incluso ser intrarradiado (10 nm hasta 1 μm, dependiendo de la resolución deseada). Dependiendo del tipo de preparado y de la información deseada deben seleccionarse diversos métodos de reproducción a fin de tener un contraste favorable de imagen. Éstos se diferencian en el hecho de que diferentes partes de los electrones no dispersados o dispersados contribuyen a la generación de la imagen, lo que se realiza mediante la aplicación de pantallas en paso del haz. En la mayoría de los casos se utilizan sólo aquellos electrones que atraviesan la muestra sin sustancial dispersión (haz directo). Los lugares en los que en mayor medida se dispersaron o difractaron electrones aparecen por esta causa oscuros, ya que estos electrones son capturados por la pantalla y no contribuyen a la imagen. En muestras amorfas se origina así un contraste de dispersión si se modifican localmente el número atómico medio o el espesor de la muestra.

En muestras cristalinas se tiene por el contrario un contraste de difracción si los lugares de la muestra se diferencian en cuanto a intensidad de los electrones difractados. Además, en monocristales delgados se originan diferencias de contraste por efectos de interferencia de los electrones en el cristal. En muestras cuneiformes es posible por tanto observar rayas claras y oscuras (contornos de espesor), mismas que representan líneas de igual espesor que la muestra. Los cristales combados (p. ej. capas tensadas como el caso de un sistema de capas Si/Ge_xSi_{1-x}) aparecen de color oscuro en los lugares donde la condición de Bragg se cumple según la relación 4.1 (contornos de flexión).

Los defectos cristalinos generan un contraste de difracción porque, al igual que en los desplazamientos, la rejilla cristalina se deforma localmente.

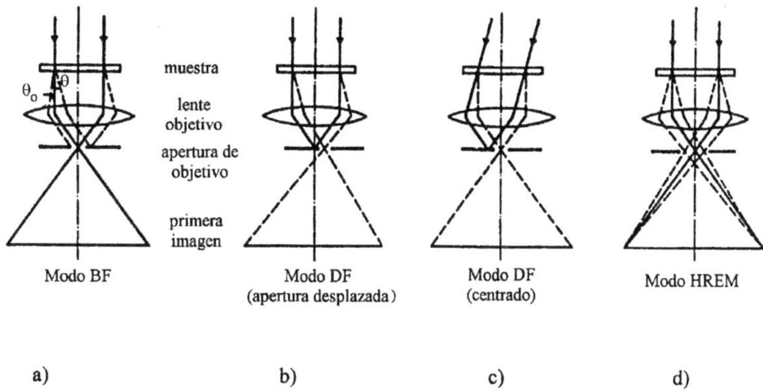

Figura 4.7: Métodos de representación utilizando el Microscopio Electrónico de Transmisión (segun [125]) a) Reproducción en campo luminoso, b) Reproducción en campo oscuro con pantalla desplazada, c) Reproducción en campo oscuro con haz incidente inclinado, d) Microscopio de alta resolución.

En lugar de haces directos pueden utilizarse también los haces difractados para la generación de imágenes. Esto se logra desplazando lateralmente la pantalla de abertura del objetivo, misma que se encuentra - de acuerdo con la fig. 4.6 - en el punto focal de los haces después de pasar por el objetivo, o bien inclinando el haz incidente. Con ello se originan imágenes de campo oscuro en las que los electrones difractados pasan por el microscopio electrónico de transmisión y luego a lo largo del eje óptico.

Si de acuerdo con la fig.4.7d) se utiliza ahora una pantalla de abertura tan grande que además del haz directo también varios más haces difractados contribuyan a la formación de la imagen, ocurre entonces la interferencia de todos estos haces, con lo que la periodicidad se ve directamente reproducida. Debido a que las distancias de rejilla están en su mayoría en el límite de resolución de los microscopios electrónicos de transmisión, a este método se le conoce como Microscopía Electrónica de Alta Resolución (HREM, High Resolution Electron Microscopy). En este caso deben utilizarse muestras muy delgadas (aprox. 10 nm), las cuales en primer término modifican sólo la fase de la onda electrónica incidente y no su amplitud. A fin de convertir este contraste de fase en un contraste de amplitud deberán de emplearse, al igual que en la óptica lumínica plaquetas de fase $\pi/4$. Tales plaquetas a decir verdad no existen para las ondas electrónicas; puede, sin embargo, alcanzarse el necesario desplazamiento de fase de $\pi/2$ aprovechando la aberración esférica y desfocalizando el lente-objetivo. A diferencia de lo que ocurre en la óptica lumínica, el desplazamiento de fase no es, en todo caso, el mismo para todos los ángulos de dispersión. En el caso de

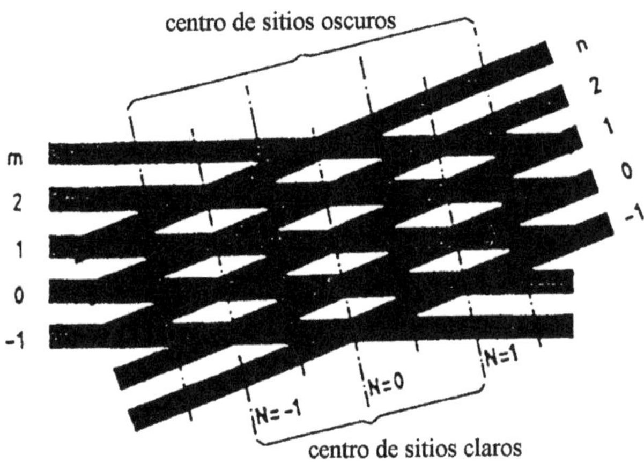

Figura 4.8: Presentación esquemática de una imagen Moiré por torsión.

ángulos de dispersión grandes que correspondan a pequeñas distancias del obje-to, puede incluso invertirse el signo del desplazamiento de fase. Si las distancias de rejilla son tan grandes o, en otras palabras, si su ángulo de dispersión es tan pequeño que todos los haces difractados, que contribuyen a la formación de la imagen, sean transferidos con el mismo desplazamiento fase, entonces, conse-cuentemente, la estructura cristalina se plasmará directamente en la proyección respectiva. En este caso las columnas atómicas aparecen como puntos oscuros. Y si las distancias de rejilla son en todo caso tan pequeñas que lo dicho no se confirme, $\pi/2$ entonces las imágenes deben ser interpretadas indirectamente por comparación con imágenes formuladas en computadora. El límite hasta el cual las imágenes HREM son interpretables directamente (la llamada resolución pun-tual) está, hablando de los modernos microscopios electrónicos de transmisión, en 0.18 nm [125].

Con el auxilio de este microscopio puede también constatarse un crecimiento retorcido de una capa epitaxial respecto al substrato. La base para ello es el llamado fenómeno Moiré, mismo que se muestra en la fig.4.8 [126].

Si dos muestras con forma de rejilla son colocadas una sobre otra y se les tuerce ligeramente, orígínanse entonces centros de franjas claras y oscuras. La evaluación de tales imágenes obtenidas en sistemas de capa epitaxiales delgados arrojan informaciones sobre la orientación de crecimiento de la capa aplicada.

El trabajo esencial tratándose de investigaciones con el microscopio electróni-co por transmisión lo representa la preparación de las muestras. En un primer paso y mediante maquinado, deben fabricarse probetas de inicio, mismas que se ajusten al portamuestras. Normalmente éstas son disquitos con un diámetro

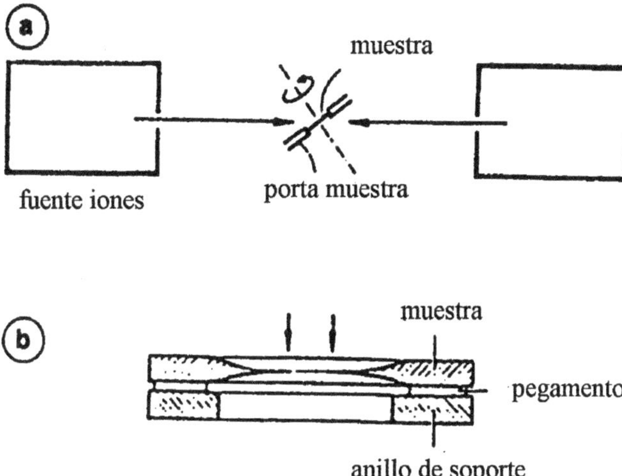

Figura 4.9: Preparación de una muestra para investigaciones en TEM a) Esquema de una instalación de adelgazamiento con aplicación de haces de electrones b) Muestra terminada adelgazada, pegada sobre anillo soporte.

de aproximadamente 3 mm y con menos de 0.1 mm de espesor. Los metales y los semiconductores pueden - mediante ataque electroquímico o químico - ser aplicados en un espesor deseado de 0.1 μm. Como método universal de adelgazamiento ha probado su eficacia el ataque ácido con haz de iones, con el cual inclusive pueden adelgazarse materiales aislantes como cerámicas y muestras inhomogéneas tales como estructuras de capa. Debido a que los coeficientes de ataque son pequeños (aproximadamente 5μm/h) resulta ventajoso dar a las muestras de inicio, mediante esmerilado y pulido, una geometría lo más cercana a la requerida. La figura 4.9a) muestra el esquema de una instalación de adelgazamiento de muestras que utiliza haces de iones, por ejemplo iones Ar^+ con una energía de 5 keV. Estos son disparados sobre la muestra en un ángulo plano (aproximadamente 15°) mientras la muestra está girando, esto a fin de lograr una aplicación uniforme. El ataque se da por terminado cuando aparezca un pequeño agujero en la mitad de la muestra (fig.4.9b)). Las orillas cuneiformes del agujero deben de ser tan delgadas que al estar en el microscopio electrónico puedan ser intrarradiadas. Después o también antes del adelgazamiento la muestra será pegada a un anillo soporte.

En estructuras de capa para semiconductor son de interés las tomas de la sección transversal de la muestra. Un método factible se muestra en la fig.4.10. En primer término, las piezas que sirven de punto de partida con dimensiones de 3 x 3 mm^2 son segueteadas o ranuradas. Dos de tales muestras son entonces pegadas por la parte delantera la una con la otra (fig.4.10a)). En un segundo

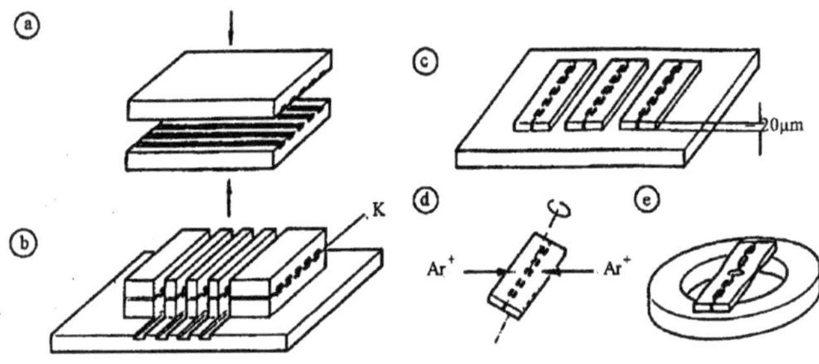

Figura 4.10: Preparación de muestras delgadas transversales a) pegado b) corte de
tiras c) adelgazado y pulido mecánico d) adelgazamiento por haz de
iones e) muestra lista, pegada al anillo soporte (según [125]

paso, de estas piezas dobles se recortarán tiras finas, utilizando para ello una
segueta de diamante (fig.4.10b)). Éstas son pegadas sobre una placa de vidrio,
luego esmeriladas y pulidas hasta un espesor de aprox. 20 μm (fig. 4.10b)).
El adelgazamiento final se efectúa en la instalación mostrada por la Figura 4.9
(fig.4.10d)).

Como ultima acción la muestra es pegada nuevamente sobre un anillo soporte
(fig. 4.10e)). En el caso de muestras completamente planas o de estructuras
alargadas como las de la fig.4.10, se tienen siempre zonas de muestra capaces
de permitir la lectura de la deseada estructura de capa.

4.3.3 Microscopía por tunelamiento por barrido (STM)

En el microscopio por tunelamiento se aprovecha el efecto túnel cuantomecánico
[127]. Si una muy fina punta de alambre es llevada, dentro de una distancia mínima de digamos 0.01 nm, hacia la superficie de un metal o de un semiconductor,
y se aplica una tensión U, fluye entonces una corriente túnel I_T,

$$I_T \sim U \exp(-Ad\phi^{1/2}) \tag{4.2}$$

misma que depende exponencialmente de la distancia d. En este caso ϕ es
la altura media de la barrera tunélica, misma que está estrechamente vinculada con la función de trabajo A = 10.25 (eV)$^{-1/2}$ (nm)$^{-1/2}$es una constante.
Una modificación de la distancia d en 0.1 nm significa aproximadamente una
modificación de la corriente de túnel I_T en un orden de magnitud. Esto puede
aprovecharse a fin de representar la superficie de una muestra. Si precisamente
la probeta es movida con respecto a la punta, varía entonces la corriente de
túnel de acuerdo con el perfil superficial, con lo que se origina un alto contorno.

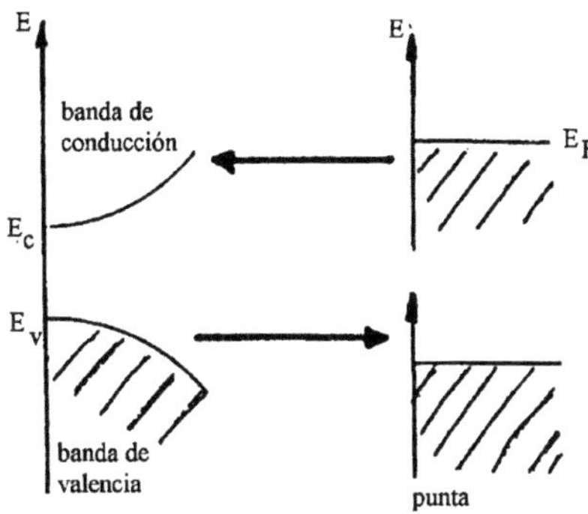

Figura 4.11: Contacto semiconductor (muestra) - metal (punta) en el microscopio de túnelamiento por barrido

Pero la corriente de túnel depende no sólo de la distancia punta-muestra, sino - de acuerdo con la relación 4.2 - también de la función de trabajo medio de los electrones que van de la punta a la muestra o viceversa. La dependencia de la corriente de túnel de la densidad electrónica de estado - de la punta o de la muestra - es esquematizada en la fig. 4.11.

En la parte izquierda está dibujada la estructura esquemática de banda para una muestra de semiconductor (con una banda de valencia ocupada y una banda de conducción vacía), en la parte izquierda la de la punta metálica. Mediante la selección de la tensión entre punta y probeta pueden ahora desplazarse de manera dirigida las dos estructuras de banda una contra otra. Si la punta es positiva respecto a la muestra, entonces pasará una corriente de túnel de electrones desde la banda metálica de conducción hasta los estados no ocupados de la banda de conducción del semiconductor. Viceversa: teniéndose en la punta polo negativo, fluye la corriente de electrones desde los estados ocupados de la banda de valencia del semiconductor hacia los estados vacíos de la punta metálica.

La figura 4.12 muestra la construcción principal de una microscopio-túnel por barrido. La punta fina está fija a un piezocristal. Con ayuda del piezoaccionamiento se puede ajustar la altura de la pieza con mucha precisión. La posición lateral de la punta respecto a la muestra se fijará exactamente en el nivel x-y por medio de mecanismos graduables. En este nivel, el haz es conducido de manera similar a como se hace en el microscopio electrónico de barrido, por lo que es posible investigar una superficie definida de la muestra.

En la práctica la punta es llevada, con ayuda de una regla y a una distancia constante, sobre la superficie de la muestra. La misma corriente de túnel es la señal de mando para dicha regla. Por este medio la distancia punta-muestra es

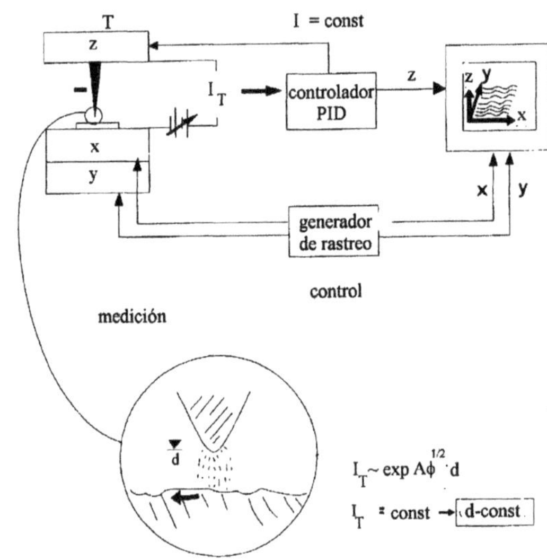

Figura 4.12: Esquema de un microscopio de tunelamiento por barrido

mantenida constante por la regla. El ajuste mismo de la distancia de la altura
se efectúa mediante un piezocristal que trabaja en dirección z. La conformación
de la figura se lleva a cabo en un sistema de procesamiento de imagen.

La utilización del microscopio de túnel está limitada a materiales conductores. Una modificación de éste para poder investigar también materiales aislantes, es la representada por el microscopio de potencia de exploración. Lo
esencial es, en este caso, que entre la punta túnel y la muestra sea aplicada una
punta metálica empujada por efecto resorte sobre la muestra, tal como se ve
en la fig.4.13a). Esta punta metálica está en contacto directo con la superficie
de la muestra. Al moverse lateralmente la muestra se mueve la punta metálica
según el perfil de la superficie hacia arriba o hacia abajo. Este subir y bajar de
la punta metálica será medido mediante la punta de túnel sobrepuesta.

El microscopio de potencia por contacto puede emplearse no sólo para aislantes sino también para la investigación de estructuras superficiales magnéticas.
En este caso se utilizan puntas de material magnético.

Además de lo anterior existe otro tipo de microscopio de fuerza atómica
(AFM), mismo que trabaja sin hacer contacto. La construcción principal está
representada en la fig. 4.13b). También aquí se tiene una punta colgante amuel-
lada, la cual se encuentra, no obstante, a una mayor distancia: típicamente
entre 2 y 200 nm libres sobre la superficie de la muestra. Entre la punta y la

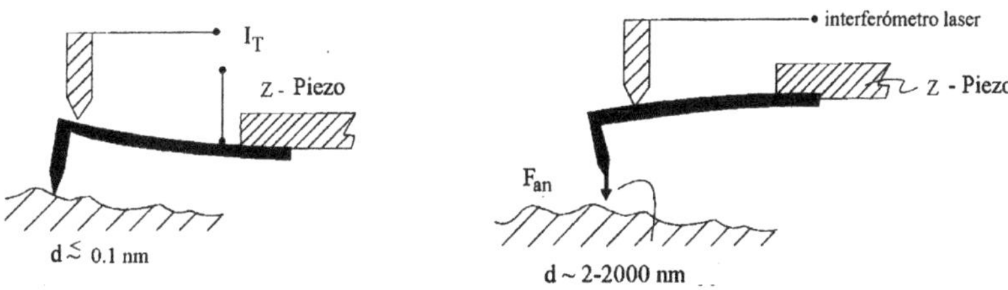

Figura 4.13: Construcción principal de un a) Microscopio de fuerza atómica por contacto b) Microscopio de fuerza atómica libre de contacto

muestra existen fuerzas de tracción. En general se trata en este caso de fuerzas de Van der Waals. Si la punta está hecha de un material magnético, aparecen adicionalmente fuerzas magnéticas.

Con ayuda de un microscopio de barrido por tunelamiento puede alcanzarse una potencia de resolución de 0.005 nm (vertical) y de 0.1 - 0.5 nm (lateral). Con ello son posibles reproducciones en escala atómica. Informaciones sobre relaciones de enlace entre de átomos a superficies de cuerpo sólido, así como sobre construcciones superficiales pueden de ese modo obtenerse. Debido a que un microscopio túnel trabaja en alto vacío, se tiene con él, al mismo tiempo, un método idealmente adecuado a las condiciones de la epitaxia de haces moleculares

4.4 Difracción de Rayos X

Si los rayos X chocan contra un cristal se difractarán en sus rejillas. En este caso aparecen máximas de intensidad siguiendo direcciones definidas en relación con el rayo primario. Debido a que las distancias atómicas de un cuerpo sólido son de igual orden de magnitud que las longitudes de onda, las diferencias de fase de las ondas de dispersión provenientes de átomos distintos llevan en general a su recíproca extinción. A causa de la disposición periódicamente regular de los átomos en una sustancia cristalina pueden, no obstante, encontrarse direcciones para haz incidente y disperso en las que la diferencia de fase de las ondas de dispersión den lugar a máximas de interferencia en la radiación de dispersión.

Si la superficie difractante corresponde a un llamado nivel reticular, será posible encontrar entonces máximas de interferencia (llamados reflejos de Bragg) sólo si el haz incidente y el difractado forman el mismo ángulo con el nivel de

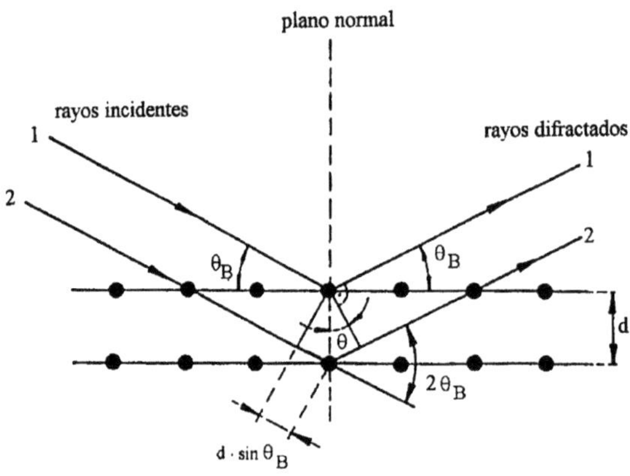

Figura 4.14: Difracción de rayos X en un cristal

dispersión. Además de lo anterior debe cumplirse la ecuación de Bragg de acuerdo con la ecuación 4.1:

$$2d\sin\theta = n\lambda \qquad (n = 1, 2, ...)$$

λ - Longitud de onda de la radiación X aplicada,d - distancia más corta al haz de nivel reticular, θ - semiángulo de dispersión (ángulo de Bragg)

La Fig.4.14 muestra las condiciones descritas. Dependiendo del valor de n se habla de reflexión de orden n. Cada posible haz de nivel reticular de una estructura cristalina puede ser descrito por un vector cuya dirección corresponde a la normal del nivel reticular y cuya magnitud está dada por la distancia de nivel reticular. Estos vectores constituyen la rejilla recíproca. Los índices de Miller (h k l) corresponden a las coordenadas del vector que caracteriza el nivel reticular en el sistema de ejes de la rejilla recíproca [128] y sirven para caracterizar los reflejos de Bragg. Para los diferentes sistemas de estructura cristalina existen especificaciones para el cálculo de la distancia de nivel reticular d y con ello del ángulo Bragg q a partir de los índices de Miller y de las constantes de rejilla de las rejillas cristalinas respectivas.

Para una estructura cúbica tenemos en este sentido, por ejemplo:

$$1/d^2 = (h^2 + k^2 + l^2)/a^2. \qquad (4.3)$$

a - constante de rejilla del cristal cúbico.
Para una estructura romboédrica tenemos

$$1/d^2 = \frac{\{(h^2 + k^2 + 1^2)\sin^2\alpha + 2(hk + kl + hl)(\cos^2\alpha - \cos\alpha)\}}{a^2(1 - 3\cos^2 + \cos\alpha)} \qquad (4.4)$$

A partir de la ecuación de Bragg se tiene, siendo $\sin\theta = 1$, la máxima longitud de onda para la cual la reflexión de Bragg es posible en un nivel de red dado. La máxima longitud de onda que corresponde a la distancia mayor de nivel reticular en el cristal considerado es la longitud de onda para la reflexión de Bragg.

La ecuación de Bragg no contiene ninguna información sobre la intensidad de un reflejo de Bragg. Ésta será determinada por un factor de estructura que además de depender de los índices de Miller, depende también de las coordinadas de los átomos en la celda elemental de la respectiva estructura cristalina. Para especificaciones más detalladas respecto al cálculo de la intensidad de los reflejos de Bragg remitirse a, p. ej. [130]. Dependiendo de la simetría de la celda elemental, sólo determinadas combinaciones de los índices de Miller proporcionan intensidad diferente a cero. Una compilación de las fórmulas para factores estructurales y de las reglas de selección para los reflejos observables se encuentran en [129].

Las siguientes informaciones pueden derivarse de los espectros de difracción de rayos X:

- La constante de rejilla puede ser determinada cuando se tiene una longitud de onda conocida a partir del ángulo de Bragg observado, tomando en consideración las ecuaciones para las distancias de nivel reticular.

- La simetría de la celda elemental resulta del análisis de los índices de Miller que aquí aparecen (poniendo atención en las reglas de selección).

- Las coordenadas de las posiciones atómicas en la celda elemental y la fuerza media de dispersión por lugar de rejilla puede ser calculada mediante la intensidad de los reflejos de Bragg en caso de que a partir de ello sean suficientemente evaluables. De esto pueden sacarse conclusiones respecto al tipo de átomos sobre el respectivo lugar de rejilla.

- Las tensiones de rejilla son evaluables a partir de propagaciones de reflejo, esto condicionado por la variación de las constantes de rejilla vinculada con tensiones localmente inhomogéneas [129].

La longitud de onda del haz de rayos X y su ángulo de incidencia determinan la capacidad de resolución de los reflejos difractados en relación con las dimensiones características del cristal. Las variaciones en la longitud de onda condicionadas por radiación no monocromática propagan los reflejos. Para la investigación de capas epitaxiales delgadas y de sistemas multicapa (superestructuras) han de requerirse, por tanto, haces exactamente paralelos y monocromáticos. Esto puede realizarse con difractómetro de rayos X de doble cristal, el cual se representa en la fig.4.15 (según [116]). En el ejemplo reproducido el monocromador se compone de un monocristal sin desplazamiento, en el cual tiene lugar

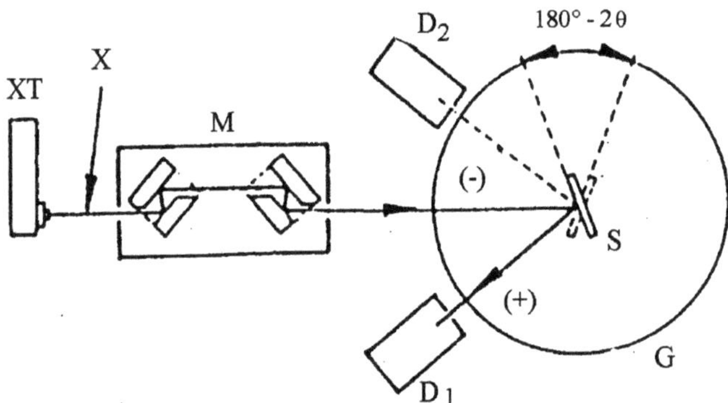

Figura 4.15: Presentación esquemática de un difractómetro de rayos X de alta resolución (XT - tubo de rayos X; X - haz de rayos X; M - monocromador; G - goniómetro; D$_1$, D$_2$- detectores, S - muestra)

una difracción múltiple del rayo X en el plano (440). En esta disposición la propagación de longitud de onda es de $\Delta\lambda/\lambda = 2.3$ x 10^{-5}y la divergencia de ángulo es de $\Delta\theta= 5$". Con ello es posible la medición en cualesquiera capas o sistemas de capas.

Como ejemplo deben mostrarse los espectros obtenidos en un semiconductor superred GaAs/Ga$_{1-x}$Al$_x$As [131]. Tratándose de estructuras de superred, tanto en el parámetro de rejilla como en la capacidad de dispersión del haz incidente está implícita una modulación unidimensional periódica en dirección de la secuencia de capa. El diagrama de difracción de rayos X contiene por tanto una secuencia de reflejos satélite que están simétricamente dispuestos alrededor del reflejo de Bragg.

Las diferencias pequeñas en las constantes de red de capa epitaxial GaAlAs y de cristal de substrato GaAs llevan a una ligera distorsión de la celda elemental del cristal epitaxial. Esta distorsión de la celda elemental puede ser determinada por la medición de dos curvas de reflexión en un conjunto de planos reticulares paralelos a la superficie cristalina (001) y en un conjunto de planos reticulares inclinados hacia la superficie cristalina.

La figura 4.16 muestra la curva de reflexión para una superred GaAs/AlAs compuesta de 10 períodos cerca del reflejo simétrico (004) Cu$_{k\alpha1}$. A partir de la distancia angular entre el máximo de reflejo del sustrato y la capa epitaxial (reflejo "0") se determina la concentración media de Al de toda la capa epitaxial. La distancia angular $\Delta\theta_{\pm1}$ entre el reflejo "0" y el reflejo satelital "+1" da la longitud de periodo T de la superred según la ecuación

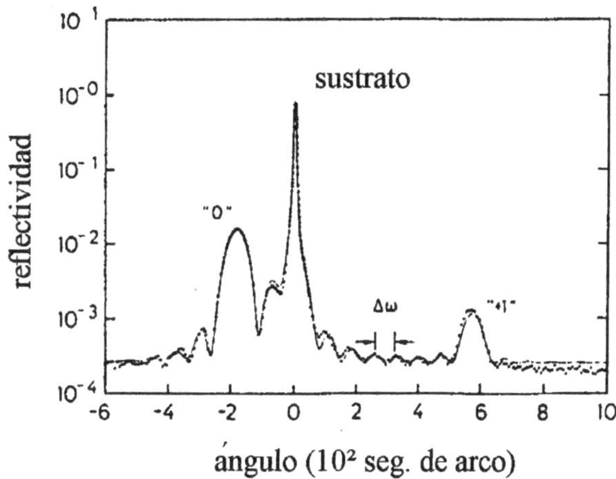

Figura 4.16: Curva de difracción de rayos X de una superred $Ga_{1-x}Al_xAs$, tomada cerca del reflejo (004) con radiación $Cu_{K\alpha1}$. R - reflectividad (línea interrumpida: experimental; línea continua: teórico) según [131]).

$$T = \lambda/\Delta\theta_{\pm1}\sin(2\theta_B) \tag{4.5}$$

con la longitud de onda de rayos X, l y el ángulo de difracción θ_B del reflejo "0". A partir de ello puede entonces también determinarse exactamente el espesor de cada una de las capas GaAs y AlAs. Ubicación, intensidad, amplitud de valor medio y cantidad de reflejos satélite son una medida para el espesor, la composición, la fluctuación de longitudes de periodo y la inhomogeneidad de la composición.

4.5　Retrodispersión Rutherford (RBS)

Otros métodos fundamentales para la investigación de estructura que deberán de mencionarse son la Retrodispersión de Rutherford (RBS - **R**utherford Backscattering Spectrometry) y la Canalización de Iones (Conducción de rejilla iónica). Estos métodos se basan en la dispersión elástica de iones o bien en su canalización sobre materiales cristalinos, y pueden además ser utilizados para el análisis químico de la muestra.

La fig.4.17 muestra la geometría habitual de dispersión en un experimento de retrodispersión Rutherford. Los iones incidentes de energía E_o son retrodispersados en la superficie con la energía E_1 o desde la profundidad de la capa

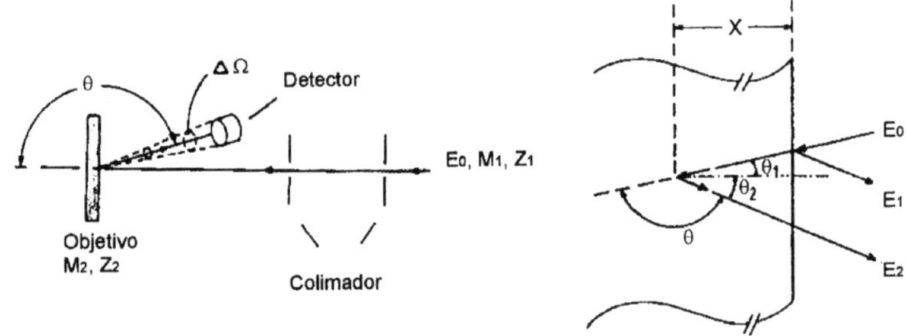

Figura 4.17: Condiciones geométricas en la retrodispersión de iones.

con la energía E_2. Con k se designa al factor cinemático, mismo que debido a la conservación de energía y de impulsos al momento de choque elástico es sólo una función de las masas M1 (masa de iones) y M_2 (masa del átomo del blanco) partícipes del choque bicorporal y del ángulo de dispersión q.

$$k = E_1/E_0 = \frac{\{(M_2^2 - M_1^2 \sin^2 \theta)^{1/2} + M_1 \cos \theta\}^2}{M_1 + M_2} \tag{4.6}$$

Habiendo una energía conocida de incidencia E_o y una geometría de dispersión establecida, de la medición de la energía E1 resulta la determinación de las masas de los átomos de la superficie. Teniéndose una dispersión elástica en átomos pesados del blanco, los iones pierden poca energía en comparación con la dispersión elástica en iones ligeros. Con ello, el análisis de energía de las partículas retrodispersadas en el marco de la resolubilidad de las señales proporciona la información sobre la composición química de la muestra.

De cualquier manera, los iones altamente energizados son retrodispersados no sólo desde la superficie de la capa, sino también desde la profundidad de la muestra, debido a que ellos penetran en el cuerpo sólido. A fin de calcular la energía respectiva E_2 (ver secc. 4.17) debe de considerarse, además de la pérdida elástica de energía en el proceso de retrodispersión, también la pérdida no elástica a lo largo de la trayectoria de entrada y salida. E_2 resulta de:

$$E_2 = k \left[E_0 - \frac{x}{\cos \theta_1}(dE/dx)_{in} \right] - \frac{x}{\cos \theta_2}(dE/dx)_{out} \tag{4.7}$$

donde dE/dx designa la pérdida específica de energía y x la profundidad de la muestra a la que ocurre la retrodispersión. Ya que la normal de la muestra está - en torno al ángulo θ_1- relativamente inclinada respecto al haz de iones de llegada, corresponde el cociente x/cosθ_1 a la longitud de la trayectoria de entrada y x/cosθ_2 a la de la trayectoria de salida. En caso de una película delgada de espesor d, la pérdida de energía está dada por

$$\delta E = kE_0 - E_2 \tag{4.8}$$

La señal de superficie de la masa M_2 se manifestará en el espectro de energía de acuerdo con la relación (4.6) en el punto kE_o. La amplitud de señal está determinada por la pérdida de energía δE en la capa y con ello se tiene, según la relación (4.7) y (4.8) una medida para el espesor de capa. La evaluación de la pérdida no elástica de energía proporciona - considerando la dispersión elástica - el espesor de película o la escala de profundidad del perfil de concentración.

Para el análisis cuantitativo debe determinarse aún la altura de la señal, por tanto la intensidad de retrodispersión H. A una cierta profundidad de una capa con espesor D_i' , así como con la energía de retrodispersión de esta zona de profundidad E_1 , dicha está dada por

$$H_i = \sigma(E_i)\Omega Q n D_{i/} \cos\theta_1 \tag{4.9}$$

donde $\alpha(E_1)$ es corte transversal promedio, diferencial, Ω el ángulo espacial, Q la cantidad de iones y n es la densidad atómica de la capa.

El corte transversal de dispersión promedio para el análisis RBS está determinado por el ángulo espacial Ω, mismo que es registrado mediante un detector y por el corte transversal efectivo $d\sigma/d\Omega$:

$$\sigma = 1/\Omega \int_\Omega (d\sigma/d\Omega)d\Omega \tag{4.10}$$

Para la medición, utilizando iones de He+ de baja energía ($E_o< 2$MeV), el proceso de dispersión puede describirse igual que la dispersión de Coulomb, mediante la cual el corte transversal efectivo puede definirse a través del corte transversal de dispersión de Rutherford :

$$(d\sigma/d\Omega) = \left[\frac{Z_1 Z_2 e^2}{4E}\right]^2 \frac{4}{\sin^4\theta} \frac{\{[1 - (M_1/M_2)\sin\theta)^2]^{1/2} + \cos\theta\}^2}{\left[1 - \left((M_1/M_2 \sin\theta)^2\right)\right]^{1/2}} \tag{4.11}$$

donde $Z_1 1$ y Z_2 designan los números de carga del núcleo del ion o del átomo de la capa. La condición previa para la aplicabilidad de la ecuación (4.11) es que la distancia más pequeña durante el choque bicorporal sea sustancialmente mayor que la dimensión del núcleo y más pequeña que el radio de Bohrsch $a_o =$ 0.053 nm. El corte efectivo aumenta con el cuadrado de los números de carga del núcleo, el coeficiente de dispersión disminuye cuadráticamente con el aumento de la energía.

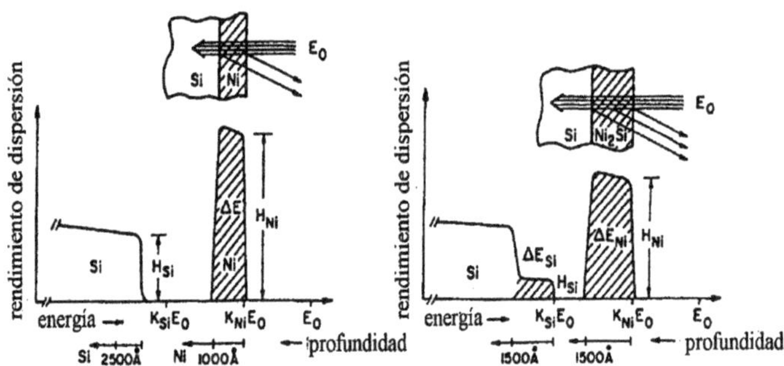

Figura 4.18: Presentación esquemática de espectros de retrodispersión del sistema de capas 100 nm Ni sobre Si antes y después de la reacción a Ni_2Si (según [117])

La disolución de la energía es limitada, primero, por el detector, segundo, por la incertidumbre de la pérdida específica de energía dE/dx (energy straggling) de los iones en la muestra. En la cercanía de la superficie la resolución de energía es delimitada por la resolución del detector (aproximadamente 12 keV), a profundidad mayor ($\preceq$ 100 nm) más por incertidumbre de energía. El límite de comprobación del método depende en mucho del objeto investigado. Si en una matriz ligera como de silicio se encuentran en la superficie sólo partículas fraccionadas de elementos pesados (p. ej. arsénico o estaño), entonces éstas pueden ser adecuadamente comprobadas y cuantificadas. Por el contrario, impurezas de elementos ligeros en substratos con gran masa apenas o difícilmente pueden determinarse.

La figura 4.18 muestra esquemáticamente un retroespectro de una capa de siliciuro de niquel, la cual tiene importancia para el empleo de sistemas microelectrónicos tridimensionalmente apilados (ver sección 5.3.3.2). Aquí se hace evidente como la amplitud de la señal Ni se agranda después de que Ni ha sido difundida en la profundidad de la capa. El eje de energía para los iones retrodispersados puede ser visto como equivalente a la geometría de profundidad de capa.

El método de retrodispersión de Rutherford permite su utilización incluso para el examen de la calidad de cristales y capas de crecimiento. Precisamente, si durante la investigación de un monocristal las partículas que están siendo analizadas son disparadas a lo largo del eje cristalino en la muestra ("dirección alineada"), penetran así mucho más profundamente que en una dirección de intrarradiación al azar respecto a la rejilla cristalina ("dirección al azar"). En este caso disminuye drásticamente el coeficiente de retrodispersión de los iones. En la figura 4.19 se muestra la situación de manera esquemática. A partir de la

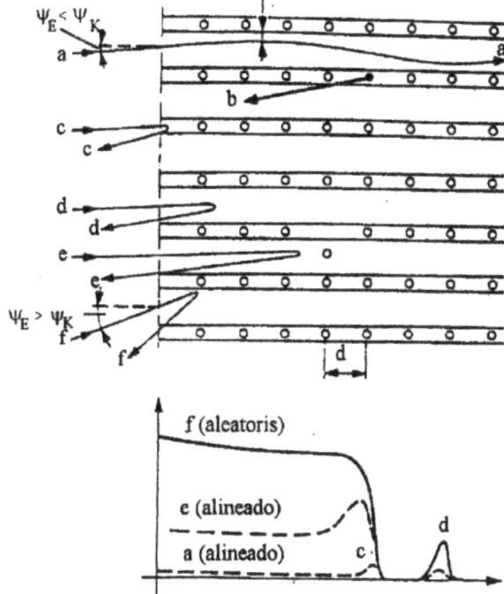

Figura 4.19: Presentación esquemática de trayectorias iónicas y del espectro resultante en dirección de canalización (alineada, "aligned") y en direcciónalazar ("random") de un monocristal

comparación de los rendimientos de retrodispersión de ambos espectros se tiene como resultado el valor de $\chi_{\min}$, el cual caracteriza la calidad de un cristal (si el valor va hacia cero, el cristal es perfecto; un valor de $\chi_{min} = 1$ quiere decir que se trata de una muestra completamente fuera de orden):

$$\chi_{\min} = Y_{aligned}/Y_{\mathrm{random}} \tag{4.12}$$

Además de lo anterior, en los espectros alineados es posible reconocer un pico superficial. Éste tiene diferentes causas. Por una parte, el diámetro del haz de medición es por lo general naturalmente más grande que una distancia de rejilla, de modo que también en una intrarradiación de eje cristalino, hallada como ideal, se llega a un rendimiento de retrodispersión de los átomos de la superficie. Por otro lado, regularmente se encuentran adsorbatos sobre la superficie de la muestra (o, por ejemplo, óxido natural como SiO_2 sobre Si o Al_2O_3 sobre substratos de Al), de modo que de estos átomos no ordenados resulta una señal de retrodispersión.

Si en el interior del cristal un átomo está desplazado de un lugar de rejilla, aparece entonces igualmente un rendimiento acrecentado de retrodispersión. Puede tratarse aquí de átomos de rejilla cristalina o también de átomos extraños. Es, por tanto, posible, mediante este rendimiento de retrodispersión acrecentado, medir la distribución de los átomos desplazados y con ello la variación de la perfección del cristal. Por medio de la variación de la intrarradiación en diferentes direcciones de cristal es, en principio, posible incluso hallar

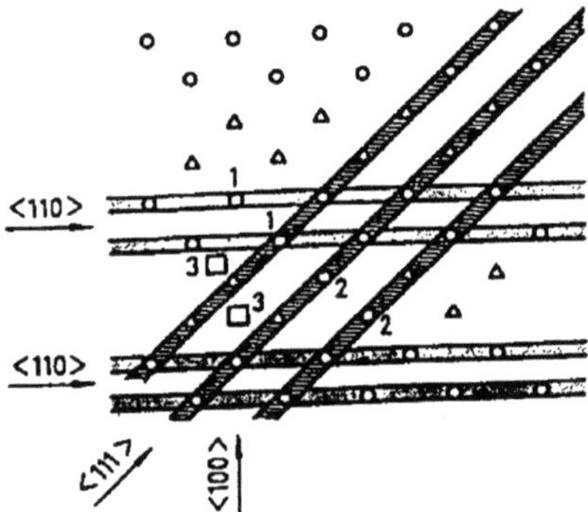

Figura 4.20: Posibilidades de localización de lugares de rejilla en un cristal de Si. Está representado el nivel <110>. Los círculos designan lugares regulares de rejilla; los triángulos lugares regulares de rejilla intermedia a lo largo de la dirección <110>. Estas línea marcan el alejamiento del apantallamiento en torno a los lugares de rejilla que resultan para partículas con una energía en rango de MeV a lo largo de las direcciones <111> y <110>. Los cuadrados representan átomos de dotación sobre lugares de rejilla (1), lugares de rejilla intermedia regulares (2) y lugares al azar (3) (según [132]).

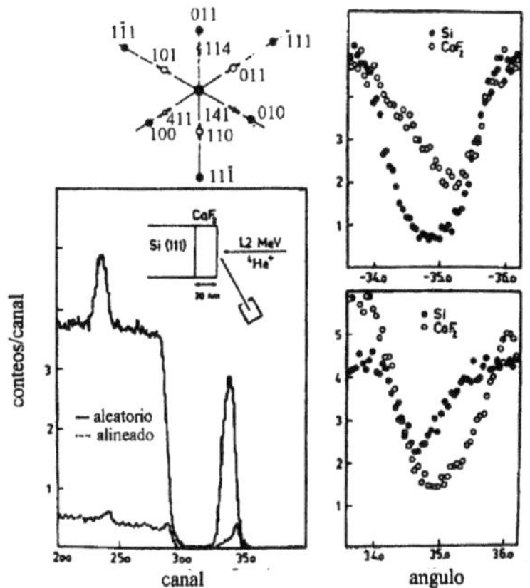

Figura 4.21: Espectros RBS (al azar y alineados) de una capa CaF_2 de 30 nm de espesor sobre Si(111). Exploración angular en nivel [110]: - arriba derecha CaF_2 <114>//Si<110>, - abajo derecha CaF_2 <114>//Si<110> (según [133])

información sobre la posición de átomos extraños en la rejilla. En la fig.4.20 se muestra esquemáticamente cómo puede ser determinada la ubicación de átomos extraños en la rejilla de silicio.

Aquí puede procederse de la siguiente manera:

a) orientación de la muestra en dirección <111> para la medición de los átomos en posiciones al azar;

b) orientación de la muestra en dirección <110> para la medición de los átomos al azar y lugares regulares de rejilla intermedia;

c) registro de todos los átomos si la muestra está orientada al azar.

La posibilidad de poder localizar sitios de falla de rejilla o átomos extraños, es naturalmente transferible al examen de superficies límite en sistemas de capa. Si una capa adaptable de depósito ha sido bien crecida sobre un determinado sustrato y de forma ideal a éste respecto a la estructura y a las constantes de rejilla, será entonces muy pequeño el rendimiento de retrodispersión en la dirección de canalización y, consecuentemente, el valor χ_{min} será bajo. Mediante un escaneo angular puede determinarse además si la capa y el substrato están crecidos de manera torcida. La fig.4.21 muestra para ello un ejemplo del sistema CaF_2/Si ([133]) ver también sección 5.4.2).

Habremos de enumerar a manera de resumen cuáles son las informaciones que se pueden obtener con el método de la canalización:

- Análisis de la calidad del cristal ·

- Determinación de lugares de rejilla tomados de átomos extraños o de dotación

- Determinación de densidades de desplazamiento

  - estructura, orientación
  - crecimiento insular o de monocapa

- Medición de deformaciones elásticas en planos límite heterogéneos

- Determinación de la perfección de las superficies límit

  - certidumbre, interdifusión, segregación
  - estructura, reconstrucción

- Determinación de la reconstrucción superficial por evaluación de la señal de la superficie

- Investigación de daños de cristal, amorfización y recristalización.

4.6 Espectroscopía de masas por iones secundarios (SIMS)

Los procedimientos hasta ahora presentados tienen su campo de aplicación más importante en el análisis de la estructura de cuerpos o capas sólidas. Sin embargo, parcialmente pueden también determinarse las propiedades químicas de las muestras a partir de los datos de medición obtenidos. En el método de Espectroscopía de Masas por Iones Secundarios (SIMS - Secondary Ion Mass Spectroscopy) se ubica el análisis químico en primer término.

El principio del método se basa en la pulverización (ionopulverización) del cuerpo sólido. En la práctica se trata de bombardear iones de baja energía (1 - 5 keV), por ejemplo Ar^+ sobre la muestra a investigar. La profundidad de penetración de éstos en la capa (el estrago) es de algunos nanómetros. Lo que ocurre aquí es que sobre los átomos de la superficie se transfiere una energía tan grande que es posible abandonar los lugares de rejilla. Esto conduce o bien a una migración al interior del cristal o a una salida de átomos o incluso de clusters completos del entramado cristalino. Para el coeficiente de ionopulverización aquí resultante, en un rango de energía de 500 - 1000 eV ([135]), se aplica:

$$Y = 0,3 \frac{M_i M}{(M_i + M)^2} \frac{\alpha M}{M_i} \frac{E}{U_B} \tag{4.13}$$

En este caso M_i es la masa de la partícula incidente, M la masa del átomo de la muestra, $\alpha M/M_i i$ representa un factor de geometría, E es la energía de la partícula incidente y UB es la energía de enlace de los átomos. Esta ecuación es

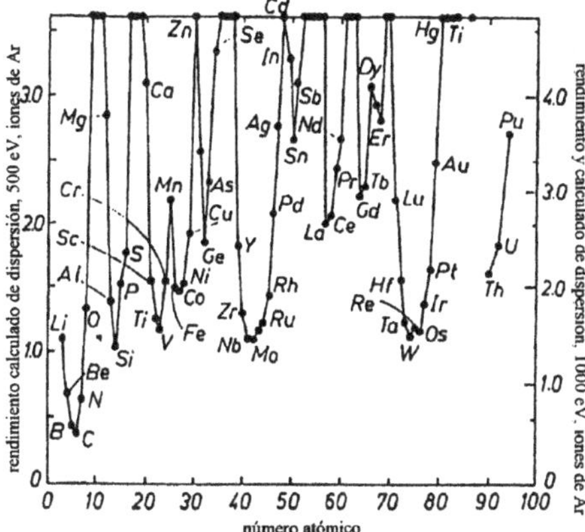

Figura 4.22: Coeficientes de iones de Ar* de una energía de 500 ó 1000 eV para diferentes elementos (según [136]).

válida para una estructura no ordenada de la muestra, o sea sólo para el caso de cuerpos sólidos policristalinos o amorfos. En el caso de materiales monocristalinos se tiene como resultado un rango de ionopulverización dependiente de la dirección. En la fig. 4.22 se representan los rangos de pulverización de iones de Ar^+ para diferentes elementos.

La ecuación 4.13 se aplica ampliamente antes que nada para la pulverización de un solo elemento. Si la capa se compone de varios elementos resultan entonces divergencias debido a la energía de enlace de los átomos en la capa. Se entiende además, que esto puede también devenir por completo en un excavado selectivo de las capas cuando se trata de muestras de varios componentes.

Dependiendo del mecanismo de interacción puede llegarse al mismo tiempo a la ionización de las partículas emergentes. Estas partículas cargadas pueden ser detectadas según su relación de masa o de carga, la cual arroja información sobre su composición y con ello sobre la composición y relaciones de enlace en la región superficial de la muestra. Pueden, sin embargo, ser también analizadas zonas más profundas de la muestra al trabajarse con una alta densidad de corriente de haces primarios. El excavado de la muestra con esto relacionado nos lleva así a un análisis de perfil de profundidad.

Debido a que la probabilidad de ionización en el proceso primario depende en gran medida del elemento, de la matriz y del choque, en algunos sistemas modernos se realiza una posionización de todas las partículas pulverizadas, mediante lo cual se eleva la sensibilidad de comprobación. Además de ello, el coeficiente de pulverización de los átomos o de los conglomerados (cluster) en particular depende con mucho de la matriz, de las condiciones de bombardeo (tipo de ion, energía, ángulo) y de la clase de átomos, al igual que la subdivisión en diferentes

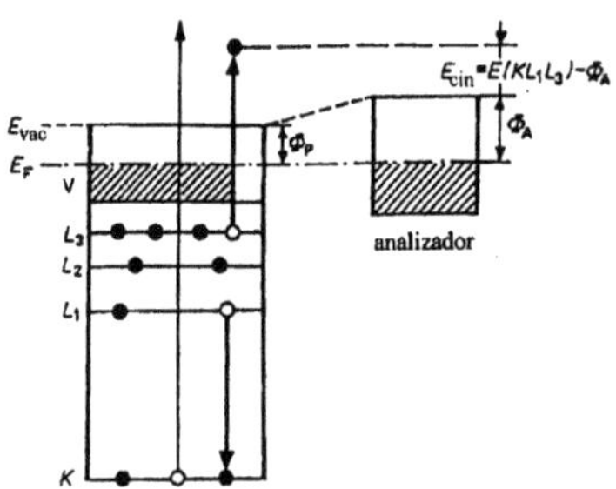

Figura 4.23: Representación esquemática Auger: (K, L_1, L_2, L_3, - niveles del cuerpo, V - banda de valencia, E_F - energía de Fermi, E_{vak} - Energía de vacío, Φ_P , Φ_A - trabajo de salida de la muestra o del analizador)

compuestos cluster. Esto, aunado a la variante sección de pulverización de los elementos en particular, no permite en general ningún análisis cuantitativo. Es posible, no obstante, el análisis cuantitativo de todos los elementos, con lo que la sensibilidad de comprobación oscila entre 0.001 y 1%, y la profundidad primaria de información estará en una magnitud de un nanómetro. Sin embargo, debido al proceso de pulverización continuo se llega a un intermezclado de las capas atómicas superiores o, por el pulverizado predominante, a un excavado lateral inhomogéneo, lo que trae como consecuencia un taponeamiento del perfil de profundidad del orden de 1...50 nm.

4.7   Espectroscopía de electrones AUGER (AES)

Un ulterior procedimiento para el análisis químico de capas de cuerpos sólidos es la Espectroscopía de Electrones Auger. Este método se basa en un proceso trielectrónico llevado a su comprobación por AUGER. Si en un átomo, dentro de una capa electrónica interior, se origina un agujero a causa de - por ejemplo - efectos de interacción después de un bombardeo electrónico o iónico, entonces dicho agujero se llenará con un electrón de una órbita superior. La energía que aquí se libera puede ser emitida ya sea como rayos X o se transmite a otro electrón, el cual abandonará el átomo (electrón de Auger).

En la figura 4.23 se representa esquemáticamente el proceso de Auger. La ionización primaria de un nivel iónico (w) del interior de un átomo es completada por un electrón del mismo átomo (x). La energía liberada es transferida a un tercer electrón del átomo (y), el cual acto seguido puede ser detectado como electrón Auger en caso de que éste salga sin pérdida de energía del cuerpo sólido. Debido a que los electrones participantes en el proceso pueden ser subordinados a niveles de energía específicos del elemento, los electrones salientes poseen también energías elemento-específicas, cuya determinación es en todo caso mucho más difícil que, por ejemplo, el caso del fotoefecto, ya que aquí están participando tres niveles electrónicos.

La energía cinética de los electrones Auger resulta de

$$E(WXY) = E(W) - E(Y) - \Delta E(XY) \tag{4.14}$$

Aquí E(W), E(X) y E(Y) son las energías de enlace de los electrones participantes en un átomo neutral, y ΔE(XY) es el aumento de la energía de enlace del electrón Y a través del agujero X.

Aunque en principio da igual cómo se efectúe la ionización de los átomos, se emplean para el caso preponderantemente haces electrónicos de energía media (1...5 keV). Si la energía primaria tiene el valor correspondiente (aproximadamente 1.5 a 2 veces la energía de los electrones de Auger) entonces el rendimiento electrónico del efecto de Auger será de aproximadamente 10^{-4}, lo que no se alcanza con ningún otro procedimiento de excitación (v.g. con iones o rayos X). La desventaja es que de la detección los electrones secundarios y los retrodispersados resultan en un fondo cuya intensidad es de uno a dos órdenes de magnitud por encima de la señal propiamente dicha, y el cual debe ser separado mediante acciones apropiadas para ello. Lo común es una diferenciación electrónica de la intensidad N según la energía de los electrones. Si de esto resulta que a los picos Auger del espectro N(E) les corresponde una distribución de GAUSS, entonces la diferencia entre el máximo y el mínimo en el espectro diferenciado (llamado Auger-Peak - to - Peak - Height, APPH) es una medida para el área que está bajo el pico de GAUSS y puede por tanto ser utilizada para el análisis cuantitativo. A una evaluación cuantitativa del espectro de electrones de Auger se opone el hecho de que la ionización primaria y la probabilidad de transición de Auger no dependen de manera tan pronunciada de la composición en cuanto a elementos, como por ejemplo sí ocurre en el método SIMS. Aun así, deben observarse una serie de factores cuya determinación teórica no siempre es sencilla. Además de las cuestiones respecto al factor de retrodispersión [137] y la profundidad de sali [138] es de primordial importancia que una gran cantidad de transiciones de Auger no den lugar a la formación de picos de la forma Gauss si esto deriva en una superposición de transiciones estrechamente próximas. A ello se agrega que mediante enlaces químicos pudieran haber sido influenciadas las transiciones, sobre todo aquellas en las que los niveles de valencia están compartidos.

La resolución lateral del método es influida esencialmente por el diámetro del haz de iones primarios y está típicamente por abajo de $100\mu m$, máximo en 10 nm [139]. La profundidad de información está determinada por la longitud de trayectoria libre media de los electrones en el cuerpo sólido.

Ella es dependiente de la energía, y está entre 1 y unos 10 nm para el área típica de los electrones Auger de 15 - 2000 eV. Debido a que esta longitud es la que caracteriza la caída exponencial de la intensidad con la profundidad, tratándose de AES las informaciones vienen desde una profundidad de entre 5 y 10 monocapas. En muestras homogéneas esto no juega ningún papel importante. Pero si las que deben investigarse son estructuras con diferencias de concentración dentro de un rango de pocas monocapas, tendrá entonces que efectuarse una corrección por sobre la profundidad de salida, lo que sin conocimiento de la estructura de capa sólo puede hacerse matemáticamente de manera aproximada. Si se dispone de varias transiciones Auger con energías de electrones de diferente profundidad de salida cuya relación no se modifique por los enlaces químicos, entonces puede esta relación ser empleada para la determinación del perfil de concentración. Debido a que los análisis de perfiles de profundidad son siempre empleados en combinación con pulverización iónica, se llega en lo subsecuente a una aparente ampliación de los perfiles.

La sensibilidad de comprobación para la Espectroscopía de Electrones de Auger es de entre 10^{12} y 10^{18}cm^{-2} [140]. Debe aún mencionarse que un análisis de alta resolución de los picos de Auger en cuanto a ubicación y forma puede ofrecer informaciones sobre la proximidad química y enlace de los átomos.

4.8 Espectroscopía de luminiscencia

La luminiscencia hace su aparición en átomos y cuerpos sólidos cuando por la entrada de energía un portador de carga es primeramente excitado y después regresado a su estado original. La diferencia energética aquí resultante puede ser emitida en forma de radiación. En caso de que haya emisión luminosa se estará hablando de luminiscencia. Esta puede diferenciarse aún más de acuerdo con el tipo de excitación, con lo que tenemos:

- Fotoluminiscencia. Excitación por luz

- Quimioluminiscencia. Excitación por energía química

- Termoluminiscencia. Excitación por procesos de temperatura

- Electroluminiscencia. Excitación por campos eléctricos

- Catodoluminiscencia: Excitación por un haz de electrones.

En el caso de átomos o moléculas aislados dicho estado aparece después de la excitación de un electrón de una órbita cercana al núcleo llevándolo a una lejana y su espontáneo paso de regreso al estado original. En cuerpos sólidos puede efectuarse la excitación de estados muy diferentes, como por ejemplo la excitación de un electrón a partir de la banda de valencia hacia la banda conductora, la excitación de un electrón donador a partir del estado donador al estado conductor, la excitación de un electrón a partir de la banda de valencia a un nivel aceptor, mediante lo cual se origina un agujero en la banda de valencia, etc. Consecuentemente, los análisis de la radiación luminiscente arroja informaciones sobre el estado energético en el cuerpo sólido (distancia entre bandas, ubicación del nivel de dotación, localización de defectos cristalinos, etc.). Una diferencia sustancial más entre la luminiscencia de un átomo o molécula libre y la de un cuerpo sólido es que hay también interacciones vía la rejilla cristalina. Por este medio ocurrirá en algunos casos el suministro de energía mediante el envío de luz con la longitud de onda característica de la posición energética de un defecto. En otros casos el suministro puede ocurrir en forma de fonones yendo hacia la rejilla.

Especialmente para el caso de los semiconductores juegan las propiedades ópticas un papel decisivo para aplicación técnica en elementos constructivos optoelectrónicos. Por ello la medición de la luminiscencia es un método importante para su determinación y es empleado también para la caracterización de semiconductores finamente estructurados. El siguiente ejemplo servirá para demostrar una medición de tal índole.

En sistemas epitaxiales apilados de semiconductores tales como $GaAs/Ga_xAl_{1-x}$ o $Si/Ge_xS_{1-.x}$ se incluyen electrones y agujeros si los espesores de capa en particular están en el orden de magnitud de la longitud de onda De Broglie para los respectivos portadores de carga (ver sección 2.3 y capítulo 7). De esta manera aparecen nuevos estados de energía (subbandas o minibandas) en la banda de conducción y en la de valencia. La distancia sobre la escala de energía entre las subandas en la banda de conducción y en la banda de valencia determina la posición energética de la emisión luminosa (luminiscencia) y el comportamiento de absorción. El proceso de generación de pares de agujero-electrón por absorción de fotones y de generación de recombinaciones de electrones y agujeros que llevan a la luminiscencia, está representado esquemáticamente en la fig.4.24a) a partir de una estructura $GaxAl_{1-x}As/GaAs/Ga_xAl_{1-x}As$ (según [131]). En este caso la posición energética depende esencialmente de las subbandas de la amplitud Lz del pozo cuántico, tal como lo indica el espectro de luminiscencia de la fig.4.24. Al aumentar la amplitud aparece un desplazamiento de la luminiscencia hacia energías más altas.

Debe observarse que por medio de mediciones de luminiscencia a bajas temperaturas (v.g. 4 K) pueden investigarse con exactitud influencias de impurezas y defectos, así como también la influencia de la "rugosidad" de las superficies límite.

4.9 Espectroscopía por absorción

Una muestra es radiada con fotones de una energía hv, la cual es más grande que una energía de diferencia (característica del material) entre dos niveles de energía E_1 y E_2, siendo de esta manera posible la absorción del fotón. El átomo o molécula pasa entonces - mediante la absorción de un fotón de energía hv - de E_1 al estado E_2 de mayor energía aplicada, de modo que la absorción corresponda siempre a atenuación del campo de radiación. Como consecuencia de la absorción de luz puede llegarse a la ionización, a la luminiscencia, a un calentamiento del material, etc.

La fotoabsorción es un proceso sometido a las leyes de la estadística. La

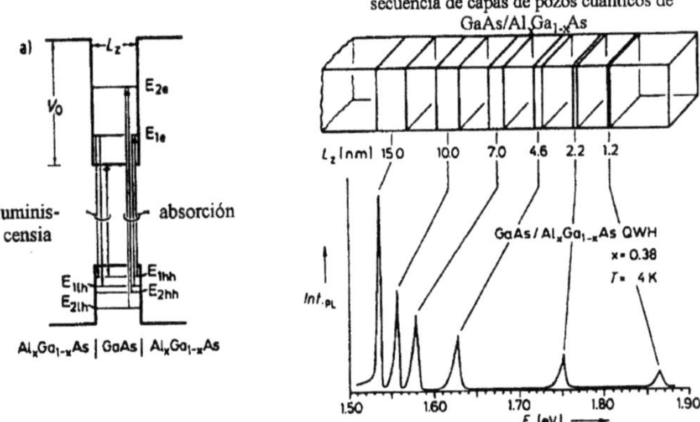

Figura 4.24: Presentación esquemática a) de los pasos irradiantes agujero-electrón en la emisión o absorción de luz en un pozo cuántico de GaAs y b) de un correspondiente espectro de luminiscencia con la amplitud de pozo cuántico L_z (según [131]).

probabilidad de absorción de un quantum de luz es en este caso proporcional a la cantidad de fotones existentes en el volumen de la muestra.

Un gas adelgazado compuesto de átomos tiene - debido a que los átomos apenas se interfieren unos con otros - un espectro lineal. Un gas adelgazado compuesto por moléculas posee, al contrario, un espectro de banda, con lo que la estructura exacta de las bandas de absorción queda establecida por la estructura del nivel de energía de la molécula. Las condiciones en los cuerpos sólidos son complicadas, fundamentalmente debido a la interacción (unos con otros) de los módulos de energía. Por ejemplo, transiciones directas entre banda de valencia y banda de conducción son posibles en materiales semiconductores sólo si en la cámara de impulsos el máximo de la banda de valencia y el mínimo de la banda de conducción se encuentran bajo los mismos impulsos (semiconductor directo, v.g. GaAs). De otro modo la absorción puede efectuarse sólo con la participación adicional de fotones (semiconductor indirecto, v.g. Si).

Las mediciones de absorción en sistemas apilados delgados como los pozos cuánticos posibilitan la observación de niveles de subanda más altos, mientras que en los espectros de fotoluminiscencia sólo pueden verse pasos electrón-agujero entre las subbandas más bajas, esto debido a que los portadores de carga inyectados se relajan de manera en extremo rápida a estos niveles. En los pozos cuánticos cuya amplitud L_z es más pequeña que el radio de Bohr efectivo (éste es de 10 nm para GaAs y de 2 nm para Si) pueden, mediante la medición de los pasos ópticos, determinarse la posición energética del nivel de energía y

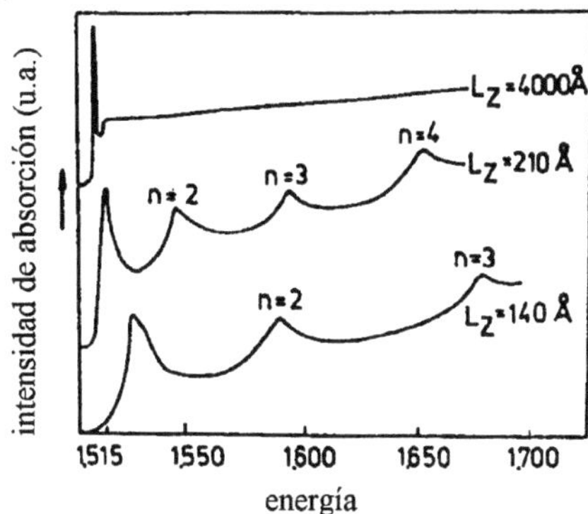

Figura 4.25: Absorción óptica en un pozo cuántico de GaAs/GaAlAs con ancho L_z (según [141]).

su populación (ocupación) en las zanjas de potencial. La fig.4.25 muestra al respecto un ejemplo de absorción óptica en pozos cuánticos $GaAs/Ga_xAl_{1-x}As$ con diferente anchura L_z. En este caso, n caracteriza el nivel de energía del valle de potencial con . Para L_z pequeña la estructura fina cuántica está claramente expresada, mientras que para Lz grande (400 nm) ésta ya no aparece.

4.10 Espectroscopía Raman

La dispersión luminosa inelástica es otro método óptico para la investigación de la estructura. En este caso se llega a la interacción de luz incidente con los fonones del cuerpo sólido.

En la excitación monocromática de la materia, en luz de dispersión, se pueden observar además de la parte elástica de dispersión, también partes desplazadas por frecuencia. En este caso la energía del fotón dispersado ($h\nu_s$) es:

- más pequeña que la del fotón incidente ($h\nu_1$), en caso de que una excitación de los fonones se haya originado con la energía (h_v) (Dispersión de Stokes),

- mayor que la del fotón incidente (h_{v1}), si el fotón ha absorbido la energía de una excitación (Antidispersión de Stokes).

La dispersión luminosa inelástica es la responsable de una generación y destrucción de excitaciones elementales. Tratándose de una dispersión Raman del 1er. Orden se parte del hecho de que en el proceso de dispersión sólo un fonón es participante. Correspondientemente se aplican los principios de la conservación de la energía y el impulso.

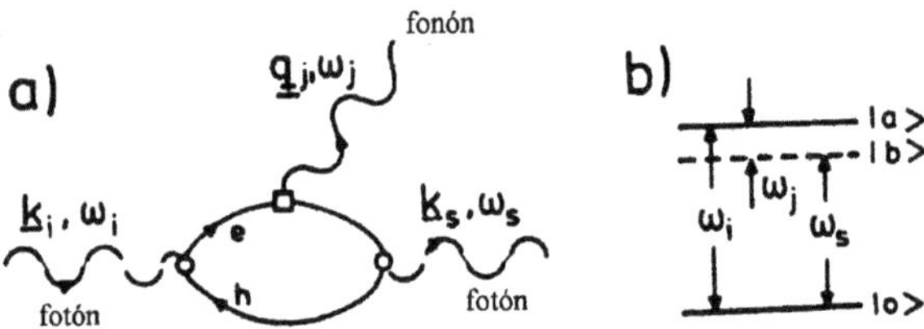

Figura 4.26: Representación de la dispersión Raman en un diagrama de Feynman (a), con su respectivo esquema de nivel de energía (b) (según [142])

$$h\nu_i - h\upsilon_s = \pm h\nu_j \qquad (4.15)$$

$$k_i - k_s = q_j \pm G. \qquad (4.16)$$

k_i es en este caso el vector de onda del fotón incidente, ks el vector de onda del fotón dispersado, q_j el vector de onda del fonón y G el vector recíproco. El signo positivo define la generación de fonones (Stokes), el signo negativo la destrucción de fonones (anti-Stokes). En la fig.4.26 están representadas las relaciones para la dispersión Raman en un diagrama de Feynman con el respectivo esquema de nivel de energía.

El proceso, con distancia, más importante de interacción entre fonones y fotones se reproduce atraves de los electrones; la dispersión (Stokes) se efectúa en este caso en tres pasos:

i) Generación de un par electrón-agujero mediante la destrucción del fotón incidente, $h\nu_1$

ii) Generación de un fotón, hv, y de un par electrón-agujero

iii) Transición al estado electrónico básico y generación de un fotón, $h\nu_2$

El segundo paso está determinado sólo por las propiedades de la muestra, mientras que el primero y el tercero dependen del tipo especial de interacción entre luz y muestra. Con ello es posible, mediante la evaluación de la luz de dispersión, contar con informaciones sobre el material a investigar.

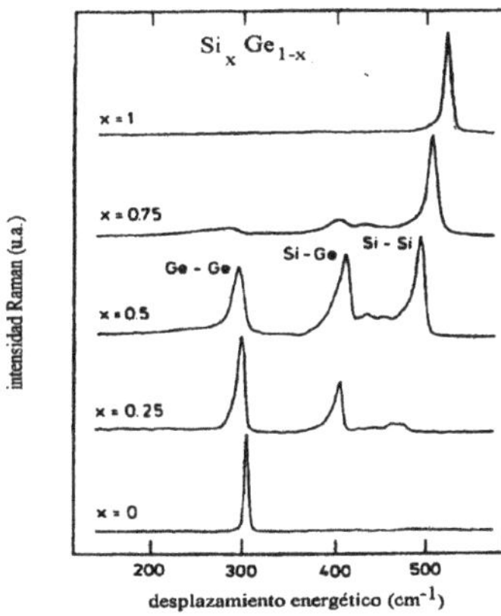

Figura 4.27: Representación de la dispersión Raman en un diagrama de Feynman (a) con su respectivo esquema de nivel de energía (b) (según [142])

En una dispersión de Raman de 2°orden participan en el proceso dos fonones. En correspondencia con ello deberán ampliarse los enunciados de la conservación (4.15 y 4.16).

De manera especial se aplica aquí el requerimiento de que el impulso total de los dos fonones deberá ser igual al impulso fotónico transferido.

El enunciado de conservación (4.16) para el vector de onda presupone que el cristal posee una simetría de traslación. En los cristales reales ello está condicionado por fallas estructurales del cristal, átomos extraños, entre otros. Las impurezas y los defectos son capaces de absorber un impulso considerable. Las difusiones de la señal del espectro de ello resultantes permiten una interpretación de las fallas.

En el espectro Raman pueden observarse determinadas bifurcaciones fonónicas. Éstas resultan de la estructura específica de un cristal y son descritas median- te reglas de selección. Además de la simetría del cristal, las reglas de selección son también dependientes de la polarización y de la dirección de la luz incidente y de la luz dispersada respecto al eje cristalino del cuerpo sólido.

Para los sistemas cristalinos en particular existe una amplia gama de información (v.g. en [142]). Por ello en la disposición práctica del aparato de medición una luz láser monocromática es orientada en la dirección cristalina deseada. La ventaja del método es que mediante una ventana el haz de medición puede ser acoplado a un aparato UHV (por tanto también una instalación MBE), con lo que el crecimiento cristalino puede observarse sin tener que retirar la muestra.

La fig.4.27 muestra el ejemplo de los espectros de Raman de diferentes alea-

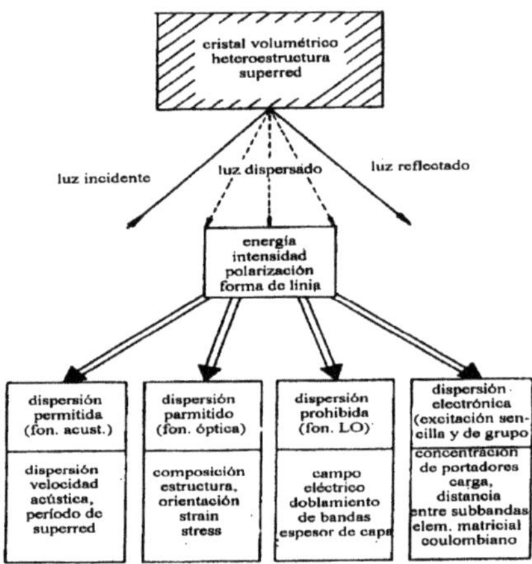

Figura 4.28: Representación esquemática de las informaciones a alcanzar mediante la dispersión luminosa inelástica (según [143])

ciones Ge_xSi_{1-x}, las cuales han sido crecidas sobre un substrato GaAs [143].

A manera de resumen se muestran en la fig.4.28 las informaciones a alcanzar con la dispersión luminosa inelástica ([143]).

4.11 Mediciones eléctricas

4.11.1 Medición de la resistencia eléctrica de capa

Un método importante para la caracterización de las propiedades eléctricas es la medición de la resistencia de capa. Hay para ello diferentes procedimientos, de los cuales la más extendida es la medición de cuatro puntas. Ésta da directamente el valor de la resistencia de capa.

La medición de cuatro puntas utiliza, como su nombre lo dice, cuatro puntas de metal ubicadas a igual distancia una junto a otra, mismas que son empujadas sobre la superficie del semiconductor. Los dos contactos exteriores sirven en este caso para alimentación de corriente. Mediante los dos contactos interiores se mide a alta impedancia la diferencia de potencial que surge entre los contactos utilizando para ello un voltímetro digital. La distancia s de las puntas (material: tungsteno, peso de empuje 50 a 100 g) es de 0.5 a 1.5 mm en los ajustes de medición comunes. La tensidad de la corriente es seleccionada lo más pequeña posible a fin de evitar problemas de calentamiento. Las señales de medición están el rango de mV.

La resistencia de capa δ_s en una capa delgada extendida infinitamente resulta de

$$\rho s = \pi U/(I \ln 2) \tag{4.17}$$

U es la tensión aplicada, I la corriente. Si la relación entre el espesor de muestra d y la distancia de las puntas de medición s es menor a 0.6, puede entonces calcularse la resistencia específica con un margen de error de menos de 1% así:

$$\rho = d\rho_s = \pi U d/(I \ln 2) \tag{4.18}$$

Los errores de medición pueden originarse por:

a) Defectos de la superficie,

b) Corrientes de fuga,

c) Calentamiento de la muestra a consecuencia de altas densidades de corriente,

d) Presión de contacto de las puntas de medición,

e) fectos geométricos.

4.11.2 Medición de la densidad y movilidad de portadores de carga

La medición de la densidad de las portadores de carga y la movilidad de éste puede llevarse a cabo con ayuda del efecto Hall. A efecto de explicación la fig.4.29 muestra cómo un campo magnético B_z, el cual penetrando perpendicularmente en un conductor atravesado por corriente de espesor d y ancho b (campo eléctrico E_x en dirección x x), genera un campo eléctrico Ey transversal a la dirección del flujo de la corriente (al desconectarse el campo magnético).

La consecuencia de ello es la posibilidad de medir una tensión Hall

$$U_H = R_H I B_{z/d} \tag{4.19}$$

la cual es proporcional al campo magnético B_z y a la corriente I. Al modificarse el campo magnético o la dirección del flujo de corriente, cambia el signo de la tensión Hall. R_H es el coeficiente de Hall independiente del campo magnético en el ámbito de campos suaves.

Las causas por que se genera la tensión Hall son la fuerza de Lorentz actuante en el campo magnético sobre los portadores de carga movidos y la delimitación del conductor. La fuerza de Lorentz intenta una desviación del portador de carga con la carga q perpendicular al campo magnético y a la dirección original

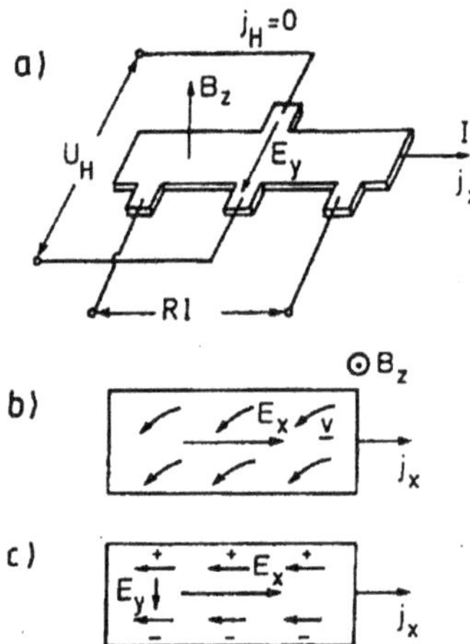

Figura 4.29: El campo magnético B_z genera en un conductor atravesado por corriente un campo eléctrico transversal $E_y = E_H$ (el campo Hall) (a). Al conectar el campo magnético las trayectorias de los electrones son combadas hacia abajo debido a la fuerza de Lorentz (b).

de movimiento. Pero debido a que los portadores de carga no pueden salir del material, se cargará negativamente un lado longitudinal y positivamente el otro. Las cargas de superficie llevan a un campo eléctrico perpendicular al conductor en dirección-y, al llamado campo de Hall E_H (y consecuentemente a la tensión de Hall U_H), lo que en el medio compensa el efecto de la fuerza de Hall. De la igualdad entre la fuerza de Lorentz y la fuerza en el campo Hall

$$F_L = qv \times B_z \quad und \quad F_H = qE_H \tag{4.20}$$

se sigue con (insertar ecuación correspondiente) (4.21)

$$v = \mu_H E_x \tag{4.21}$$

$$E_H = \mu_H B_z \times E_x \tag{4.22}$$

v es la velocidad de arrastre de los portadores, la cual se hace presente en el campo estacionario. La movilidad de portador de carga μ_H es la movilidad de Hal, definida como la constante proporcional entre la velocidad de arrastre vD y el campo impulsado según la ecuación (4.21). Con (4.19)

$$U_H = E_H b \tag{4.23}$$

resulta para el coeficiente de Hall RH en caso simple, que sólo un tipo de portador de carga de la concentración n está disponible

$$R_H = A/qn \tag{4.24}$$

con A $= \mu_H/\mu_D$, con lo que μ_D es la movilidad de arrastre del portador de carga, la cual además de la concentración de portador de carga entra en la expresión para la conductividad eléctrica específica y se diferencia muy poco de la movilidad de Hall. A es por tanto casi uno, pero depende en algo del tipo de interacción de los portadores de carga con la rejilla y la estructura electrónica del material.

Si se han de considerar dos tipos de portadores de carga en el material, entonces se aplica el coeficiente de Hall

$$R_H = \frac{A(p - b^2 n)}{q(p + bn)^2}, \quad b = \mu_n/\mu_p \tag{4.25}$$

si se tienen electrones de concentración n y de movilidad μn, así como agujeros de concentración p y de movilidad μp.

Las mediciones de Hall se realizan regularmente a distintas temperaturas y en campos magnéticos de diferente intensidad, lo mismo que con distintas corrientes. A partir de la medición de la tensión de Hall se tiene entonces correspondientemente (4.19) el coeficiente de Hall y de allí la concentración y la movilidad de portadores de carga. De ello pueden derivarse conclusiones sobre la estructura electrónica del material y la interacción de los portadores de carga con la rejilla. Ha de observarse aún que la tensión de Hall en estructuras cuánticas finas a bajas temperaturas e intensos campos magnéticos es determinada independientemente de los parámetros de material y de la geometría, y dentro de una planicie independientemente del campo magnético sólo por el quantum de acción de Planck h y la carga elemental e, de acuerdo con

$$U_H = hI/e^2 i \quad mit \quad i = 1, 2, 3, ..., \tag{4.26}$$

4.11.3 Medición de la altura de barrera Schottky

Durante el contacto de un semiconductor con un metal se llega - en el punto de reunión - a una resistencia de contacto. Ésta puede ser grande o pequeña respecto a la resistencia del material semiconductor. Si ésta es pequeña, hay entonces un contacto óhmico. Pero siendo grande, depende regularmente de la dirección de corriente, es decir que posee un efecto rectificador. La causa de este fenómeno es la formación de una barrera de Schottky.

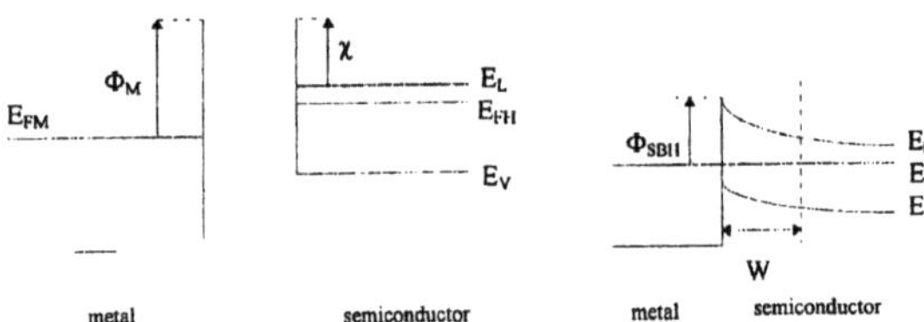

Figura 4.30: Representación esquemática del contacto metal-semiconductor en modelo de bandas: a) los dos materiales están separados uno del otro, b) contacto de ambos materiales

En el equilibrio termodinámico coinciden el nivel de Fermi de semiconductor y de metal. Al momento de un contacto, aquel, en consecuencia, se equilibra, con lo que se llega en el semiconductor a un combamiento de banda de alrededor del valor $E_{F\ semiconductor}$ - $E_{F\ metal}$, condicionado por el campo eléctrico en la zona de carga espacial de densidad W. La carga espacial se origina en este caso ya sea por el empobrecimiento de portadores de carga o por el enriquecimiento de portadores de carga. Si el sistema de energía de los electrones en el metal y en el semiconductor no se modifica por la realización del contacto, se origina en la superficie de contacto una barrera para los electrones de altura:

$$\Phi_{SBH} = \Phi_M - \chi \tag{4.27}$$

Donde Φ_M es la función de trabajo de salida de electrones del metal y χ la afinidad electrónica del semiconductor. Las alturas positivas de barrera llevan, al momento del contacto con un semiconductor n-dotado, a una capa marginal de empobrecimiento. En este caso ha de esperarse una resistencia de contacto incrementada dependiente de la tensión. La fig.4.30 muestra esquemáticamente la situación descrita.

La determinación puede efectuarse midiendo una línea característica corriente-tensión. Para ello se aplica:

$$I = I_s \left\{ \exp(pU/k_B T) - 1 \right\} \tag{4.28}$$

donde U es la tensión en el contacto, q la carga, k_B la constante de Boltzman y T la temperatura. Para la corriente de saturación se aplica:

$$I_s = \frac{Aqv_{Th}}{6\pi^{1/2}} N_L \exp\left(-\Phi_{SBH}/k_B T\right) \qquad (4.29)$$

donde A es la superficie de contacto entre el semiconductor y el metal, v_{Th} la velocidad térmica del electrón y NL la densidad térmica efectiva en la banda de conductividad del semiconductor en la forma:

$$I_s = AA^*T^2 \exp(-\Phi_{SBH}/k_B T) \qquad (4.30)$$

A* = a ·120 Acm^{-2} K^{-2} es la constante efectiva de Richardson con *a* como un factor dependiente de la estructura de banda del semiconductor, mismo que posee un orden de magnitud de 0.1 a 10. La corriente de saturación puede ser tomada directamente de la línea característica obtenida por mediciones corriente-tensión y de allí ser determinado F_{SBH} (v.g. según [144]). A partir del conocimiento de la altura de la barrera de Schottky pueden derivarse no sólo conclusiones en relación con la aplicación como diodo de Schottky. Como ya se indicó en la sección 5.3.3.2, esto depende sensiblemente de estados electrónicos de superficie límite, de modo que a partir de la medición de éstos pueden sacarse conclusiones sobre la calidad de la transición metal-semiconductor [145].

Capítulo 5

Sistemas de capas para la integración tridimensional y su realización por medio de epitaxia de haces moleculares

5.1 Panorama general sobre posibles capas y sistemas de capas para la estructuración tridimensional

Mediante el apilamiento de capas semiconductoras, aislantes y de metalización se derivan nuevas posibilidades para la obtención de una electrónica completamente monocristalina, queriendo esto quiere decir que también el material aislante y los circuitos conductores impresos han de ser monocristalinos. Para ello deben de encontrarse apropiados sistemas de material que junto a sus respectivas propiedades funcionales (v.g. movilidad de portadores de carga, tipo de portador de carga y condiciones energéticas en semiconductores, resistencia específica en circuitos conductores impresos y contactos, constante dieléctrica y voltage de rompimiento en aislantes) además:

- sean en lo estructural recíprocamente afines, y

- posean un comparable coeficiente térmico de dilatación.

Con ello se tiene la posibilidad de combinar unos con otros diferentes materiales semiconductores, para de esa manera vincular la preferencia por la electrónica en Si (la cual tiene en su haber la tecnología para la fabricación de grandes

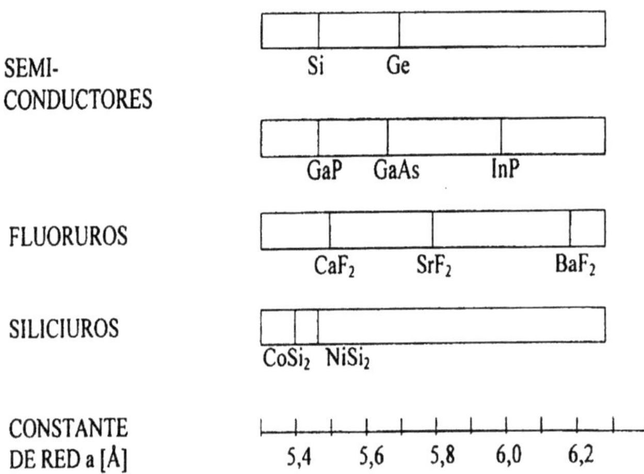

Figura 5.1: Constantes de red de diferentes materiales semiconductores y aislantes.

sustratos, su subsecuente estructuración en circuitos y una gran experiencia a nivel de producción) con las preferencias por la electrónica en semiconductores de compuestos (que cuenta v.g. con una alta movilidad de portadores de carga y transiciones ópticas directas en GaAs). La tabla de la fig.5.1 presenta las constantes de red para diferentes materiales semiconductores que son interesantes para un crecimiento epitaxial recíproco. Están igualmente registrados los valores para algunos aislantes.

En este caso debe distinguirse claramente entre la epitaxia de sólo una capa sobre un sustrato y el apilamiento tridimensional de una gran cantidad de distintas capas. Lo primero es relativamente sencillo de realizar, de modo que el crecimiento monocristalino sobre silicio también se logra con materiales de estructura y constante de rejilla completamente diferentes (v.g. mediante el crecimiento inclinado o torcido respecto al substrato). Por ello puede encontrarse también un gran número de ejemplos efectuados, de entre los cuales unos pocos se mencionan a continuación:

Ge sobre Si	Cu$_3$Si sobre Si	CaSi$_2$ sobre Si	CaF$_2$ sobre Si
GaAs sobre Si	NiSi$_2$ sobre Si	BaSi$_2$ sobre Si	BaF$_2$ sobre Si
Al sobre Si	CoSi$_2$sobre Si	TiSi$_2$ sobre Si	SrF$_2$ sobre Si
Ag sobre Si	PtSi sobre Si	MoSi$_2$ sobre Si	LaF$_3$ sobre Si
Au sobre Si	Pd$_2$Si sobre Si		AlF$_3$ sobre Si

Al contrario, para el caso de un apilamiento tridimensional existen comparativamente pocas experiencias. La premisa es precisamente que la segunda y cada capa subsecuente (para la cual la capa epitaxial abajo crecida representa sólo el substrato) debe a su vez crecer perfectamente. Así, se tiene ahora como condición para el crecimiento epitaxial el que deba de haber una superficie de substrato lo más perfecta posible. En muchos casos, sin embargo, la superficie de la capa crecida no es perfecta, lo que repercute muy marcadamente sobre la calidad cristalina de la siguiente capa y finalmente impide completamente un ordenado crecimiento epitaxial monocristalino. Es cierto que un tratamiento térmico (v.g. recocido láser) puede, con frecuencia, mejorar la calidad de la superficie; pero también, por otra parte, puede llevar a reacciones de superficies límite con el substrato y con ello a causar daños al sistema de capas. De modo que no debe causar extrañeza que hasta ahora se hayan realizado sólo unas pocas estructuras multicapa, tales como:

.....$Si/Ge_xSi_{1-x}/Si$.....

.....$Si/NiSi_2/Si$.....

.....$Si/CoSi_2/Si$.....

.....$Si/CaF_2/Si$.....

.....$Si/\ CaF_2/NiSi_2$.....

.....$Si/\ CaF_2/CoSi_2$.....

.....$Si/\ NiSi_2/CaF_2$.....

.....$Si/\ CoSi_2/CaF_2$.....

Se trata por tanto sólo de sistemas con red cristalina cúbica y aproximadamente igual constante de red. En otros casos dan lugar a fuertes distorsiones de rejilla en la superficie límite, a interferencias en la estructura de capas (v.g. límites de grano y desplazamientos) o tan sólo a un crecimiento epitaxial local (esto es, se producen sólo islotes monocristalinos pero ninguna capa cerrada libre de límites de grano), si es que éstos no pueden ser absorbidos elásticamente (como es el caso del sistema Si/Ge_xSi_{1-x}).

Además de lo anterior, debe observarse que en el caso de los ejemplos aquí mencionados se trata sólo de secuencias de capas en el sentido de estructuración de profundidad. Al agregarse a ello la estructuración lateral se tiene como resultado una topografía irregular de la superficie del sustrato y con ello mayores dificultades para un crecimiento cristalino perfecto. También, las capas de igualación que juegan un papel importante en la tecnología electrónica no son aquí aplicables, debido a que ellas crecen igualmente de manera monocristalina. Esto quiere decir que en lo referente a su estructura cristalina deben igualmente adaptarse al sistema apilado. Un sobrecrecimiento lateral de tales zonas puede representar una solución, tal como es utilizado en el concepto de la epitaxia selectiva (sobre esto se entrará más en detalle en las subsecuentes secciones).

5.2 Epitaxía de capas semiconductoras sobre silicio

5.2.1 Homoepitaxia de silicio sobre silicio

La homoepitaxia de silicio aparece en primera instancia como sencilla. No obstante, deberá desde el principio garantizarse que el substrato y la capa epitaxial tengan la misma estructura y la misma constante de rejilla. No pueden, además, ocurrir ni interacciones químicas, ni procesos de difusión (entre otros). Las capas no perfectas tienen consecuentemente su origen en fallas sobre la superficie del substrato o en un crecimiento de capa no óptimo en el sentido de un crecimiento insular tridimensional (modo de crecimiento según VOLMER y WEBER o bien STRANSKI-KRASTANOV (ver también sección 3.3)). Lo primero puede ser provocado por las contaminaciones sobre la superficie de Si o bien (consecuencia de lo anterior) por construcciones superficiales no logradas. Lo último puede estar condicionado tanto por esta defectuosa calidad superficial como también ser consecuencia de una temperatura de substrato demasiado baja durante la precipitación, por lo que no se da la movilidad de los adátomos sobre la superficie. Vía la homoepitaxia pueden por tanto hallarse importantes parámetros para las condiciones de crecimiento MBE.

De esto resulta que se tiene que dar mayor atención a lo que respecta a la perfección de la superficie de substrato. Como sustratos pueden utilizarse en este caso las usuales obleas de silicio, las cuales poseen una superficie lisa, pulida, cubierta con una capa de óxido natural de aproximadamente 1 nm de espesor. Como procedimiento estándar para la limpieza del substrato de Si es apropiado un proceso químico para la eliminación de impurezas y para la formación de una ligera capa de óxido que sirva de protección contra futuras impurezas, en este caso el llamado Método SHIRAKI [147]. Éste se compone de los siguientes pasos:

- Cocimiento de las muestras en tricloroetileno (para eliminar hidrocarburos).

- Oxidación en aire húmedo con ozono bajo luz UV. (La radiación UV de onda corta genera ozono, por lo que el carbono y los hidrocarburos se oxidan y son transformados en CO_2 y H_2O).

- Tratamiento térmico en UHV (*in situ* después de la integración a la instalación MBE) hasta la reconstrucción (7x7) de la superficie.

El resultado obtenido es un sustrato limpio, libre de contaminación con una superficie reconstruida, lo que en caso de Si(111) significa una estructura (7x7) (comprobación experimental mediante imágenes RHEED, por ejemplo). La selección de la temperatura depende del éxito del pretratamiento químico. Si se logra que sólo la capa protectora de óxido cubra al sustrato, entonces son suficientes 800 °C, a los cuales la capa de óxido se vaporiza y aparece la capa limpia, reconstruida de Si. Todas las experiencias muestran, no obstante, que esto en general no se logra. Sobre el substrato de Si se encuentran siempre contaminaciones de carbono que sólo pueden ser eliminadas bajo un tratamiento térmico de mas de 1200 °C (en el que C se disuelve en el Si [148] o se vaporiza como SiC [149]). Por ello, experimentalmente, después de un tratamiento térmico de alrededor de 830 °C sólo se muestra una ligeramente marcada reconstrucción superficial (lo que significa una reconstrucción del substrato de Si lograda sólo localmente), misma que sólo se hace presente de manera clara a una temperatura de 1100 - 1250 °C.

Alcanzar una reconstrucción superficial es evidentemente una característica esencial de una superficie perfectamente preparada y con ello una condición previa para un crecimiento de capas libre de defectos (considerando las ya muchas veces descritas condiciones previas). Una superficie reconstruida resulta del desplazamiento de enlaces libres del átomo en la transición hacia el ambiente, debido a que los enlaces libres en dirección a los normales de la superficie serían desfavorables energéticamente hablando. Tratándose del desplazamiento resultan aquí varias posibilidades:

- Amplificación de los enlaces reversos, de modo que se llegue hasta una disminución de las distancias a nivel red.

- Inclusión de los enlaces en forma perpendicular a las normales de la superficie, lo que lleva a la relajación de la constante de rejilla perpendicularmente a la superficie.

En el último caso se obtienen superestructuras tales como la estructura - (7x7) en Si(111) o la estructura - (2x1) en Si(100). La fig.5.2 muestra una superficie reconstruida de Si(111), determinada con STM.

El método SHIRAKI para la limpieza de capas es sólo un ejemplo representativo. En la literatura es posible encontrar numerosos procedimientos para la aplicación de métodos químicos [150] o para la limpieza física, por ejemplo excavado de material mediante pulverización con iones de gas inerte e inmediato recocido térmico [151].

Para la evaporización de silicio se requiere de un vaporizador electrónico. Las celdas de efusión u otros tipos de vaporización como, por ejemplo, blancos de silicio directamente calentados, no han dado resultados satisfactorios. Esto ocurre especialmente en la evaporización de silicio a partir de celdas de efusión para reacciones con el material de celda. La generación de haces moleculares de Si requiere de vaporizadores de haces de electrones de mínima potencia, esto debido al bajo coeficiente de precipitación necesario para el crecimiento epitaxial, o sea que 100 Watts son suficientes. Las capas epita- xiales se originan en un amplio rango de temperatura (temperatura de substrato). Poseen su mejor calidad, o sea calidad de elemento constructivo con una correspondiente densidad de desplazamiento, si la temperatura está entre 450 y 500 °C. Con ello el cre- cimiento homoepitaxial de una capa de Si es también apropiada para preparar un substrato de Si de alta perfección con fines de precipitación heteroepitaxial de otros sistemas de materiales.

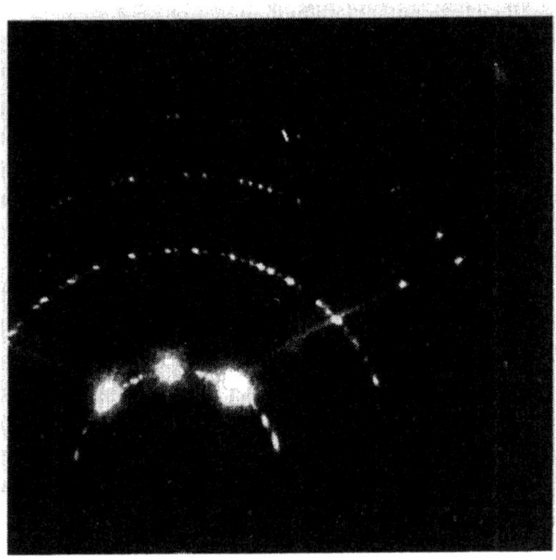

Figura 5.2: Estructura real (7x7) reconstruida de una superficie Si(111)

5.2.2 Dopamiento de capas epitaxiales de silicio

La epitaxia molecular hace posible, mediante evaporización controlada de silicio y un elemento de dopamiento perfiles deseados, muy exactos que son la condición previa para la realización de heteroestructuras y superestructuras de red.

Para la dotación de silicio son idóneos, como aceptores y donadores, elementos de los grupos principales III o V, o sea Ga, Al, o bien P, As, Sb. En lo subsecuente debe de observarse que el galio posee una relativamente alta energía de ionización de aceptor de 70 meV, de ahí que la concentración de portadores de carga de saturación del orden de 2×10^{18} cm^{-3} no pueda ser sobrepasada. En los otros elementos los niveles del aceptor o del donador están apenas por abajo de la banda de valencia o de conducción del silicio, de modo que, por ejemplo, las energías de ionización para antimonio sean del orden de 39 meV o Bor 45 meV.

El método más sencillo para dotar capas de silicio MBE con átomos de los mencionados elementos, es la simultánea vaporización térmica de silicio y de un elemento de dotación. Para la evaporización térmica de los elementos de dotación se utilizan usualmente las celdas de efusión de tipo KNUDSEN, ya conocidas desde la epitaxia de haces moleculares para semiconductores de compuesto $A_{III}B_v$. En estas celdas se puede alcanzar una constancia de temperatura de aproximadamente $\pm$ 0.5 K, la cual es necesaria para las condiciones deseadas exactamente reproducibles en el haz molecular. Las celdas de efusión permiten en general temperaturas de 300 hasta 1300 °C, de modo que de los mencionados elementos de dotación sólo Ga, Al, As y Sb pueden ser utilizados. Los tres donadores del grupo principal V para silicio tienen presiones de vaporización relativamente altas, de modo que se hacen necesarios un control para la vaporización (esto es difícil) y un efectivo rarefactor de moléculas en exceso para evitar "efectos de recuerdo". De los elementos mencionados el antimonio posee la presión de evapor más baja y es utilizado con mayor frecuencia, aunque procesos de interacción de dominio complicado, con la superficie de silicio y la baja temperatura de celda de menos de 400 °C, hacen difícil una dotación controlada. La utilización de este método de dotación, que con frecuencia es conocido en la literatura bajo el nombre de dopamiento molecular, tiene dos desventajas esenciales que van en contra de la repentina modificación del nivel de dotación de silicio y por tanto de la controlabilidad del proceso de dotación.

La primera dificultad consiste en que dependiendo de la temperatura del substrato (ésta asciende - por lo que se sabe - a 500-900 °C en la epitaxia de haces moleculares para silicio) los coeficientes de adherencia están entre 0.001 y 0.01. Por tanto, las concentraciones de portadores de más de 10^{18}cm^{-3} no pueden lograrse prácticamente. El siguiente problema radica en los procesos de segregación de los elementos de dotación en la superficie del silicio después de su adsorción, misma que lleva a un aplanamiento del perfil de dotación [152] a [154].

Estos problemas dan lugar a la búsqueda de métodos que permitan una exacta dotación de capas de silicio.

Una posibilidad es que los haces moleculares neutrales sean sustituidos por haces de iones, lo que equivaldría a efectuar una dotación de baja energía. El control del nivel de dotación puede efectuarse mediante la medición de la densidad de corriente iónica de manera sencilla, ya que el coeficiente de adherencia de los iones a la superficie de silicio toma el valor de uno y para esta magnitud no existe casi ninguna dependencia de la temperatura de substrato. De ahí que los gradientes de temperatura sobre la superficie del substrato no tengan ninguna influencia sobre la homogeneidad de la dotación sobre la oblea de silicio. Con este método de dotación iónica pueden alcanzarse, por ejemplo sobre capas de silicio MBE con concentraciones de dotación de antimonio, hasta unos 10^{19} cm^{-3} [155]. Concentraciones de dotación similares han sido alcanzadas también con iones de arsénico y de boro de una energía de 400 eV a 800 eV [156].

Especialmente en el caso de la evaporización de boro es posible utilizar celdas de efusión. La ventaja del boro consiste antes que nada en que posee una probabilidad de adherencia de uno en la superficie de silicio y la probabilidad de inclusión en el substrato de silicio - en un rango de ensayo de 700 a 900 °C - es independiente de su temperatura. A ello se agrega que no se pueda afirmar la existencia de fenómenos de segregación. La concentración de dotación depende directamente de la temperatura de celda y puede controlarse de manera sencilla mediante la modificación de la densidad de corriente de vapor. Pueden medirse concentraciones de portadores de carga en un rango de 10^{15} cm^{-3} a 10^{20}cm^{-3}. La calidad corresponde a los perfiles alcanzados con la implantación de iones.

El boro tiene de cualquier manera la desventaja de que, debido a la mínima presión de vapor son necesarias altas temperaturas en la celda de efusión (1700 a 2000 °C), lo que representa un nada intranscendente problema tecnológico. Una dificultad consiste en que es necesaria una muy grande limpieza del haz molecular de boro a fin de evitar contaminaciones adicionales de la superficie de silicio. Como una posible alternativa se puede considerar la utilización de B_2O_3 en lugar de boro, debido a que de esta manera son posibles bajas temperaturas de celda. Si el material vaporizado alcanza la superficie de silicio se llega a una descomposición de B_2O_3, con lo que el oxígeno abandona el sustrato [157].

Los bajos coeficientes de adherencia en los otros elementos de dotación, como por ejemplo antimonio, han llevado al desarrollo de métodos para el mejoramiento de la probabilidad de inclusión de los elementos de dotación hacia la superficie de silicio. Un procedimiento muy efectivo consiste en que el sustrato cuenta con un potencial negativo respecto a las celdas de efusión. Este método conocido como Potential-Enhanced-Doping Technique (PED) [158] permite una concentración comparativamente alta de dotación, como si no hubiera ningún campo eléctrico aplicado, con lo que de cualquier manera su efectividad depende, también, del respectivo material de vaporización (o sea material de dotación).

Así, por ejemplo, el procedimiento para antimonio (a un potencial de v.g. -800 V es posible alcanzar un mejoramiento de la dotación en un factor de 100 y, con ello, una concentración máxima de portadores de carga del orden de 3 x 10^{19} cm^{-3}) es más efectivo que para arsénico. Por el contrario, para el caso del galio no puede, comprobarse en absoluto éxito alguno con la utilización de la técnica PED ([158]).

Resumiendo, puede establecerse que son muchos los métodos que han sido suficientemente desarrollados para garantizar la refracción de perfiles abruptos de portadores de carga en el silicio con los diferentes aceptores o donadores.

5.2.3   Heteroepitaxia de semiconductores sobre silicio

Al contrario de lo que ocurre con la homoepitaxia, mediante la heteroepitaxia de diferentes materiales se producen heterotransiciones, es decir que en la superficie límite de los materiales tiene lugar una modificación drástica de las propiedades físicas tales como la constante de rejilla, dotación, brecha energética, índice de refracción, etc. Tal situación afecta también, por otra parte, a la dotación de los materiales semiconductores, puesto que con ello pueden, por supuesto, efectuarse igualmente modulaciones periódicas de las propiedades físicas.

Las estructuras de este tipo conforman el fundamento para elementos constructivos de nuevo tipo con parámetros esencialmente más favorables en comparación con elementos constructivos convencionales o con funciones que en éstos no son posibles. Las propiedades físicas de las heterotransiciones determinan de manera decisiva la forma de trabajo, así como las propiedades eléctricas y ópticas de estos elementos constructivos. Una premisa importante para esto es una alta calidad de las capas epitaxiales, es decir que estás apenas si pueden tener fallas de rejillas, defectos, formaciones insulares u otros, ya que esto influenciaría en extremo las propiedades electrónicas de los correspondientes elementos constructivos. A través de la composición de capas y la dotación, las propiedades pueden ser modificadas abrupta o, si se desea paulatinamente, con lo que pueden realizarse estructuras complicadas. Para ello pueden concebirse y ponerse en práctica estructuras energéticas de banda para nuevos disposi-

Semicond.	Tipo estr.de banda	$E_g(eV)$	$\lambda(\mu m)$	a(nm)	Desaj.resp.Si(%)
Si	indirecto	1.120	1.10	0.5431	0.0
Ge	indirecto	0.660	1.88	0.5658	4.2
GaAs	directo	1.425	0.87	0.5653	4.1
AlAs	indirecto	2.160	0.57	0.5661	4.2
InP	directo	1.350	0.92	0.5869	8.1
InAs	directo	0.360	3.44	0.6057	11.5
GaSb	directo	0.730	1.70	0.095	12.2
InSb	directo	1.170	7.29	0.6479	19.3
AlSb	indirecto	1.650	0.75	0.6135	13.0

Tabla 5.1: Ancho de banda prohibida g, constante de red, a, y desajuste de red entre Si y los semiconductores elementales Si y Ge, y semiconductores binarios AIIIBV a temperatura ambiente

tivos constructivos. Para estos procedimientos se acuñó el concepto "bandgap engineering". Las posibilidades que de aquí se derivan son abordadas detalladamente en relación con la presentación de elementos constructivos concretos en el capítulo 7.

En la tabla **??**, para diferentes semiconductores elementales y semiconductores binarios de compuesto $A_{III}B_V$ se enumeran la constante de rejilla, a, la energía de distancia de banda E_g, el tipo de estructura de banda (transición óptica directa o indirecta) y la longitud de onda que pueden darse con la adsorción o con la emisión de radiación. En este caso debe de ponerse atención en que los semiconductores de compuesto $A_{III}B_V$ cristalizan casi todos en la estructura de blenda de zinc y con ello pueden, mejor aun, ser crecidos sobre los semiconductores elementales, deseablemente sobre silicio. Por ello también se menciona en la Tabla **??** el desajuste de red de los materiales semiconductores en particular respecto al Si. Además de lo anterior, los elementos de los grupos principales II y V son ampliamente intercambiables al interior de ellos, de modo que puedan fabricarse sistemas de mezcla cristalina ternarios, cuaternarios, etc. Mediante la selección de la composición pueden, por consiguiente, ser modificadas de manera dirigida las constantes de rejilla y las propiedades electrónicas de los semiconductores en una amplia gama. De este modo aumenta, por ejemplo, la distancia de banda de

Ga_xAl_{1-x} As de 1.42 eV para GaAs (a 300 K) hasta llegar a 1.91 eV para x=0.4. (con x=0.4 se efectúa de cualquier manera en Ga_x Al_{1-x} la transición de un semiconductor directo a un indirecto). También los semiconductores elementales Si y Ge pueden ser modificados - mediante la mezcla de uno y otro - en su constante de rejilla y también en sus propiedades.

En la fig.5.3 se representan el ancho de banda prohibido de energía y la constante de red para diferentes materiales semiconductores. Mediante las líneas de unión se extraen los semiconductores mezclables de compuesto ternarios y cuaternarios.

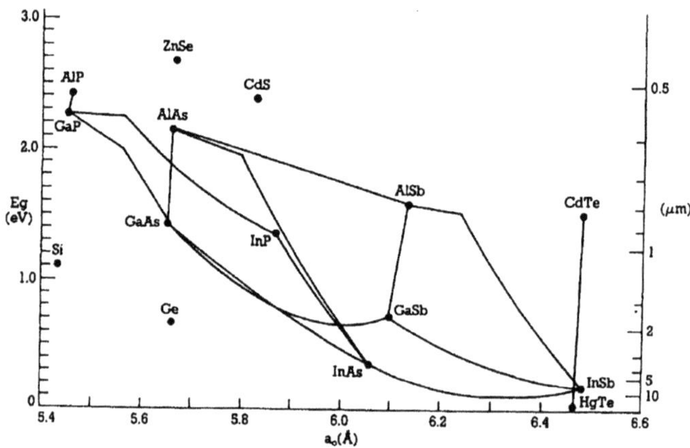

Figura 5.3: Ancho de banda prohibida (escala izqu.) y constante de red (escala der.) para diferentes materiales semiconductores a 300 K.

5.2.4 Epitaxia de germanio y de capas de Ge$_x$Si$_{1-x}$

Un caso importante en el que se aplica la heteroepitaxia es el crecimiento de germanio sobre silicio. Los dos semiconductores poseen la misma estructura cristalina (rejilla de diamante), con ello se da, principalmente, un crecimiento seudomorfo de la capa cristalina. De cualquier manera los materiales semiconductores muestran en la constante de rejilla una diferencia de 4.2% (ver también la tabla **??**; Si: a = 0.5431nm, Ge: a = 0.5658).

Si sobre una substrato reconstruido la primera monocapa precipitada es germanio (la evaporización del germanio puede efectuarse a partir de una celda de Knudsen), entonces está se ajusta todavía bien conforme a la subcapa siempre y cuando la interacción del sustrato respecto a la capa epitaxial no sea de una magnitud tan pequeña como la que hay entre los átomos de Ge. No obstante, con el crecimiento de una segunda y más monocapas se hacen notables de manera creciente las propiedades del cristal de Ge y con ello la distorsión de superficies límite condicionada por las diferentes constantes de rejilla para Si y Ge. Dicha distorsión es elásticamente absorbida en primer término por los materiales, debido a la elasticidad de las rejillas. Si de cualquier manera se siguen precipitando monocapas, crece entonces la tensión elástica hasta que se originan inevitablemente desplazamientos entre las capas. La fig.5.4 muestra las condiciones descritas y las de aquí resultantes posibilidades de una deformación en dirección <100> o <110> .

La consecuencia es que la capa ya no puede formarse de manera cerrada en el sentido de un crecimiento bidimensional (modo Frank - Van der Merwe), sino que se emplea un crecimiento insular (modo Stranski-Krastanov). Por tanto, bajo determinadas condiciones de crecimiento, especialmente en lo relativo a la temperatura del sustrato, para el caso de la capa de Ge resulta un espesor de capa crítico hasta el cual aquella crece en forma cerrada y monocristalina. Este espesor de capa es, con respecto a una temperatura óptima respectivamente especificada en la literatura (570 a 790 K) [159], [160] del orden de 6 monocapas, o sea menos de 3.5 nm. En este caso se forma sobre Si(100) una estructura Ge(2x1) y sobre Si(111) una estructura Ge(7x7). Pero estas superestructuras sólo pueden ser observadas bajo las condiciones descritas. La correlación de deformación lateral comprensiva con creciente espesor Ge de capa fue investigado sobre substratos de Si(111) utilizando RHEED [161], LEED [162], microscopía de electrones y difracción de rayos X [163]. Aquí resultan diferentes reconstrucciones superficiales -de c(2x8) a (7x7)- sobre el germanio, debido a que la constante de rejilla aumenta de forma continua con un espesor de capa creciente. Resulta evidente que en este caso también las temperaturas de substrato, en las que se realizó un proceso de crecimiento, ejercen una influencia. La figura 5.5 muestra las diferentes superestructuras que se originan en la heteroepitaxia de Ge sobre Si(111) en función de la temperatura [161].

Si de la manera descrita y tratándose de la epitaxia de Ge sobre Si se compensa el ajuste de error de rejilla mediante distorsión de uno o ambas rejillas en la superficie límite o mediante la generación de desplazamientos, entonces esto puede inclusive más adelante efectuarse mediante la ligadura de Ge con Si de acuerdo con la regla de VEGARD:

$$n = 0.042\ x, \qquad x\text{--fracción molar}$$

La mezcla de ambos elementos es particularmente sencilla debido a que éstas son mezclables ininterrumpidamente de acuerdo con su diagrama de fase: representan por tanto una excelente fase cristalina. En una ligadura de este tipo se modifica también, además, la distancia de banda de acuerdo con la fig.5.6, lo que puede ser utilizado por una serie de conceptos de elementos constructivos (se hablará concretamente de esto en el capítulo 7).

Al igual que en el caso de la capa Ge pura, puede compensarse el desajuste de error de rejilla mediante la distorsión de la rejilla de la capa de $Ge_x\,Si_{1-x}$ o del substrato de silicio emergentes y desplazamientos (ver fig.5.4). Un cre- cimiento de capa sin error de rejilla y desplazamientos (crecimiento seudomorfológico) se observa también aquí sólo si las capas epitaxiales Ge_xSi_{1-x} tienen espesores que no sobrepasan un valor crítico. Si se considera la influencia de diferentes condiciones de crecimiento tales como temperatura de substrato, composición estequiométrica de la capa de Ge_xSi_{1-x}, espesor de capa, morfología de la heteroestructura, se derivan entonces las siguientes informaciones de importancia:

- Las capas seudomorfológicas pueden ser crecidas hasta una proporción de germanio de aproximadamente 50% sobre substrato de silicio.

- Existe un espesor crítico de capa dependiente de la proporción de germanio, espesor que en comparación con germanio puro es relativamente grande. De esta manera, se pueden fabricar seudomorfológicamente capas de $Ge_{0.5}\,Si_{0.5}$ hasta

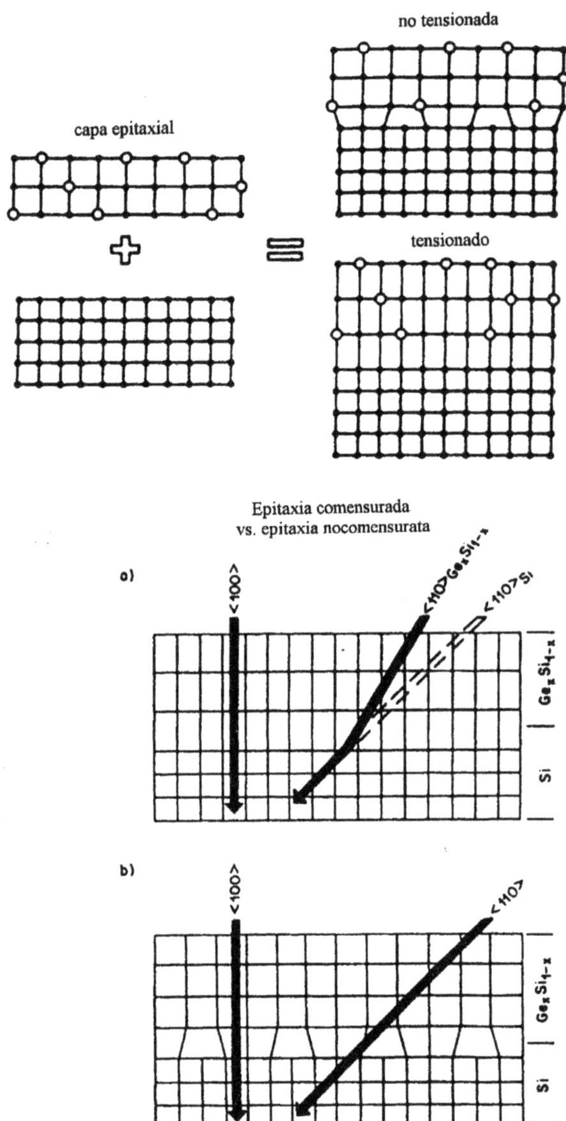

Figura 5.4: Compensación de diferentes constantes de red entre el sustrato y la capa epitaxial mediante la rejilla cristalina.

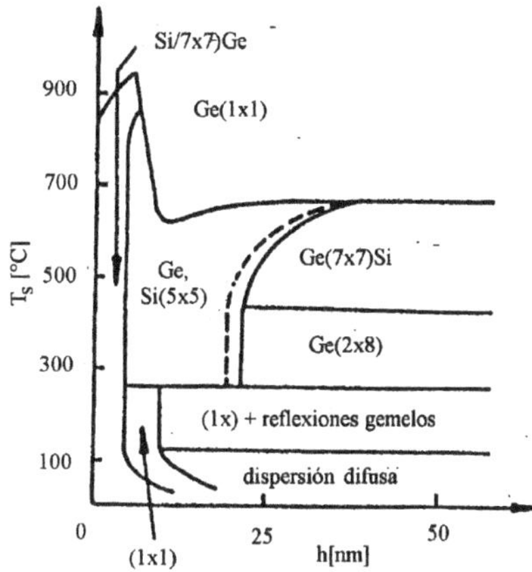

Figura 5.5: Estructura superficial en función de la temperatura de crecimiento y del espesor de capa h para la epitaxia de Ge sobre Si(111) (según [161])

un espesor de aproximadamente 10 nm , mientras que las capas de $Ge_{0.2}\,Sl_{0.8}$ pueden ser crecidas seudomorfológicamente hasta aprox. 250 nm.

- La temperatura de crecimiento es -respecto a la calidad de capa- óptima a aproximadamente 550°.

Esta determinación cuantitativa de los parámetros de crecimiento representa una base importante para estructuras complicadas, v.g. superrejillas. En este caso se cambian capas de Ge_xSi_{1-x} por capas de Si. Adicionalmente a las condiciones de crecimiento existentes en las llamadas heteroestructuras sencillas hay todavía una magnitud crítica más, la cual es importante para la superrejilla morfológica de alto valor Ge_xSi_{1-x} /Si. Como tal se hace evidente el espesor total de la superrejilla, es decir el de todas las capas en particular [167]. Mediante investigaciones con la espectroscopía de electrones por contraste-ruptura y la de transmisión, así como con la dispersión de Raman se demostró que el sobrepasamiento de este espesor crítico lleva a desplazamientos entre el substrato y las primeras superrejillas, las cuales tienen efecto sobre toda la estructura. Es válido también, en la realización de una superrejilla con un gran número de capas en particular de Si y Ge_xSi_{1-x}, llevar a cabo una adaptación entre los espesores de capa en particular y el espesor total de capa. En la fig.5.7 se muestran las condiciones al respecto.

Para las propiedades electrónicas es de gran importancia cómo las rejillas de las capas en particular se extienden sobre un substrato de silicio a fin de igualar el ajuste de error de rejilla. Si la superrejilla se encuentra directamente sobre el substrato, se llega a una distorsión asimétrica, con lo que las capas de Si

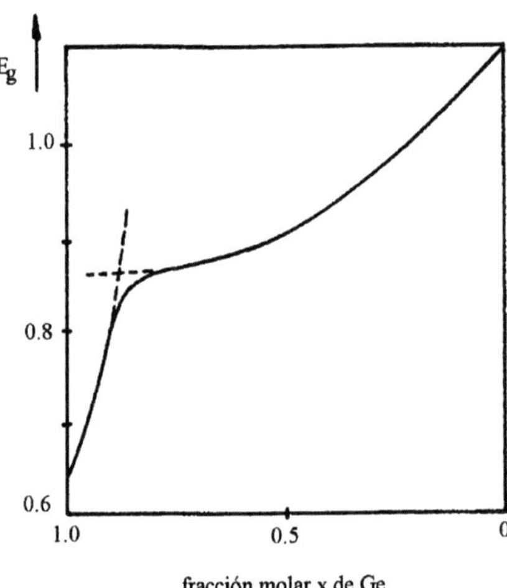

Figura 5.6: Ancho de banda prohibida de energía de cristales de mezcla Ge_xSi_{1-x} como función de la composición (a 300 K) (según [165]).

permanecen inalteradas y las capas de Ge_xSi_{1-x} son comprimidas en dirección lateral. Debido a la existenciade una capa de compensación Ge_ySi_{1-y} (la y debe de implicar que la capa de compensación posee una composición diferente) entre la superrejilla y el substrato puede alcanzarse una simetrización mediante la cual las capas de Si y las capas de Ge_xSi_{1-x} se expandan de la misma manera, aunque en sentido contrario [168]. Esta simetrización de las rejillas de las capas de la superrejilla debido a la existencia de una capa de compensación tiene un fuerte efecto sobre la estructura de banda de la superrejilla y con ello sobre la forma de trabajo de los elementos constructivos a concebir sobre la base de esta superrejilla.

5.2.5   Epitaxia de semiconductores $A_{III}B_V$ sobre silicio

5.2.5.1   Comparación entre los materiales semiconductores GaAs y Silicio

GaAs ha quedado establecido como el fundamental material semiconductor $A_{III}B_V$ sobre silicio. GaAs representa también la combinación básica de electrónica de alta velocidad y optoelectrónica, por lo que antes de la presentación de la heteroepitaxia de GaAs debemos de resumir y confrontar brevemente algunas de la características esenciales de ambos materiales. En este caso no son de interés sólo las propiedades físicas, sino también aspectos relativos a la aplicabilidad tecnológica, factores de costos, experiencias de producción, entre otros. En este sentido, la tabla 5.2 permite ver de manera inmediata las propiedades

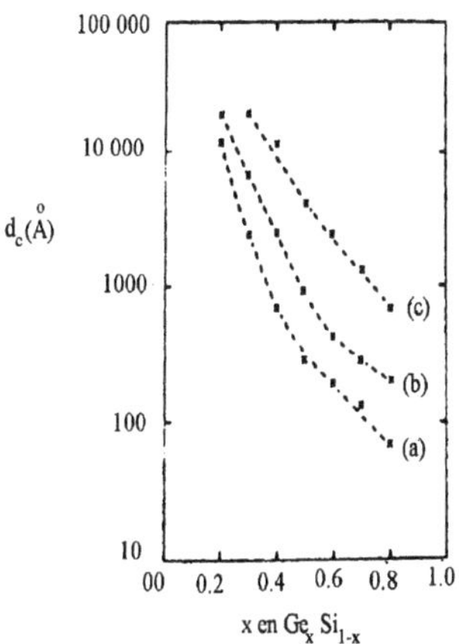

Figura 5.7: Espesores críticos d de capas calculados a partir de superrejillas $Ge_x Si_{1-x}$ sobre substratos de $Si(100)$ para diferentes relaciones de espesores individuales de capas de $Ge_x Si_{1-x}$ y Si. (a) $d_{Ge_x Si_{(1-x)}}/d_{Si} = 2$; (b) $d_{Ge_x Si_{(1-x)}}/d_{Si} = 1$; (c) $d_{Ge_x Si_{(1-x)}}/d_{Si} = 0.5$ (según [167])

físicas de ambos materiales.

De la noción del empleo en elementos constructivos electrónicos hacen su aparición especialmente la alta movilidad de electrones y la posibilidad de empleo en elementos constructivos optoeléctricos, condicionado por la transición directa de banda, máximo de de banda de valencia-mínimo de banda conductora en el lugar, para hablar del GaAs. En la fig.5.8 se muestran las estructuras de rejilla y las estructuras de banda de Si y de GaAs.

Es característica además la múltiplemente más alta estabilidad de radiación de GaAs respecto al Si; una circunstancia que es de interés particularmente tratándose de aplicaciones espaciales. Frente a ello está la gran rutina en cuanto a empleo tecnológico de elementos constructivos de Si. En este sentido habremos de tener que resumir brevemente las ventajas y desventajas de GaAs y Si.

Ventajas de GaAs en comparación con Si:

a) Posibilidad de integración de (debido a transiciones directas de banda).

b) Alta movilidad de electrones.

c) Alta velocidad de arrastre ya en pequeñas intensidades eléctricas de campo (<4 kV/cm, de donde se deriva que en condiciones de tensiones de operación pequeñas y, debido a ello, de energías disipadas mínimas, es posible realizar una alta velocidad de trabajo).

	Si	GaAs
Tipo de estructura	Rejilla diamante	Rejilla zinc blenda
Constante de rejilla	0.5431 nm	0.56531 nm
Ancho de banda prohibida	1.12 eV	1.43 eV
Transición de semiconduct. (Minima banda conductora-Maxima banda de valencia)	indirecta	directa
Densidad de estado efectiva: Banda conductora	2.8×10^{19} cm^{-3}	4.7×10^{17} cm^{-3}
Banda de valencia	1.02×10^{19} cm^{-3}	7.0×10^{18} cm^{-3}
Densidad cond. intrínsect.	1.6×10^{10} cm^{-3}	1.3×10^{6} cm^{-3}
Masa efectiva: Electrones	$m^*_{e\,longit.} = 0.916$ $m^*_{e\,transv.} = 0.191$	$m^*_e = 0.067 (\Gamma - Tal)$ $m^*_e = 0.4\ (L - Tal)$
Huecos	$m^*_{p\,longit.} = 0.16$ $m^*_{p\,transv.} = 0.5$	$m^*_{plongit.} = 0.12$ $m^*_{ptransv..} = 0.5$
Movilidad de portadores de carga: Electrones	1350 cm$^2/Vs$	8800 cm$^2/Vs$
Huecos	480 cm$^2/Vs$	450 cm$^2/Vs$

Tabla 5.2: Comparación entre las magnitudes físicas más importantes que son relvantes para su utilización en elementos constructivos eléctricos

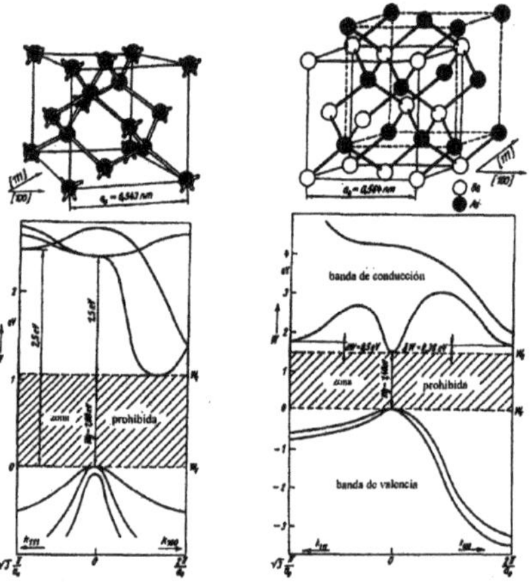

Figura 5.8: Estructura de banda y de rejilla de Si (izquierda) y GaAs (derecha) (k - Vector numérico de onda, W$_C$ - Orilla de banda conductora, W$_g$- ancho de banda prohibida)

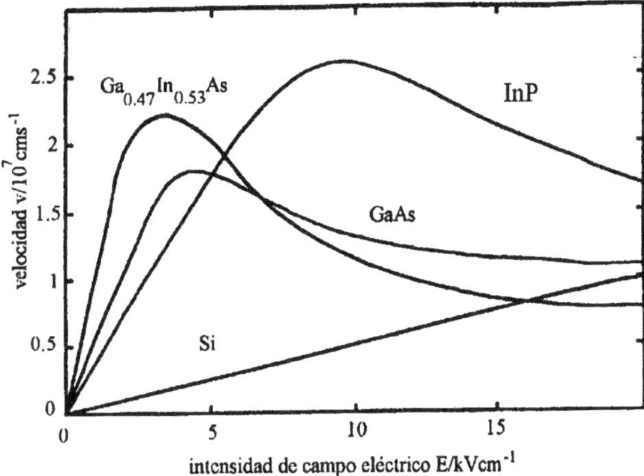

Figura 5.9: Dependencia entre la velocidad e intensidad eléctrica de campo en diferentes semiconductores (según [169])

d) Aparición de efectos de transportación de portadores de carga no estacionarios (balísticos) en amplitudes de estructura ya por abajo de 2μm (comparativamente, esto aparece en Si apenas por abajo de los 100 nm), lo que en las correspondientes estructuras electrónicas (estructuras cuánticas finas, ver también capítulo 7) permite igualmente aumentar la velocidad de trabajo en dimensiones ya no tan extremadamente pequeñas.

e) Fabricación sencilla de elementos constructivos cuánticos (debido a las mínimas dimensiones de estructura requeridas)

f) Mínima densidad conductiva intrínseca.

g) Alta estabilidad a la radiación (2-3 órdenes de magnitud, como en el caso de Si, debido a una alta densidad de estados superficiales; por este medio se genera una carga superficial que protege el interior del semiconductor).

Desventajas de GaAs en comparación de Si:

a) Una más difícil preparación del material (aparecen p. ej. problemas de estequiometría en límites de fase).

b) Mínima movilidad de huecos, con lo que conceptos con elementos constructivos complementarios (p. ej. CMOS) no son aplicables.

c) Alta densidad de estado superficial (por lo que no se pueden fabricar elementos MOS estables).

d) No existe ningún óxido propio estable (como si ocurre en Si con SiO_2), lo que requiere de la elaboración de un aislante externo.

e) Alta fragilidad de material y con ello problemas de fabricación (p.ej. por rotura de material).

f) Tamaño más pequeño de sustrato.

g) Menor calidad de sustrato (p. ej. por una alta densidad de desplazamientos)

h) Menor experiencia de integración y con ello también menor rendimiento de circuitos.

De manera especial son los últimos cuatro puntos los que representan el problema principal para la industria electrónica con respecto a la alta integración. Algunos de estos problemas aparecen, considerando la fabricación de capas epitaxiales de GaAs sobre substratos de Si, no solo como solucionables, sino permitiendo con ello reunir inclusive las ventajas específicas de ambos materiales.

5.2.5.2 Heteroepitaxía de GaAs sobre Silicio Los semiconductores elementales Si y Ge y los semiconductores de compuestos del tipo $A_{III}B_V$ poseen estructuras muy utilizadas, sólo que en el último la mitad de los lugares de rejilla están ocupados con un tipo diferente de átomo. Consecuentemente aparece también como posible el crecimiento epitaxial - entre sí - de estos semiconductores. En la tabla **??** se incluyo también por esta razón el ajuste de error de rejilla de los semiconductores de compuesto respecto al silicio.

Una importante diferencia ente las mencionadas clases de substancia consiste empero en que los semiconductores de compuesto elementales son polares y los semiconductores elementales no lo son (esto es una consecuencia de la pertenencia a diferentes grupos cristalinas puntuales). Con ello resultan en la superficie límite problemas estructurales y, correspondientemente, los problemas electrónicos de ello resultantes [170].

- En el crecimiento epitaxial de un depósito polar (v.g. GaAs) sobre un sustrato no polar (v.g. Si) no están definidos a priori los ligares atómicos para aniones y cationes. Esto conduce por necesidad a la aparición de límites antifase en la capa precipitada: la capa epitaxial es de varios dominios. Con ello son evidentes también los efectos negativos sobre las propiedades eléctricas.

- En la superficie límite sustrato-capa se daña la condición de neutralidad para el semiconductor. Una información análoga es válida para la superficie límite entre diferentes dominios (límites antifase).

- El daño a la condición de neutralidad en la superficie límite ocasiona un efecto de dotación (cross-doping), pues ya que si los enlaces Si-Ga actúan como aceptor, los enlaces Si-As tienen carácter de donador.

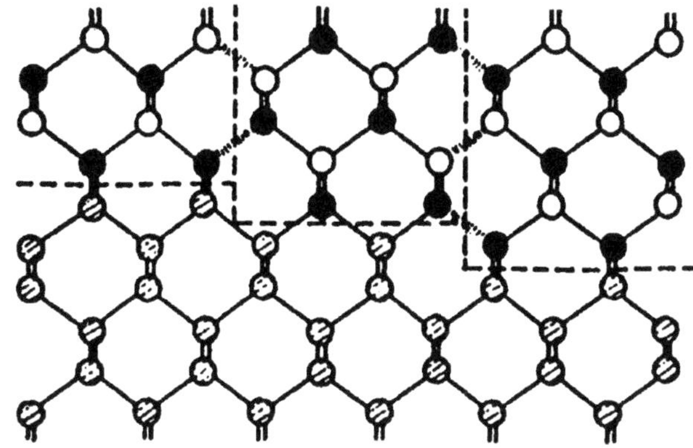

Figura 5.10: Mecanismo de la formación antifase durante el crecimiento epitaxial de sustancias polares sobre sustratos no polares (según [170])

Puesto que el requerido crecimiento libre de defectos, en el sentido del deseado apilamiento tridimensional está enlazado a una perfecta superficie límite entre sustrato y capa de depósito, deben dichos dominios ser evitados forzosamente.

En la microelectrónica de Si se utilizan preponderantemente sustratos de Si de orientación (100). En este caso pueden suprimirse los límites antifase, esto en la medida en que pudiera tenerse una Si(100) cristalográficamente perfecta y se prefiriera uno de los enlaces substrato (Ga o bien substrato) As de tal modo que sólo él se realizara en el proceso epitaxial de crecimiento. En el caso de GaAs/Si, el enlace Si-As es realmente más intenso. De cualquier manera el concepto no puede desarrollarse porque no pueden prepararse superficies atómicas lisas de silicio con orientación (100). Las superficies de substrato están siempre en mayor o menor medida desorientadas y contienen por lo tanto -y de manera necesaria- escalones monoatómicas. La fig.5.10 hace ver claramente que en un caso como este tienen que manifestarse límites antifase en la capa epitaxial.

Una solución para este problema sería emplear como sustrato superficies de Si con orientación (211) [170]. En tal caso los átomos de Si de orientación (211) tienen una cantidad distinta de enlaces que apuntan en la dirección del sustrato. Átomos con dos "dangling bonds" realizan aquí siempre el privilegiado enlace Si-As, de modo que en este caso no pueden aparecer los límites antifase. Esto puede comprobarse experimentalmente, por ejemplo, mediante pruebas de ataque ácido [171]-[173]

Lo que aquí se evidencia como desventajoso es el hecho de que los substratos con orientación (211) no son comunes en la microelectrónica.

Otra posibilidad más para la supresión de límites antifase en crecimiento

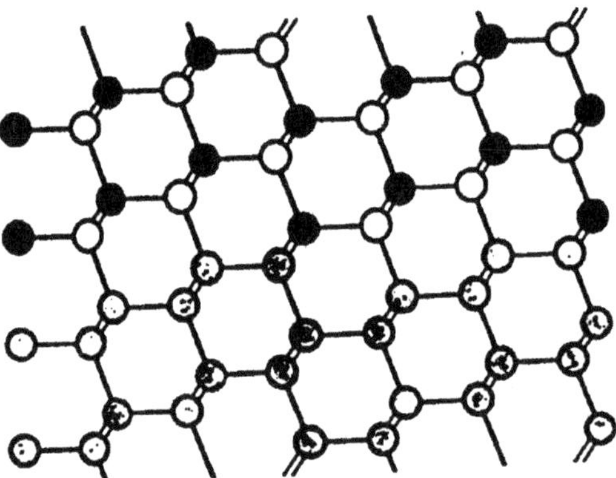

Figura 5.11: Una superficie polar - no polar con orientación (211) : límites antifase no aparecen tampoco en etapas monoatómicas.

epitaxial de GaAs sobre Si consiste en el empleo de substratos de Si(100) de ligera desorientación. Si la normal de superficie del substrato diverge de la exacta orientación (100) en una cantidad mínima (2°- 5°), en dirección <110>, entonces la superficie contiene una serie de escalones monoatómicas que durante el tratamiento térmico tienden a formar escalones diatómicas. Incluso obleas de Si exactamente orientadas a (100) forman etapas dobles después de 20 minutos de tratamiento a aprox. 1000 °C. Esto estriba en el hecho de que hay dos tipos de escalones individuales, precisamente aquellos en los que los dangling bonds están paralelos a la orilla de la etapa (tipo A) y aquellos en que sus compuestos insaturados están perpendiculares a la orilla del escalón (tipo B). La fig.5.12 muestra los dos tipos de escalones atómicos individuales sobre silicio orientado a (100).

Energéticamente los dos tipos no son del mismo valor, de modo que en el proceso de temperización tiene lugar una difusión superficial de átomos de Si, en cuyo resultado se hallan al final exclusivamente escalones dobles sobre la superficie (100). Con el empleo de superficies de substrato así preparadas queda suprimida completamente la aparición de límites antifase en depósitos $A_{III}B_V$, solucionándose por tanto el problema de la antifase.

Con la solución del problema de límites antifase queda también eliminada la dificultad vinculada con la no neutralidad del límite antifase. Permanecen, sin embargo, los problemas que están vinculados con la no-neutralidad del límite de superficie substrato-capa epitaxial. Puesto que ante la ausencia de límites antifase la última capa del substrato es siempre una capa de Si, y la primera capa de depósito es una capa As, entonces la superficie límite será representada por enlaces Si-As más intensos. No obstante, cada enlace Si-As tiene carácter

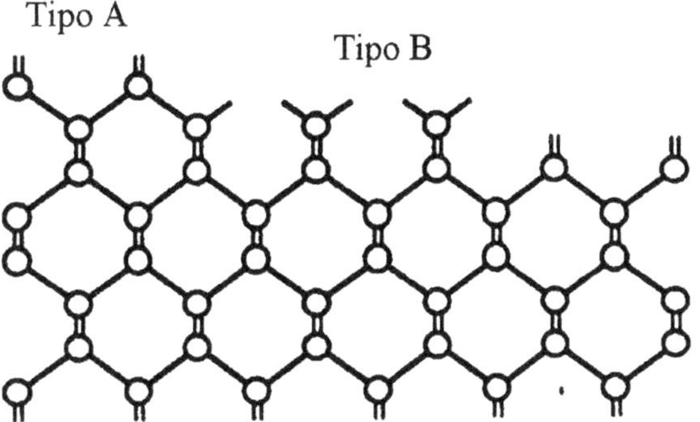

Figura 5.12: Tipos de escalones atómicos individuales sobre silicio orientado a (100) (según [37]).

de donador y está afectado por +q/4 por cada enlace. Debido a ello en cada átomo de superficie límite As sobreviene una carga excedente de q/2, a partir de lo cual se obtiene -en el caso de GaAs/Si una densidad de carga superficial de $\sigma = q/a^2$ (siendo "a" la constante de rejilla de Si) [170]. Esto corresponde -a una concentración de donador de 3.4×10^4 cm^{-2} a una intensidad eléctrica de campo de aprox. 5.0×109 V/cm^{-2}, lo que durante las necesarias etapas a alta temperatura traería como consecuencia un rearreglo de los átomos de superficie límite. Para la solución del problema se puede adelantar que ya sea la mitad de los átomos de Si en la superficie límite es sustituida por átomos Ga o un cuarto de los átomos de Si de la superficie límite absorba lugares As en la primera capa de depósito. En el primer caso debiera ser eliminada la mitad de los átomos de Si de la superficie del substrato, en el segundo caso emergería un cuarto de todos los átomos de Si de la superficie desde la capa superior ocupando lugares As en la capa GaAs. En los dos casos la dotación neta sería exactamente cero en la superficie límite, ya que donadores y aceptores se mantendrían en equilibrio. En la fig.5.13se muestran ambas posibilidades [174]).

La precipitación de GaAs sobre el substrato ya limpio y reconstruido (ver sección 5.2.1) se efectúa a partir de celdas de efusión. Debido a que la presión de vapor de los elementos del tercero y quinto grupo del sistema periódico de elementos son muy diferentes, se vaporizarían los cristales de manera muy ligera e incongruente. Por esta razón se emplea una celda para cada uno de ambos componentes. Mediante la temperatura de trabajo son controlados de manera precisa los vaporizadores de Knudsen. La fuente de vaporización ajustada a un baja temperatura para As (ca. 300 °C) sirve en este caso para mantener una presión de vapor constante en la cámara de reacción. La fuente de vaporización

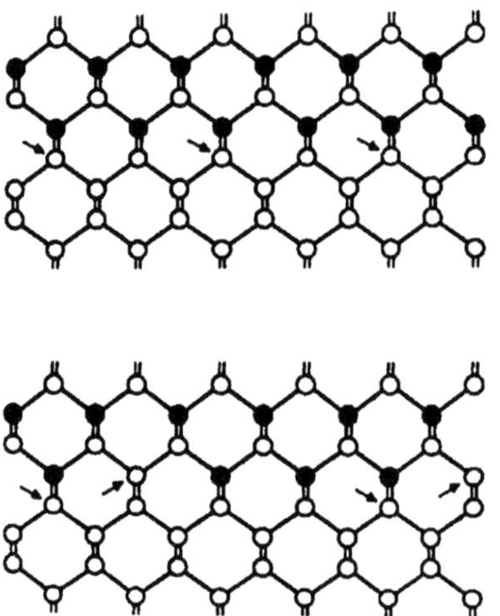

Figura 5.13: Modelos para el rearreglo atómico de la superficie límite GaAs/Si, mismos que pueden asegurar la neutralidad eléctrica en dicha interfase.

para Ga (típicamente 950 °C) será mantenida a una temperatura esencialmente mayor. Los átomos que desde esta fuente emerjan a la superficie del substrato determinan el coeficiente de condensación. La temperatura de substrato debe, finalmente, seleccionarse en un rango entre las temperaturas de ambas fuentes. Debe estar, por una parte, abajo del punto incongruente de vaporización, con lo que el compuesto GaAs puede condensarse. Por otro lado, debe ser al menos tan alta que el As residual no reaccionado sea retrovaporizado por la superficie de substrato. Ha de mencionarse todavía que durante la vaporización de Ga (y también de los otros elementos del grupo principal III) se producen exclusivamente átomos, queriendo esto decir, precisamente, que de las celdas de Knudsen salen haces de átomos. Al contrario, durante la vaporización de As (y también de los otros elementos del grupo principal V) se forman por sublimación casi exclusivamente moléculas construidas tetraédricamente (As_4) [175].

Digno de observarse es (al igual que en la epitaxia de materiales semiconductores) la problemática de la inclusión de impurezas durante el proceso de crecimiento. Suponiendo que pudieran utilizarse materiales base de alta calidad (cuya limpieza debiera ser mejor que 99.999 %), la limpieza de las capas semiconductoras en crecimiento depende decisivamente de las impurezas en el gas residual de la cámara de reacción. Especialmente el carbono tiene aquí una influencia considerable, si bien actúa en GaAs como un aceptor.

Si se debe alcanzar un crecimiento epitaxial, entonces el problema consiste en un considerable desajuste de error de la rejilla de Si y GaAs (4.1%). Por ello es recomendable aplicar sobre el substrato de Si primero una capa amortiguante (capa tampón) la cual en el caso de crecimiento epitaxial absorba, por una parte, los emergentes desplazamientos de ajuste de error y, por la otra, haga el efecto de barrera de difusión para el silicio. Esta capa intermedia puede componerse tanto de la misma sustancia a desprenderse del depósito [176]-[178] como también de una capa cristalina mixta [179], [180]. "Buffer layers" de este tipo son aplicados la mayoría de las veces a temperaturas relativamente bajas (típicamente 400 °C para GaAs) y, por tanto no están perfectamente entrecrecidas sobre el substrato. A altas temperaturas (575 °C) crece entonces la propia capa epitaxial después de que la capa amortiguante a causa de la alta temperatura del substrato se haya vuelto monocristalina por epitaxia de fase fija (crecimiento a dos pasos). Los rangos de crecimiento puestos son, para el caso de la capa amortiguante, en su mayoría significativamente bajos (0.1 a 0.4 μm/h, espesor ca. 10 nm) [181]. El crecimiento ocurre en todos los casos, al igual que en la epitaxia de GaAs sobre GaAs también con una considerable sobreoferta de As. Lo que ya se dijo respecto a la formación de límites antifase se hace manifiesto también en casi todos los casos encontrados en la literatura. A fin de suprimir su aparición en la capa epitaxial se utilizan substratos desorientados (v.g. [181], [182]).

Después del crecimiento de la capa amortiguante y de las primeras capas atómicas GaAs, puede mejorarse aún la calidad cristalina mediante tratamiento térmico. Debido a la necesidad de evitar procesos de difusión, los procesos térmicos rápidos (RTA - rapid thermal annealing) que implican p. ej. recocido a 900 °C por 10 segundos son especialmente ventajosos. La precipitación que a continuación se menciona de GaAs o capas semiconductoras ternarias $A_{III}B_V$ ($Ga_xAl_{1-x}As$, $Ga_xIn_{1-x}As$) para la fabricación de superrejillas se efectúa de la misma manera, tal como se conoce de la epitaxia sobre substratos de GaAs. Lo que es posible encontrar ya sobre substrato de Si: la gran diferencia en los coeficientes de adherencia de G_a y As, se confirma de manera muy evidente en GaAs. Con ello, el subsecuente crecimiento de GaAs se determinará en lo esencial mediante los coeficientes de los átomos emergentes sobre el substrato. Los coeficientes de adherencia para los elementos del grupo principal III son en general mayores que para el caso de los elementos del grupo principal V. Sobre los substratos de GaAs, a la temperatura de crecimiento, el coeficiente de adherencia para Ga es igual a uno (al igual que para In sobre substratos de InP- y GA sobre substratos de GaSb), lo cual significa que todo átomo emergente se adhiere. Por el contrario, el coeficiente de adherencia de As a la temperatura de crecimiento es cero. En resumidas cuentas, una determinada adherencia sólo puede lograrse a partir de que los socios de reacción del grupo principal III se encuentren ya sobre el substrato, de modo que se llegue al enlace de éstos. Por este medio el flujo de los átomos de Ga determina el coeficiente de crecimiento. La estequiometría de GaAs está garantizada, y se regula por sí misma en tanto que se dé un excedente de As. Por ende, el cristal se construirá en capas, es decir que sólo cuando una esté casi completamente terminada comenzará el crecimiento de la siguiente capa [183]

Con la epitaxia de substancias polares sobre materiales de substrato no polares se logra por una parte la deseada vinculación de las propiedades favorables para la electrónica de Si y la electrónica de capas epitaxiales de $A_{III}B_V$ sobre substratos de Si, con lo que las propiedades cristalográficas, electrónicas y ópticas de capas epitaxiales $A_{III}B_V$ sobre substratos de Si no ceden en nada a las capas crecidas sobre substratos de GaAs y también a aquellas del mismo material de volumen [184]-[186]. Mas, por otra parte, de aquí se derivan aún otras posibilidades respecto al crecimiento de semiconductores polares. Sobre GaAs pueden, por ejemplo, hacerse crecer semiconductores de compuestos de banda estrecha, tales como CdT_e, $Hg_{1-x}Cd_xTe$ ó $Cd_{1-x}Zn_xTe$. Estos cristalizan en la estructura de blenda de zinc y son utilizados en la técnica de rayos infrarrojos v.g. como sensores IR, detectores IR ó cámaras de imagen cálida, y en la técnica de comunicación óptica (cable de fibra óptica). Mediante la composición de los compuestos ternarios puede aprovecharse en este caso un rango más ancho de longitud de onda. Por ejemplo, en $Hg_{1-x}Cd_xTe$ éste asciende a 0.9 - 30 μm.

CdTe crece sobre GaAs siguiendo diferentes orientaciones, las cuales dependen de la temperatura de substrato. Resultando así, por abajo de 480 °C la orientación (100)CdTe//(100) GaAs y por encima de 580 °C la orientación (111)CdTe//(100) GaAs [187], [188].

Además de la posible integración de la técnica IR (mediante los semiconductores $A_{II}B_{VI}$), la optoelectrónica y microelectrónica de alla velocidad (mediante semiconductores $A_{III}B_V$), y la electrónica y la microelectrónicasin más (mediante Si) sobre un chip, se tiene aquí también la ventaja de costos más bajos. Los substratos CdTe normalmente utilizados para el crecimiento de materiales semiconductores $A_{II}B_V$ tienen -en comparación con GaAs- un costo 10 veces más alto [189].

La desventaja es el gran desajuste de error de rejilla de GaAs respecto a CdTe del orden de 14.6%, mismo que permite la realización de superficie límite entre ambas sustancias sólo con una alta densidad de desplazamiento. Consecuentemente, una zona relativamente amplia debe hacer las veces de una capa amortiguante gruesa. Otra posibilidad más consiste en adaptar las constantes de rejilla a través del crecimiento de una capa amortiguante adicional, compuesta de v.g. fluoruros alcalinotérreos BaF_2, SrF_2 y CaF_2 (ver también sección 5.5). Estos pueden precipitarse, sin ningún problema, como compuestos ternarios. Mediante la modificación de la composición (v.g. $Ba_xSr_{1-x}F_2$) se alcanza la deseada constante de rejilla (en este caso dicha está entre 0.620 nm para BaF_2, y 0.580 nm para BaF_2). Para ello se han de aplicar capa por capa con una composición gradualmente modificada hasta que se tenga la deseada constante de rejilla. El espesor de cada capa de igual composición debe ser seleccionada de modo que la deformación se asimile elásticamente.

Un procedimiento similar es también posible mediante la gradual modificación de la composición de $Cd_{1-x}Zn_xTe$. La primera capa sobre GaAs es ZnTe. A través de varias series de capas se mezclará Cd de manera creciente hasta que finalmente se dé origen a CdTe como estrato superior, lo cual, por otra parte, puede preparar al substrato para una rejilla $CdTe/Hg_{1-x}Cd_xTe$ [190].

5.3 Capas de metalización para la estructuración

5.3.1 Panorama general

La disminución de las dimensiones laterales ha traído consecuencias para los sistemas de circuito impreso y de contacto. En el sentido de la estructuración tridimensional esto significa el crecimiento epitaxial de capas metálicas monocristalinas sobre silicio.

En los materiales monocristalinos deben de evitarse límites de grano, con ello aumenta la resistencia a la migración y se evita a la vez una posible difusión de límites de grano (como ocurre p. ej. en Al). La tendencia a la difusión se reduce generalmente debido a la más alta energía de activación requerida para el caso en el material monocristalino. Esto puede comprobarse - entre otros - en aluminio crecido sobre silicio[191], [192].

Los siliciuros en especial, esto es compuestos de metales de transición, metales alcalinotérreos y metales de las tierras raras con silicio, son interesantes como capas de metalización y se presentan por tanto como otra alternativa. Como circuitos impresos y contactos han sido utilizados ya desde hace largo tiempo en circuitos de alta integración (a partir de 1 Mbit-dRAM), ya que además de una buena resistencia a la temperatura y a la migración muestran una mínima resistencia específica (para $TiSi_2$ asciende ésta a 10 - 25 $\mu\Omega$cm). Puesto que el siliciuro permite ser formado de manera sencilla mediante la deposición metálica sobre el substrato de Si e inmediato tratamiento térmico, adquiere éste gran importancia, sobre todo en relación con una tecnología de formación autoposicionante (siliciurización) sobre la oblea de Si [193].

Los siliciuros son también de interés especialmente en lo referente a la fabricación de capas monocristalinas de metalización, ya que algunos de estos compuestos pueden crecer epitaxialmente sobre Si. Debido a su estructura cúbica CaF_2 y a su constante de rejilla similar al silicio, resultan favorecidos $NiSi_2$ y $CoSi_2$, y ser con ello los más apropiados para el apilamiento tridimensional de elementos constructivos electrónicos [194]. Consecuentemente se derivan de aquí cuestiones físicas y conceptos de elementos constructivos de nuevo tipo. En capas muy delgadas de metalización puede realizarse un transporte balístico de portadores de carga, de modo que el empleo de una capa de este tipo como base de un transistor bipolar aumenta considerablementesu velocidad de conmutación [195]. A manera de ejemplo, en un RETT (resonant tunnel transfer triode), construido a base de una rejilla metal-aislante, utilizando efectos de resonancia, se han logrado velocidades de conmutación por abajo de un picosegundo [196]. Con ello las capas epitaxiales de metalización adquieren también importancia para su empleo como capas activas al interior de estructuras de elementos constructivos, de lo que resulta un campo de aplicación sustancialmente ampliado más allá de su función -hasta hoy- como material para circuitos impresos y contacto.

A incluir en la consideración y del mayor interés para la metalización es también el desarrollo de superconductores a alta temperatura (HTSL), empleados ya desde inicios del año 1986 [197]. Esto es especialmente válido si los circuitos impresos son tan largos que al momento de la utilización de materiales convencionales el retardamiento de la señal se agranda a consecuencia de procesos eléctricos de conducción (Retardo RC) en comparación con los tiempos de conmutación de los elementos constructivos activos.

Con el desarrollo de transistores más rápidos (v.g. HEMT's) se da este caso. En el examen de esta tendencia debe de observarse, no obstante, que el empleo de HTSL hace siempre necesario el enfriamiento a temperaturas de nitrógeno líquido (77 K). Esto, por una parte, va en contra del comportamiento de conmutación, pero demanda por otra parte de múltiples investigaciones relacionadas con la acción combinada de los distintos materiales (coeficiente de elongación térmica, estabilidad mecánica del contacto en un rango de baja temperatura, etc.).

Si en los circuitos de conmutación debieran de emplearse HTSL's, éstos tienen entonces que poderse fabricar en forma de capas delgadas acordes con su tecnología de fabricación. A ello habrá que agregar aún, tratándose de la realización de la integración tridimensional, la cuestión relativa a un posible crecimiento epitaxial sobre el correspondiente material semiconductor o aislante.

5.3.2 Metales epitaxiales sobre silicio

5.3.2.1 Selección de capas metálicas relevantes

En la selección de metales que han de servir como materiales de circuito impreso y materiales de contacto para elementos constructivos electrónicos se demanda, antes que nada, una buena conductividad eléctrica. Deben además cumplirse los requerimientos de mayor estabilidad respecto a influencias del medio ambiente (oxidación), a contaminaciones eléctricas y térmicas, así como respecto a los otros materiales de circuitos (interdifusión). En la integración tridimensional se desea adicionalmente un crecimiento epitaxial sobre substratos de Si. A partir de la totalidad de los metales, y de acuerdo con la tabla periódica de los elementos, no hay ninguno que permita una adecuación epitaxial directa (similar estructura y constante de rejilla de substrato y capa crecida) con el Si. Lo que de aquí resulta son sólo casos tales como el de un crecimiento torcido o inclinado, o bien un crecimiento mediante una disposición atómica de capa de substrato y capa epitaxial en la que un múltiplo entero de la constante de rejilla del cristal de substrato es igual a un múltiplo entero de la constante de rejilla del cristal crecido.

En la tabla 5.3 se da una visión general sobre capas metálicas crecidas sobre substratos de Si. Debe en este caso destacarse el papel desempeñado por el aluminio, el cual no sólo es interesante por su gran importancia para la microelectrónica sino que también sirve como sustancia modelo para el crecimiento epitaxial sobre silicio [198]. Dicho elemento posee la idealmente adecuada estructura cúbico-planicentrada para la rejilla diamante del silicio. Su constante de rejilla garantiza una adecuación al Si en la que en tres distancias de Si (3 x 0.5431 nm = 1.6293 nm) entran cuatro distancias de Al (4 x 0.40325 nm). Teóricamente se tiene entonces un desajuste de rejilla de 0.4%.

En la tabla 5.3 se especifica también la altura de barrera Schottky en tanto que una propiedad de la superficie límite semiconductor-metal. Ésta depende sensiblemente de los estados electrónicos de la superficie límite. Debido a la relación directa de las propiedades estructurales y electrones pueden sacarse conclusiones sobre la calidad de la heterotransición mediante la medición de la altura de la barrera de Schottky. Consecuentemente, la altura de la barrera depende también, acentuadamente, de las condiciones experimentales. Y puesto que la barrera de Schottky representa además la base física para una clase completa de elementos constructivos (diodos Schottky), su caracterización es también de gran importancia para la calidad de los elementos constructivos.

Esencial para las aplicaciones microelectrónicas lo es la alta estabilidad de migración establecida de capas epitaxiales de Al. Estructuras de prueba de 10μm de ancho se mantienen estables a una densidad de flujo de 106 Acm^{-2} con una temperatura de 250°C hasta por más de 400 horas. En comparación con ello, en muestras policristalinas aparecen ya degradaciones de capa después de pasadas 20 horas [199].

Condiciones similares resultan también para las series de capa Ag/Si y Au/Si. De cualquier manera, sólo Ag sobre Si se mantiene estable como heteroestructura a lo en una amplia gama de temperatura (exactamente del mismo modo que Al sobre Si hasta aprox. 500°C). Por el contrario, Au sobre Si tiende a la formación de un compuesto intermetálico [200], [201]. Lo mismo ocurre también para el caso de Cu sobre Si. Puede ciertamente comprobarse, en el caso de capas precipitadas gruesas, la existencia de Cu monocristalino sobre la superficie; empero, en la superficie límite se forma en todos los casos Cu_3Si_3 [202]. Por tanto, la adecuación de rejilla se efectúa a través de la formación de una capa de ligadura en el ámbito de la superficie límite; proceso de carácter esencial, especialmente en relación con la formación de siliciuros. Lo último ocurre también sobre Pd, lo que es interesante desde el punto de vista tecnológico, exclusivamente como Siliciuro Pd2Si. Otros metales, que a partir de la estructura y las constantes de rejilla se ajustarían epitaxialmente bien sobre Si (v.g. Ca-fcc a = 0.558nm, Yb-fcc a = 0.549) pertenecen igualmente a esta categoría y no han sido por tanto investigados (y en lo subsecuente tampoco lo serán debido a la falta de relevancia tecnológica) en relación con el crecimiento epitaxial de metales.

5.3.2.2. Fabricación de capas epitxiales de aluminio

Las capas de aluminio que crecen sobre substratos de Si pueden ser fabricadas de diferentes maneras. Por la tendencia a la oxidación del aluminio debe de contarse no obstante con condiciones de alto vacío, con una alta limpieza del proceso de precipitación de capa y, a efecto de evitar la interdifusión, con temperaturas de proceso mínimas; Requerimientos todos que se pueden satisfacer principalmente a partir de la utilización de MBE.

El crecimiento epitaxial puede comprobarse sobre substratos de Si de diferente orientación (en lo fundamental la orientación (100) y (111)), con lo que surgen diversas relaciones epitaxiales dependiendo de las condiciones de fabri-

metal	tipo de rejilla const.rejilla (nm)	Desajuste de rejilla (%)	Resistencia especifica ($\mu\Omega cm$)	Altura barr. de Schottky (eV)
Al	fcc 0.4032	teór.: 1.0 exp.: 17	2.7	0.75 (n-Si) 0.58 (p-Si)
Ag	fcc 0.4086	teór.: 0.3 exp.: 15	1.5	0.76 (n-Si) 0.36 (p-Si)
Au	fcc	teór.: 0.1	2.1	0.85 (n-Si) 0.27 (p-si)
Cu	fcc 0.3615	exp.: 33	1.6	0.58 (n-Si) 0.54 (p-si)
Pd	fcc 0.3890			0.81 (n-Si)

Tabla 5.3: Esquema general de capas metlicas que crecen epitaxialmente sobre silicio

cación. Especialmente la constitución y la calidad de la superficie de substrato, misma que deberá estar libre de contaminaciones y adsorbatos (en el caso de Si(111) esto se indicará mediante una reconstrucción de la superficie de (7x7), en el caso de Si(100) con una de (2x1), la que por ejemplo puede comprobarse mediante RHEED), tiene aquí una importancia fundamental.

La relación epitaxial se da, bajo condiciones de limpieza, sobre un substrato de Si(111).

$$Al\,\{111\}\;//\;Si\,\{111\}\;\text{y}\;Al<110>//Si<110>.$$

Esta orientación lleva teóricamente a la mínima posible adecuación de rejilla de sólo 0.4%. Pueden, sin embargo, encontrarse otras condiciones epitaxiales para la adecuación de Al(111) sobre Si(111), mismas que resultan de razonamientos geométricos. Estos son enumerados en la tabla 5.4 (según [203]). Han sido calculados mediante sobreposicionamiento y torsión de los enmallados de rejilla de Al y Si, los cuales forman siempre un paralelogramo. El parámetro decisivo para el examen de adecuabilidad lo es la diferencia superficial ΔA de los dos paralelogramos.

Básicamente pueden comprobarse de manera práctica orientaciones tales como:

$$Al\{111\}//Si\{111\}\;\text{y}\;Al<321>//Si<110>$$
$$Al\{111\}//Si\{111\}\;\text{y}\;Al<231>//Si<110>$$

si la precipitación se efectúa en el ultra-altovacío a una temperatura de 450°C [203].

Si, de cualquier manera, la superficie no está completamente limpia puede entonces fabricarse una superficie de Al texturizada con dos orientaciones:

Relación epitax. Al{111}//Si{111}	Superf. (nm^2)	Relación geométrica		Al/Si $\alpha(°C)$	ΔA (nm^2)
		a (nm)	b (nm)		
<123>//<110>	0.511	0.758/0.768	0.758/0.768	60.0/60.0	0.138
<211>//<213>	0.894	0.992/1.016	0.992/1.016	60.0/60.0	0.418
<341>//<123>	0.894	1.032/1.016	1.032/1.016	60.0/60.0	0.290
<110>//<110>	1.149	1.145/1.152	1.145/1.152	60.0/60.0	0.132
<743>//<451>	2.682	1.742/1.760	1.742/1.760	60.0/60.0	0.547
<134>//<123>	3.065	1.032/1.016	2.990/3.048	81.6/81.6	1.084
<123>//<110>	3.065	0.758/0.768	4.039/4.009	84.2/84.5	0.647
<134>//<123>	3.320	1.032/1.016	3.252/3.281	83.7/84.9	0.828
<583>//<211>	3.448	2.004/1.995	2.004/1.995	60.0/60.0	0.314
<743>//<145>	3.704	1.742/1.760	2.162/2.138	78.7/79.8	0.792
<134>//<123>	3.704	1.032/1.016	3.656/3.663	85.6/84.3	0.575
<123>//<110>	3.831	0.758/0.768	4.969/4.992	89.4/87.8	0.704
<473>//<145>	3.959	1.742/1.760	2.344/2.336	73.1/74.4	0.543
<134>//<123>	3.959	1.032/1.016	3.853/3.897	88.8/88.9	1.096

Tabla 5.4: Posibles relciones de adecuación para Al(111)

$$Al\{100\}//Si\{111\} \text{ y } Al<100>//Si<110>$$
$$Al\{111\}//Si\{111\} \text{ y } Al<110>//Si<110>$$

La primera orientación está girada hacia la segunda con lo que aparecen inevitablemente límites de grano. Sólo mediante un subsecuente tratamiento térmico (p. ej. recocido a 400 °C por 2 h) puede fabricarse una capa de Al ce- rrada, libre de límite de grano con sólo una relación epitaxial más (precisamente la mencionada en segundo término), con lo que la calidad cristalina (representada aquí por el ajuste de rejilla) no resiste más altos requerimientos.

Investigaciones en muestras con crecimiento sobre Si(100) han dado como resultado dos orientaciones ortogonales:

$$Al\{100\}//Si\{100\} \text{ y } Al<001>//Si<011>$$
$$Al\{110\}//Si\{110\} \text{ y } Al<110>//Si<011>$$

las cuales, al igual que en el caso de un bicristal forman un límite de grano. De cualquier manera, debe contarse aquí con un realmente alto ajuste de error de rejilla. Experimentalmente pueden obtenerse valores de 26% [204].

El crecimiento inicial de la capa epitaxial de Al resulta interesante, precisamente para poder analizar los resultados diferenciados con calidades diferentes de la superficie de substrato. Esto puede observarse directamente mediante el empleo asimismo directo de la microscopía de túnel de exploración en la cámara de crecimiento. En la precipitación de 0 a 2 monocapas Al sobre una superficie reconstruida de Si (7x7) con una temperatura de substrato de 20 °C se producen, dependiendo del espesor de capa de Al y del subsecuente tratamiento térmico (in situ, por breve tiempo hasta máx. 900°C), tres modificaciones [208]:

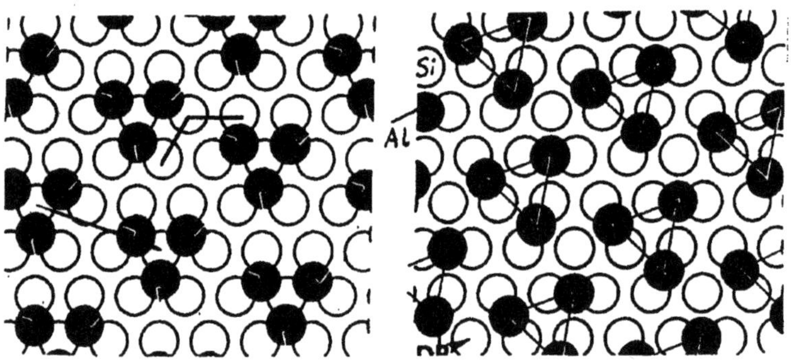

Figura 5.14: Modelo de estructuras ($\sqrt{7}$ x $\sqrt{7}$)Al y de ($\sqrt{3}$ x $\sqrt{3}$) Al sobre una superficie de Si reconstruida (7x7) (según [208])

$$Si(111) - (\sqrt{3}x\sqrt{3})R30°A$$
$$Si(111) - (\sqrt{7}x\sqrt{7})R19.1°Al$$
$$Si(111) - \quad (7x7)Al$$

La modificación ($\sqrt{7}$x$\sqrt{7}$)Al representa la distribución radial de adsorbatos de Al alrededor del átomo central de Si de la superficie Si(7x7). ($\sqrt{3}$ x $\sqrt{3}$)Al se origina por desplazamiento radial de la estructura primeramente mencionada. Ésta puede por tanto, mediante tratamiento térmico, transformarse en la estructura ($\sqrt{7}$ x $\sqrt{7}$) Al. La reconstrucción (7x7)Al se produce, contrariamente a lo anterior, al momento de la precipitación de Al sobre el substrato de Si sobrecalentado (600 - 700°C). En la fig.5.14 están representadas las dos modificaciones de superficie primeramente mencionadas.

¿Bajo qué condiciones pueden ahora realizarse mejor las capas Al epitaxiales utilizando MBE? Para contestar esto, habrá que dar un ejemplo [191]:

Como se describió en la sección 5.2.1, pueden utilizarse como substratos las usuales obleas de silicio (en el presente ejemplo con orientación (111)), mismas que habrán sido tratadas siguiendo el método allí descrito (método SHIRAKI). Con ayuda del tratamiento térmico bajo condiciones de UHV, en un instalación MBE, se intentó lograr en lo más posible la reconstrucción de la superficie de Si. Esto puede comprobarse in situ con el método RHEED sin margen de duda.

El aluminio puede evaporizarse bien a partir de una celda de Knudsen, situación en la que, para evitar la interacción química con material del crisol, éste debe estar hecho a base de nitruro de boro pirolítico. Durante la precipitación la presión del gas residual deberá ser menor a 10^{-6} Pa y el coeficiente de vaporización del orden de 1 nm/min (esto corresponde a una temperatura de celda de 870 °C a 900 °C). Los mejores resultados se obtienen, si el substrato no es sometido a calentamiento, la temperatura de substrato durante la precipitación es consiguientemente de ca. 20 °C.

A el proceso de crecimiento puede dársele un buen seguimiento auxiliándose con diagramas de RHEED. Hay que destacar que no es posible lograr capas de aluminio monocristalinas si el correspondiente pretratamiento de muestras no se ha llevado a cabo para la reconstrucción (7x7) de la superficie de Si(111). La capa precipitada sobre un substrato de tal índole es entonces policristalina. Las imágenes RHEED muestran, en un caso como este, anillos de difracción policristalinos sobre un fondo blanquecino, el cual se hace presente debido a contaminaciones de la superficie (p. ej. de la atmósfera de gas residual). Habrá que decir que tampoco un tratamiento térmico posterior permitirá la recristalización de la capa.

De otro tipo son las condiciones de la precipitación sobre la superficie reconstruida de Si. Con RHEED puede observarse como la reconstrucción (7x7) ya directamente después de la abertura del shutter desaparece, como señal de que la estructura superficial de Si reacciona sensiblemente a los cubrimientos. Después de la cubrición con 3 y hasta 4 monocapas aparecen los primeros, borrosos pero nuevos reflejos de difracción, mismos que siguen presentes hasta el fin de la precipitación. Esto es una señal de que la capa de Al se ha conformado y que crece como tal ulteriormente. Los reflejos son primero puntiformes, lo que indica que el crecimiento ocurre tridimensionalmente y que la superficie, por lo tanto, no está atómicamente lisa.

Su cualidad se mejora mediante tratamiento térmico (a 350 °C por 120 min, directamente en la instalación MBE).

En este caso se originan reflejos de las tres orientaciones igualmente válidas.

$$\text{Al}\{100\}//\text{Si}\{111\} \text{ y Al}<110>//\text{Si}<110>$$

con lo que a cada 30°se tiene como resultado una imagen RHEED idéntica, consecuencia del traslapamiento de la superficie Al(100) tetranumérica con la simetría trinumérica del Si(111).

Las mediciones RBS (iones He+ con una energía primaria de 1.7 MeV) para la investigación de la calidad del crecimiento epitaxial, misma que puede ser analizada a partir del cociente del rendimiento de retrodispersión proveniente de una inyección canalizada o aleatoria (χ_{min}-valor), son relativamente problemáticas en el sistema de Al y Si debido a que sus señales se sobreponen. A pesar de ello, en la fig.5.15 puede verse que, como una señal para crecimiento epitaxial, el rendimiento de retrodispersión de los iones inyectados en dirección canalizada es menor. La pendiente del borde de Al muestra además que la capa epitaxial posee una superficie límite afilada respecto al substrato de Si. La señal de axiones aproximadamente en el canal 170 muestra una correspondiente oxidación de la superficie, misma que es natural en el aluminio (Al conforma al aire una capa óxida protectora de 3.5 nm de espesor, la cual evita una oxidación ulterior hacia la profundidad del material).

Las investigaciones respecto a la electromigración demuestran la existencia de la alta estabilidad requerida para capas de aluminio crecidas epitaxialmente. Así, circuitos impresos de 50 μm de ancho a una densidad de corriente de 10^6Acm^{-2} han resultado estables. Sólo por arriba de 550 °C aparece la interdifusión.

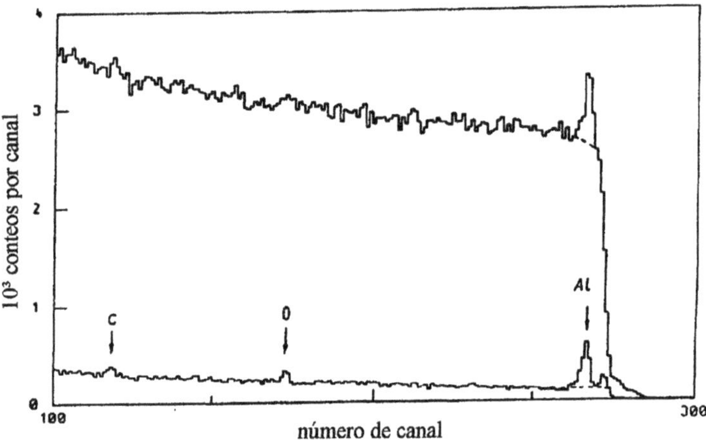

Figura 5.15: Espectro RBS de una capa de Al crecida epitaxialmente sobre Si(111)

5.3.2.3   Epitaxia de cobre sobre silicio

Con una resistencia específica de 1.6 $\mu\Omega$cm el cobre posee una destacada conductividad eléctrica y puede contemplársele como ligamento entre aquellos metales que permanecen estables sobre Si, sin reacción de cuerpo sólido (Al, por ejemplo), y aquellos que son idóneos para la formación de siliciuros (Ni y Co, por ejemplo). A partir de las constantes de rejilla de Cu (a = 0.361 nm) y Si (a = 0.5431 nm) resultaría en el caso de la epitaxia de Cu(111)//Si(111) un desajuste de rejilla de 33%, lo que excluiría prácticamente un crecimiento monocristalino. Mas debido a que para el caso de capas gruesas (alrededor de 100 nm) precipitadas sobre Si(111) se encontrará realmente cobre(111) monocristalino [217], puede partirse de la adecuación mediante la formación de una capa de aleación para superficie límite. La reacción de Cu y Si, así como las condiciones que a ello conducen son, por tanto, de gran interés, lo que se externa en múltiples publicaciones al respecto [210] - [218]. Predomina el acuerdo en el sentido de que para el caso de una precipitación sobre una superficie de Si, limpia o reconstruida, realmente se origina una capa de aleación de Cu_xSi. Esta capa proporciona evidentemente una mejor adecuación epitaxial, como es el caso de Cu sobre Si.

Las reacciones de cuerpo sólido son especialmente procesos cinéticos que son determinados por el suministro energético de los socios reactivos en la superficie de reacción. Esto quiere decir que la progresión de la reacción es determinada según la ya efectuada imagen del nuevo compuesto mediante la cinética de transporte de los socios de reacción el uno respecto al otro. Debido a que se trata típicamente de procesos de difusión, resulta de interés la temperatura de formación de la capa existente de aleación. A este respecto se tienen diferentes especificaciones, con temperaturas de cámara ([210] de hasta 300°C ([215]). No obstante, en todos los casos se establece la generación - en la superficie límite - de una capa de aleación Cu_3Si que se adecua a la rejilla. Dicha capa se muestra como la fase ortorrómbica η" - Cu_3Si con dimensiones de rejilla a=0.404 nm, b = 0.700 nm, c = 0.244 nm, la cual es conocida como fase de alta temperatura. Existen en la superficie límite las siguientes condiciones, mismas que son similares a las de la superficie límite Al/Si. Con ello se origina un sistema de tres capas.

Entre Si y Cu_3 Si resulta la relación de orientación

$$\eta\text{" - }Cu_3Si\{001\}//Si\{111\} \quad y \quad Cu_3Si <100>//Si<100>$$

y entre Cu_3Si y Cu

$$Cu\{111\}//\eta\text{" -}Cu_3Si\{100\} \quad y \quad Cu<112>//\eta\text{" -}Cu_3 Si<100>$$

En la superficie límite superior tiene lugar una adecuación de rejilla de 5%, debido a que la distancia de rejilla de tres átomos de cobre en dirección <101> (0.767 nm) corresponde aproximadamente a dos veces la distancia de rejilla de Cu_3Si. Las condiciones descritas se muestran en la fig.5.16.

Como ya se describió en la epitaxia de aluminio sobre silicio, es en la epitaxia de cobre asimismo indispensable una superficie reconstruida y por tanto libre de contaminación para el caso del substrato de Si. No ocurriendo esto, entonces tampoco un inmediato tratamiento térmico permitirá realizar capas monocristalinas. Para la precipitación de cobre es idónea una celda de Knudsen, para lo cual el cobre de alta limpieza debe ser evaporizado a partir de un crisol de grafito. Para ello dicha celda debe ser operada a temperaturas entre 1000 °C y 1150 °C. El substrato puede tener durante la precipitación la temperatura de la habitación. La presión de gas residual deberá ser en este caso menor a 5×10^{-6}. De esta manera las capas elaboradas alcanzan los mencionados resultados, con lo que las superficies límite entre las capas en particular de Si/Cu_3Si y Cu_3Si/Cu se distinguen por una transición abrupta. De cualquier manera, es problemática la alta reactividad de capas particularmente delgadasen relación con el oxígeno.

La causa en este caso no hay que buscarla en una capa no completamente cerrada, sino en el hecho de que en un caso tal, Cu_3Si es precisamente la capa superficial. Ante la presencia de oxígeno esto lleva a la formación de SiO_2. La causa de ello consiste en el enlace suave de estados electrónicos Si 3p con Cu 3d. Por el contrario, tratándose de capas más gruesas, se tiene cobre en la superficie de la capa (probablemente el proceso de difusión de los socios de reacción hacia la superficie de reacción se detiene a partir de un determinado espesor de capa, de manera similar a lo que ocurre en aluminio). De esto se deriva que los circuitos impresos de cobre se pueden formar sólo a partir de determinado espesor de capa.

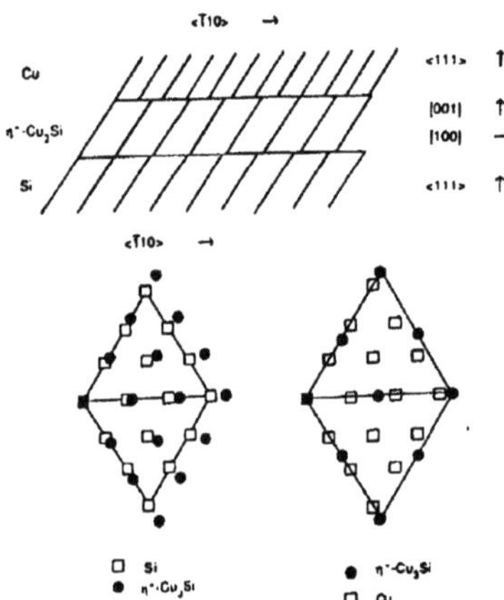

Figura 5.16: Presentación esquemática de los sistemas que se originan en la precipitación de Cu sobre Si(111) y de los órdenes atómicos resultantes en las dos superficies límite (según [217])

5.3.3 Siliciuros sobre silicio

5.3.3.1. Panorama general

De los compuestos, una gran cantidad de ellos son siliciuros, ya que éstos pueden formarse principalmente entre cada metal del sistema periódico de elementos y con ello pueden aun aparecer en cada una de las diversas fases.

Para la elaboración de siliciuros sobre substratos de Si hay una serie de posibilidades, mismas que están resumidas de manera sinóptica en la fig.5.17. En el caso de sistemas apilados tridimensionales, los que deben también estar estructurados lateralmente, son especialmente apropiadas las tecnologías con procesos de varios pasos, ya que en estas condiciones se pueden formar selectivamente pequeñas zonas superficiales. La formación de siliciuros por reacción de cuerpo sólido, en la que un componente, el silicio, sea suministrado a través del substrato, aparece aquí como particularmente sencilla y representa la base para las tecnologías de autoformación (saliciuro = self aligned silicide). De cualquier manera debe observarse que no toda fase de silicio puede formarse mediante dicha interacción de capa delgada (sin embargo, para la fase MSi_2 esto es regularmente posible [222]). Es además problemático, lograr superficies límite afiladas y homogéneas. Esto presupondría una reacción uniforme de cuerpo sólido a través de todo el substrato, lo que se da a lo sumo en el caso de capas muy delgadas [222]. Se producen empero, normalmente, fallas superficiales del substrato, especialmente impurezas de un crecimiento de capa no homogéneo. Por lo contrario, la precipitación estequiométrica de metal y Si conduce a mejores resultados, aunque resulte ciertamente más cara (dos fuentes de material deben de coincidir exactamente una sobre otra). Es ventajoso en este caso que la formación de siliciuros no presuponga un substrato más de Silicio.

De las mencionadas posibilidades de fabricación debe hacerse una distinción entre los métodos de fabricación. Debe, principalmente, lograrse la elaboración de capas mediante la evaporización física de uno o los dos componentes en alto vacío. Condiciones de limpieza, mismas que se dan mediante los métodos MO-CVD o especialmente MBE e IBCD, llevan empero a la obtención de capas de mucho mejor calidad. Particularmente la "template layer technique", en la que el metal es aplicado como monocapa y el siliciuro puede formarse ya a temperatura ambiente [223], hace necesario un método como el de la MBE.

La utilización de siliciuros como material de circuito impreso y material de contacto reduce empero, significativamente, la multiplicidad de los posibles compuestos. Respecto a su empleo pueden inferirse los siguientes criterios:

- mínima resistencia específica

- posibilidad de fabricar capas delgadas

- formación no complicada de siliciuros

- mínimo consumo de Si, si hay formación de siliciuros por reacción de los

  materiales aplicados con el substrato de Si

- estabilidad química del siliciuro

- estabilidad térmica del siliciuro

- estabilidad eléctrica del siliciuro (resistencia a la migración)

- ausencia de formación lateral de siliciuros

- existencia de un proceso selectivo de ataque, de metal aplicado no reaccionado

  respecto del siliciuro formado

- superficies límite lisas entre el siliciuro y el Si

- compatibilidad con todo el proceso tecnológico

Es difícil investigar la exactitud de los mencionados criterios para cada siliciuro en particular. En la tabla 5.5 están indicados los siliciuros que pueden clasificarse como tecnológicamente importantes a partir de amplia variedad de publicaciones. En una serie de compuestos se da preponderancia a las aplicaciones especiales.

Habrá que mencionar aquí los siliciuros a partir de metales de tierras raras (RSi_2, siendo R = La, Ce, Gd, Dy, Ho, Er, y Tm), los cuales poseen sobre

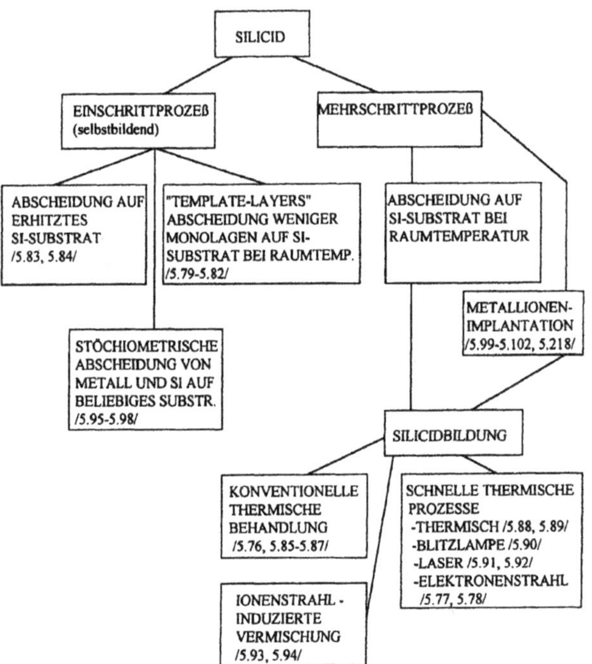

Figura 5.17: Cuadro sinóptico sobre las posibilidades tecnológicas para la fabricación de siliciuros epitaxiales (con ejemplos de la bibliografía).

Siliciuro	Temperatura de formación	Resistencia específica	Barrera de Schottky	α $\left(10^{-6}K^{-1}\right)$
$NiSi_2$	750	$40-60$	$0.65(A)$ $0.79(B)$	9.0
$CoSi_2$	700	$10-20$	0.64	9.4
$Pd_2\,Si$	250	$30-35$	0.75	15.5
$PtSi$	750	$28-35$	0.88	14.0
$CaSi_2$	400	100		
$Cu_3\,Si$	20		0.55	14.6
$TiSi_2$	$500-600$	$10-25$	0.60	10.5
WSi_2	650	70	0.65	7.8
$MoSi_2$	525	90	0,55	9,0
TaS_2	650	35-55	0,59	8.9
$CrSi_2$	450	600	0.57	12.9
VSi_2	600	$50-55$	0.54	11.2
$V_3\,Si$	400	*supral.* $T<17K$		1.5
$NbSi_2$	650	50	0.62	8.6
$ZrSi_2$	700	$35-40$	0.55	8.6
$HfSi_2$	550		0.53	8.6
$IrSi_3$	1000	460	0.94	
$MnSi_2$	800		0.72	
$Mn_4\,Si_7$	400	>1000		
$RhSi$	300		0.69	
$GdSi_2$	350	110	0.39	
$ErSi_2$	450	34	0.28	
YSi_2		48		7.8
$ReSi_2$	650	7000		
$LaSi_2$	350			7.8

Tabla 5.5: Cuadro general relativo a los siliciuros que crecen sobre Si(siliciuros que crecen epitaxialmente en superficie grande; siliciuros quecrecen epitaxialmente de manere localizada con especificación de la expansión de su tamano de grano). La especificada orientación de sustrato de Si corresponde a las especificciones tomadas de la literatura sobre el tema. Las referencias bibliográficas mencionadas son en este caso ejemplos

Planos de rejilla	Condición epitaxial	Superficie de celda (nm^2)	Desajuste de rejilla (%)
$Ni_5 Si_2\{111\}//Si\{111\}$	$<110>//<121>$	0.39	0.3
$NiSi_2\{111\}//Si\{111\}$	$<110>//<110>$	0.13	0.4
$NiSi_2\{100\}//Si\{100\}$	$<011>//<011>$	0.15	0.4
$NiSi_2\{110\}//Si\{110\}$	$<110>//<110>$	0.21	0.4
$NiSi_2\{511\}//Si\{111\}$	$<011>//<011>$	0.38	0.4
$NiSi_2\{221\}//Si\{100\}$	$<110>//<011>$	0.44	0.4
$Y_3 Si_5\{001\}//Si\{111\}$	$<110>//<110>$	0.13	0.1
$RuSi\{111\}//Si\{111\}$	$<101>//<121>$	0.38	0.0
$V_3 Si\{111\}//Si\{111\}$	$<101>//<121>$	0.39	0.4

Tabla 5.6: Siliciuros crecimiento epitaxial teórico con un desajuste de rejilla menor a 0.5

n-Si una baja barrera de Schottky (0.35-0.40 eV) y de ese modo pueden ser atractivas para su empleo en elementos constructivos infrarrojos [248], [249]. Algunos siliciuros como $FeSi_2$, $CrSi_2$, Mn_4Si_7[250], [251] son semiconductores y, por lo tanto, inapropiados para la metalización. Como material de circuito impreso y de contacto $TiSi_2$, $MoSi_2$, WSi_2, $TaSi_2$, $CoSi_2$, Pd_2Si y $PtSi$ satisfacen ampliamente los criterios arriba mencionados.

Debido a que la metalización - en el sentido de la integración tridimensional - debe efectuarse de forma monocristalina, de la exigencia de un crecimiento epitaxial sobre silicio se derivan otras limitaciones. Éstas son antes que nada sólo de naturaleza teórica, ya que mediante las inclinaciones y torsiones de las rejillas entre sí resultan una serie de posibilidades de combinación para la superficie límite siliciuro/Si con mínimo ajuste de error de rejilla. Presuponiendo, como condición epitaxial, que el ajuste de error de rejilla deba ser menor a 0.5% y la superficie de la celda unitaria para ambas rejillas menor a 0.5 nm^2, resultarán entonces teóricamente nueve siliciuros epitaxiales, mismos que se enumeran en la tabla 5.6 [252].

Si los criterios desajuste de rejilla y superficie de la celda unitaria se formulan de manera menos exacta, se amplía entonces el número de posibilidades. Con un ajuste de error <2% y una magnitud de celda <0.8 nm^2 pueden ya obtenerse 51 combinaciones. Todas estas consideraciones son empero tan sólo de naturaleza geométrica. Éstas no incluyen factores tan influyentes como las condiciones químicas de enlace en la superficie límite, la continuación o no continuación de cadenas atómicas, la expansión térmica de siliciuro y substrato de Si, así como la calidad real del substrato. Por ello no es de extrañarse que para el caso de los siliciuros enumerados en la tabla 5.6 Ni_5Si_2, Y_3Si_5 y Rusi no se haya comprobado ninguna epitaxia. Lo mismo puede aplicarse al $NiSi_2$ (sobre Si(111) y Si(100)) a partir de la tabla 5.6 con una mayor superficie de celda ($NiSi_2$(511) y $NiSi_2$(221)). En este caso se hace evidente un perjuicio de índole energética. Contrario a esto, la epitaxia se realiza con siliciuros que no aparecen en absoluto entre los 51 mencionados, como es el caso de, por ejemplo, Pt_2Si(100) sobre

Si811) con un ajuste de falla de rejilla de 2.4% o PtSi(001) sobre Si(110) con un ajuste de error de rejilla de 3% [155]. Resumiendo, puede derivarse de la literatura que a partir de los siliciuros interesantes como materiales de circuito impreso o de contacto sólo crecen $NiSi_2$, $CoSi_2$, Pd_2Si, PtSi y $CaSi_2$ en gran superficie, epitaxial y homogéneamente, pudiendo así ser considerados para la integración tridimensional.

Investigaciones respecto al apilamiento en un sistema semiconductor/capa de metalización/semiconductor o semiconductor/capa de metalización/aislante existen, por otra parte, sólo para $NiSi_2$ y $CoSi_2$ [253] - [257], mismos que poseen estructura cúbica CaF_2. Ambos siliciuros pueden, por lo tanto, ser contemplados como sustancias modelo para sistemas apilados tridimensionalmente. Lo problemático para la fabricación de tales estructuras es sin embargo el hecho de que los dos siliciuros se forman por difusión del átomo metálico en el Si. Con ello se tienen límites para el tratamiento térmico /5.111/ si sobre la capa de siliciuro ha de crecerse Si. En la literatura se describen buenos resultados en el sistema $Si/NiSi_2/Si$ tanto sobre Si(111) como sobre Si(100) [257]. La topografía de superficie límite muestra una unión lisa y sin defectos y una muy buena epitaxia después de un tratamiento térmico a 400 - 500°C. Comparativamente, en el sistema $Si/CoSi_2/Si$ se tienen problemas debido a un mayor ajuste de error de rejilla. Además, la superficie $CoSi_2$ tiende a la formación de burbujas ocluidas [258]. Esto conduce a una superficie $CoSi_2/Si$ dispareja. De cualquier manera, las propiedades electrónicas del sistema son mejores, esto debido a la mínima resistencia específica de $CoSi_2$, especialmente en relación con su aplicación en la electrónica de alta velocidad.

Para el caso de los otros siliciuros de crecimiento epitaxial de gran superficie: PtSi, Pd_2Si y $CaSi_2$ no existe - respecto a la formación al interior de heteroestructuras dobles o múltiples - ningún resultado de investigación. Particularmente en el caso de PtSi, éste debiera de evitarse el gran ajuste de error de rejilla, el cual limita un crecimiento epitaxial de gran superficie mayor a 30 nm. Los otros siliciuros mencionados en la tabla 5.6 crecen epitaxialmente sólo de manera localizada, lo que quiere decir que aparecen zonas monocristalinas con una superficie de un orden de magnitud de sólo algunos μm^2. A pesar de ello se puede asumir que puedan ser utilizados debido a determinadas propiedades de material (entre ellas las propiedades semiconductoras de $CrSi_2$ y $FeSi_2$) en sistemas apilados. Por ello, en las secciones 5.3.3.8 y 5.3.3.9 se hablará aún más en detalle sobre algunos importantes representantes del grupo de los metales de alta fusión.

5.3.3.2 Capas epitaxiales $NiSi_2$

En cuanto a un apilamiento tridimensional $NiSi_2$ puede ser catalogado como sustancia modelo. Consecuentemente, existen respecto a este sistema una gran cantidad de resultados publicados.

Al contrario de lo que ocurre con los metales epitaxiales como el Al, el crecimiento de $NiSi_2$ sí se efectúa mediante una reacción de cuerpo sólido de Ni con Si (presuponiendo que éste no se precipitará en lo subsecuente como

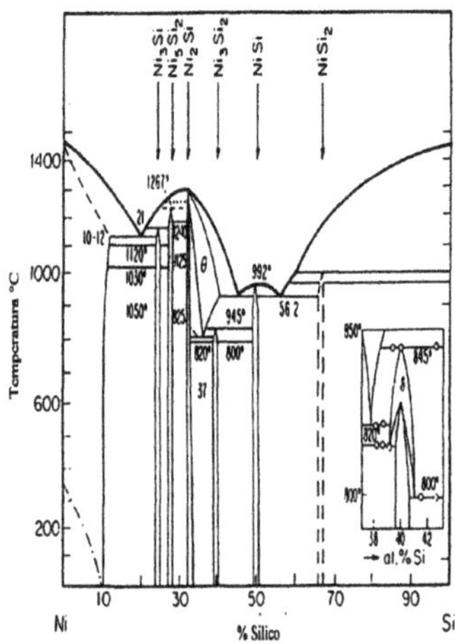

Figura 5.18: Diagrama de fase del sistema Ni-Si (según [259])

compuesto). De acuerdo con el diagrama de fase mostrado en la fig.5.18 [259] se hacen presentes $NiSi_2$, $NiSi$, Ni_2Si y β_3 - Ni_3Si como fases estables. Las otras fases son metaestables y se disocian a determinadas temperaturas en las modificaciones estables (γNi_5Si_2 se disocia a T>1125 °C en β_2 - Ni_3Si y en β_3 - Ni_3Si; Ni_3Si_2 se transforma a T>964 °C en Ni_2Si y $NiSi$).

Si por reacción de cuerpo sólido se llega a formar una capa Ni-Si después de la precipitación de Ni sobre Si, deberá entonces de ponerse atención en que además de la fuerza propulsiva termodinámica (la entalpía formativa libre del producto de reacción de ser menor que la del material primario), hay procesos de difusión que determinan la cinética de formación. Esto se expresa entre otras maneras en el hecho de que al crecimiento de la fase Ni_2 Si y la fase $NiSi$ es suficiente como función del tiempo de recocido de una dependencia de $t^{1/2}$. Consecuentemente resultan también diferencias en las fases Ni-Si a observar, si la cantidad de los materiales primarios disponibles es distinta. En el recocido de capas gruesas de Ni sobre substrato de Si (d_{Ni}>5μm) pueden por ello comprobarse varias capas de siliciuro. De esa manera se hacen presentes, en un rango de temperatura de 750 a 800 °C además de $NiSi$ y $NiSi_2$ también Ni_2Si_2 y Ni_5Si_2 [221], [261]. Contrario a ello, en este mismo rango de temperatura pueden formarse -con un espesor comparativamente menor de la capa primaria de Ni (dNi=1/um) además de $NiSi$ y $NiSi_2$ también una fase de Ni_3Si.

Si por lo contrario, el espesor de la capa de Ni es pequeña, se forma entonces la secuencia de fase Ni_2Si —> $NiSi$ —> $NiSi_2$ [260]. La fase siguiente más próxima se formará entonces sólo si la correspondiente fase anterior está completa. La condición previa para formación de la respectiva fase es naturalmente que las

Fase	Ni_2Si	NiSi	$NiSi_2$
Masa molar	145.51	86.80	144.88
Densidad/gcm^{-3}	7.23	5.86	4.84
Tipo de rejilla	ortorrómbica	ortorrómbica	cúbica
	$C23(PbCl_2)$	$B31(MnP)$	$C1(CaF_2)$
Moléculas/celda element.	4	4	4
Const. rejilla			
a/nm	0.703	0.562	0.541
b/nm	0.499	0.518	
c/nm	0.372	0.334	
Temperatura de fusión/$^\circ C$	1290	992	1025
Energía libre de formación $\Delta F/kJmol^{-1}$ en el			
rango de temperatura: 20 - 870 $^\circ C$	148.6	81.2	85.8
870 - 1070°C	140.0	140.0	
Energía de activación para formación de fase/eV	1.5	1.4	2.0

Tabla 5.7: Propiedades de las fases más importantes del sistema Ni-Si

temperaturas y los tiempos de recocido requeridos se alcancen. En la tabla 5.7 (segun [193], [224], [260], [262]) se enumeran algunas especificaciones esenciales para las tres mencionadas fases de siliciuro.

Como mecanismos predominantes de transporte en la formación de Ni-siliciuro deben observarse difusiones de entrerrejilla y de vacante [263] con lo que Ni aparece como el más móvil y por tanto como el socio determinante de la cinética de formación. Sin olvidar, además, que la formación de siliciuros depende de la orientación. De ese modo el crecimiento sobre Si(111) ocurre más despacio que sobre Si(110). También la energía de activación depende de la orientación. Por ello, la temperatura de transformación en la transición de Ni_2Si a NiSi sobre substratos de Si(111) es menor que sobre Si(100) [264].

La formación de Ni-siliciuro en tratamiento térmico convencional puede resumirse como dependiente de la oferta de material de acuerdo con la sección 5.19 (según [260]). En cada caso Ni_2Si es la primera fase formada. Debido a que en la superficie límite se produce siempre Si/Ni, la subsecuente formación de fase es determinada por la difusión de Ni hacia la superficie de reacción, lo que explica la ya mencionada dependencia t1/2 (es decir el espesor de la capa formada aumenta con la raíz cuadrada del tiempo a una determinada temperatura) del comportamiento de crecimiento respecto a Ni_2Si y NiSi. Caso contrario es el del $NiSi_2$, que no se forma en función de esta dependencia. Se observa una repentina formación de esta fase, en correspondencia con un mecanismo de germinación

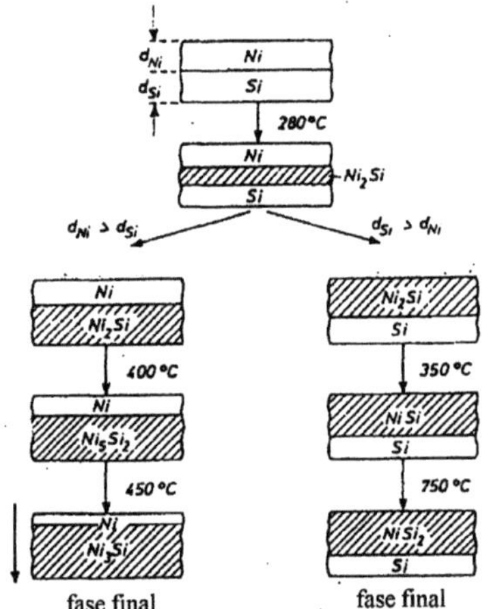

Figura 5.19: Secuencia de formación de fase del sistema Ni-Si dependiendo de la oferta de material primario (según [260]) con tratamiento térmico convencional

[221] [260]. Visto en conjunto, de 1 nm Ni se forma, utilizando 3.65 nm Si, una capa de $NiSi_2$ de 3.63 nm de espesor.

Las desviaciones de las secuencias de fase mencionadas pueden tener las siguientes causas:

- Formación bajo tratamiento térmico no convencional (recocido por breve tiempo, radiación láser o de electrones) [235], [236], [265], [267],

- Precipitación de sólo pocas monocapas Ni sobre substrato Si reconstruido, con lo que ya a temperatura ambiente se forma $NiSi_2$ epitaxial (template layers) [224], [225],

- Contacto de NiSi ó $NiSi_2$ con Ni libre [260],

- Impurezas que pueden impedir o incluso bloquear la difusión Ni y con ello la formación de siliciuros [266].

De especial interés son ahora las propiedades del Ni-siliciuro monocristalino sobre substratos de Si, con lo que, sin dejar de reparar en el hecho de que el crecimiento epitaxial sobre Si también fue comprobado en el caso de Ni_2Si [268], la fase $NiSi_2$ está en el punto medio. Ya que para el caso de todas las capas que crecen epitaxialmente la superficie límite (111) es en general la más estable, se han publicado también el mayor número de resultados referentes al crecimiento sobre substratos (111). Como resultado de ello se tiene la siguiente relación de orientación:

$$NiSi_2\{111\}//Si\{111\} \quad y \quad NiSi_2<110>//Si<110>$$

misma que también fue incluida en la tabla 5.6 (p. ej. [224], [252]). La fig.5.20 muestra al respecto el espectro RBS de una muestra, en la cual sobre una superficie de Si(111) reconstruida (7x7) ha sido precipitada una capa de Ni de 12 nm de espesor en UHV (10^{-7} Pa). La temperatura de substrato ascendió a 20 °C. Después de un tratamiento térmico de 20 minutos con temperaturas de alrededor de 820 °C se forma $NiSi_2$ epitaxial. La medición de RBS muestra claramente las diferencias en el rendimiento de retrodispersión de un espectro al azar y uno alineado. A partir de la comparación de ambas curvas resulta un valor cmin de 6%, lo que habla de una alta calidad de la capa epitaxial $NiSi_2$.

Sobre substratos de Si(111) y debido a las diferentes propiedades de simetría (grupo espacial Fm3m para $NiSi_2$ y Fd3m para Si), existen actualmente dos posibilidades de crecimiento, las cuales están subdivididas en A-$NiSi_2$ y B-$NiSi_2$. Como se desprende de la fig.5.21, el tipo A sigue creciendo en la dirección $<110>$ del substrato de Si, mientras que el tipo B a este respecto está girado en 180°[269] (la dirección $<110>$ del $NiSi_2$ está paralela a la dirección $<114>$ del Si). Los modelos mostrados presuponen para la superficie límite una coordinación séptuple de los átomos de Ni, mientras que la coordinación tetraédrica del Si se mantiene. A este respecto existen en la literatura sobre el tema desde luego informaciones de distinta índole. Además de la coordinación Ni séptuple [269]- [273] se informa también sobre la coordinación Ni quíntuple [274], en la superficie límite. Esto correspondería entonces al modelo para $CoSi_2$ que también se muestra en la fig.5.21(c).

El crecimiento en forma de tipo A ó tipo B depende en este caso de la capa de Ni precipitada, según puede derivarse de diferentes investigaciones (p. ej. de TUNG o BENNET [224]–[226], [275]). Si haciendo uso de MBE (p$<10^{-8}$Pa) se aplican 1-20 monocapas Ni, y éstas son a continuación recocidas a 520°C, entonces puede efectuarse *in situ* la formación de $NiSi_2$ utilizando p. ej. LEED.

La fig.5.21 muestra el resultado de tales investigaciones. En primer término, después de una precipitación de 0.1-0.5 nm de Ni se produce B-$NiSi_2$. De allí se concluye que la energía libre de formación en la superficie límite B- $NiSi_2$/Si(111) es mínima respecto a A- $NiSi_2$/Si(111), por lo que se le prefiere. La siguiente vacante en el crecimiento de $NiSi_2$ (entre 0.5 y 0.8 nm) es fundamentada con la morfología de la capa de Ni. A partir de 1.0 se muestra una mezcla de tipo A y tipo B. El siguiente crecimiento excluyente tipo A - habiendo una precipitación más de Ni - se explica por el hecho de que la superficie de reacción (es decir Si/ $NiSi_2$) se aleja en forma creciente de la superficie límite $NiSi_2$/Ni, de la cual debe de venir el Ni. Debido a que la formación de siliciuro está determinada por procesos de difusión, domina ahora la influencia de la cinética de reacción. La renovada formación de una mezcla $NiSi_2$ tipo A y tipo B tiene lugar si el espesor de capa es mayor que la de una especificada para una correspondiente temperatura. Pueden esperarse entre otras condiciones experimentales (régimen de recocido), también otras circunstancias de crecimiento.

De ese modo se forma por ejemplo exclusivamente B- $NiSi_2$ después de la precipitación estequiométrica de Ni y Si, ya que ambos elementos están suficiente

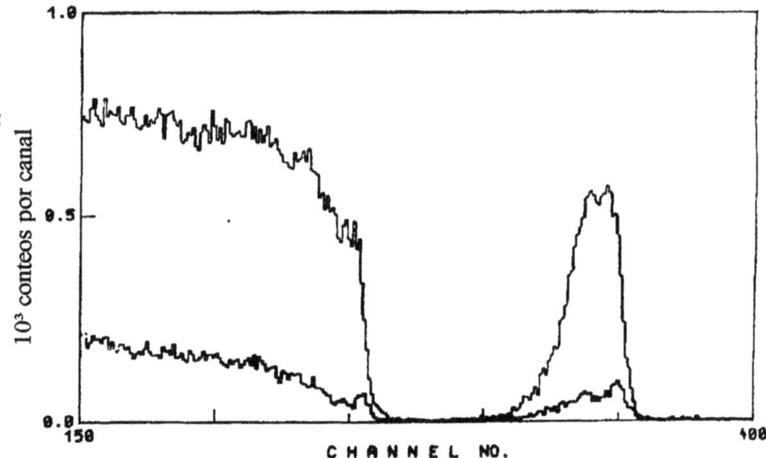

Figura 5.20: Espectro RBS del sistema de capas Si(111)/NiSi$_2$, producido después de un tratamiento térmico (20 min a 820 °C) de una capa de Ni de 12 nm de espesor precipitada sobre Si(111) (medido con iones de 1.7 MeV He$^+$, ángulo dedetector de 70°).

disponibles de acuerdo con las condiciones de vaporización, con lo que la cinética de reacción tiene poca influencia [276].

A través de las diferentes fases de crecimiento resultan también diferentes ajustes de rejilla respecto al substrato de Si, lo que puede comprobarse v.g. mediante TEM [241]. En sentido opuesto a las conocidas constantes de rejilla para NiSi$_2$ de a $=$ 0.5407 nm se tiene a $=$ 0.5422 nm para A- NiSi$_2$/Si(111) y a$=$0.5425 nm para B- NiSi$_2$. De esto se consigue un misfit de 0.19 % y de 0.11% , respectivamente (todas las especificaciones a temperatura ambiente) Siliciuro de Ni puede formarse a temperatura ambiente si sólo una monocapa de Ni es la que se aplica sobre el substrato de Si. La composición de la capa en proceso de generación está bajo discusión. Por una parte encontramos que NiSi$_2$ se origina inmediatamente, lo que representa una divergencia de la secuencia de fase dada al inicio de esta sección [224], [276]. Por otra parte y en sentido contrario, se ha comprobado la existencia de NiSi$_2$ como fase inicial, v.g. en [270]. La explicación al respecto proviene, después de amplias investigaciones, de un diagrama de fase desarrollado a partir de una dependencia del espesor de la capa de Ni [226], [275], lo cual se muestra en la fig.5.23 y está en correspondencia con los resultados publicados por diversos autores.

La formación de siliciuros a partir de capas extremadamente delgadas constituye la base de la tecnología "template layer" ([226]). Mediante sucesiva precipitación y recocido pueden por tanto formarse también capas gruesas muy

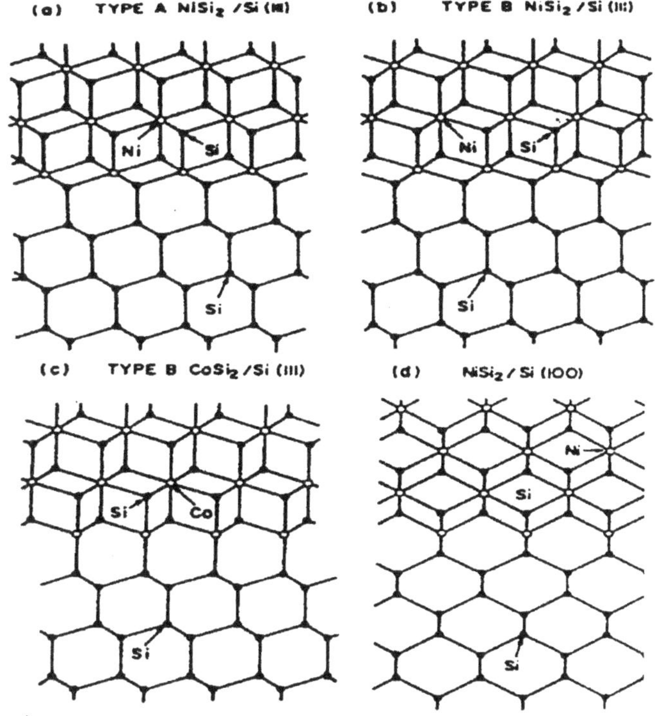

Figura 5.21: Modelo de superficie límite siliciuro/Si con cista en dirección <110> (según [280])

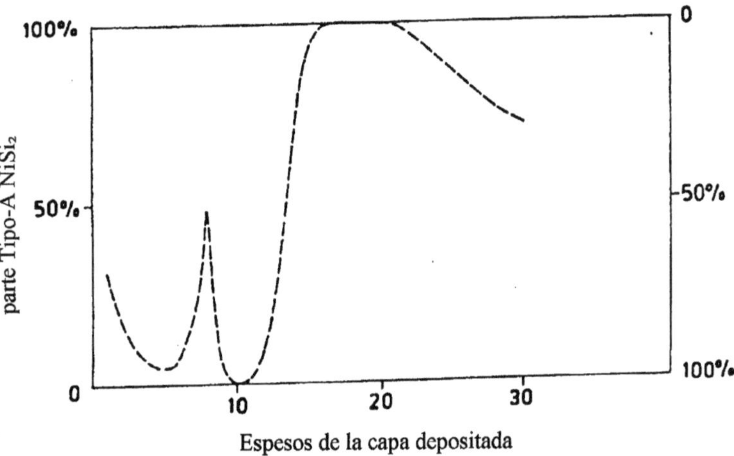

Figura 5.22: Modelo de superficie límite siliciuro/Si con cista en dirección <110> (según [280])

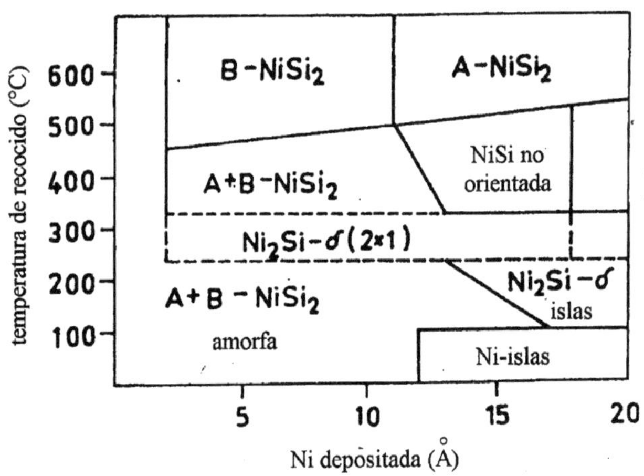

Figura 5.23: Diagrama de fase en la formación de siliciuro de Ni como función de la capa de Ni aplicada (según [226])

por abajo de las temperaturas conocidas de formación (ver tabla 5.7), que es precisamente lo que se requiere en la microelectrónica. Una explicación para este fenómeno es que la mínima energía requerida de deformación de rejilla - lo cual tiene como causa una buena adecuación de rejilla - da lugar a una disminución de la temperatura de formación cuando se trata de capas muy delgadas [277].

Habrá que mencionar también que $NiSi_2$, de acuerdo con la tabla 5.5 y la tabla 5.6, puede formarse sobre diversas orientaciones de substrato. Así, son conocidos los resultados referentes a epitaxia sobre $Si(100)$[235], [278] y $Si(001)$[279]. En la tabla 5.6 se enumeran las correspondientes orientaciones del caso. Los parámetros de fabricación para tales capas son equivalentes a las de $Si(111)$. Más, contrario a ello, sólo existe una posibilidad de crecimiento, tal como se muestra en la figura 5.20 d. El átomo de Ni está en este caso coordinado de manera séxtuple hacia la superficie límite.

Las propiedades eléctricas resultan de interés práctico para cuando se trata de capas de metalización. Tal como también se deduce de la tabla 5.5, $NiSi_2$ posee una resistencia específica de 40-60 $\mu\Omega$cm a temperatura ambiente. En un rango de temperatura menor baja la resistencia hasta 22 $\mu\Omega$cm (a 40 K) [280]. Como elemento comparativo debe tomarse la resistencia específica de muestras policristalinas [281]. Ésta es de 25 $\mu\Omega$cm para Ni_2Si, 15$\mu\Omega$cm para $NiSi$, 60$\mu\Omega$cm para $NiSi_2$ y 70 $\mu\Omega$cm para Ni_3Si_2, La fig. 5.24 muestra el comportamiento de la resistencia específica en dependencia de la temperatura, medida en muestras delgadas de $B-NiSi_2$ [280]. Del transporte de portadores de carga son responsables en este caso principalmente los electrones defectuosos, lo cual ha sido determinado a partir de las mediciones de Hall. La concentración de portadores de carga es de 2 x 10^{22} cm^{-3}, siendo la movilidad de Hall de 9 x 10^{-4}m^2/Vs a 40 K.

Una importante propiedad de superficie límite en transiciones metal-semiconductor lo es la barrera de Schottky. Ésta depende sensiblemente de estados superficiales electrónicos, de modo que a partir de su medición pueden sacarse conclusiones sobre la calidad de la transición. Esto puede aclararse analizando la estructura de muestras de $NiSi_2$ de diferente grado de perfección mediante imágenes transversales TEM y comparándola con valores para la altura de barrera de Schottky, obtenidas a partir de mediciones I-V y C-V [283]. Partiendo de la gran variedad de publicaciones [278], [282] - [285], [364] puede llegarse a las siguientes conclusiones:

- La altura de barrera Schottky de $A-NiSi_2$ y $B-NiSi_2$ sobre $Si(111)$ se diferencian en 140 meV. Los valores reales son:

  $A-NiSi_2$/n-$Si(111)$: 0.65 eV
  $B-NiSi_2$/n-$Si(111)$: 0.79 eV
  $A-NiSi_2$/p-$Si(111)$: 0.48 eV
  $A-NiSi_2$/p-$Si(111)$: 0.34 eV

- Mediante la suma de las alturas de barrera de un tipo de crecimiento sobre material n y material p se obtiene la energía de distancia de banda del Si.

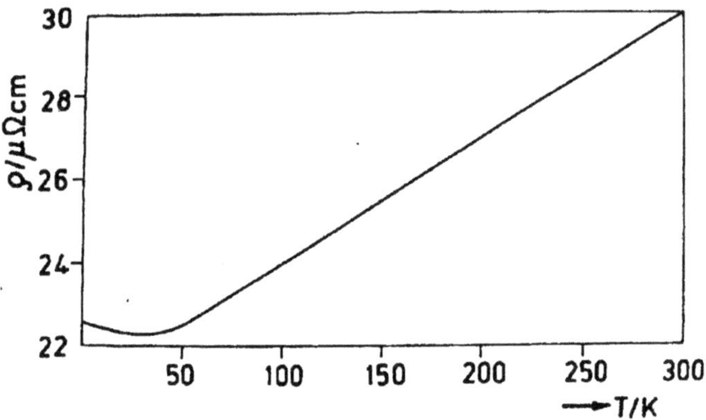

Figura 5.24: Resistencia específica de B-NiSi$_2$ como función de la temperatura (según [280])

- Debido a que la calidad de superficie límite influye sobre la altura de la barrera, no ha de esperarse hallar en la literatura del tema valores unitarios al respecto. La dependencia de la orientación cristalina es como sigue:

NiSi$_2$/n-Si(100): 0.48 eV
NiSi$_2$/n-Si(110): 0.65 eV

- Si en una superficie límite A-NiSi$_2$ y B-NiSi$_2$ se hallan mezclados, aparece entonces el valor para la altura de la barrera de Schottky como promediación de ambos tipos:

A/B-NiSi$_2$/n-Si(111): 0.71 - 0.77 eV.

Esta promediación se presenta también, especialmente, en el caso de muestras policristalinas [278].

A partir de la mediciones C-V para la determinación de la altura de la barrera de Schottky puede tenerse información sobre la estructura electrónica en la superficie límite semiconductor-metal. Para la superficie límite NiSi$_2$/n-(111)Si resulta entonces un modelo correspondiente al de la fig.5.25 [286], en el que ha de hallarse una zona estrecha de estados no ocupados en la unión metal-semiconductor.

La elaboración de una capa epitaxial de NiSi$_2$ con MBE se ve más favorecida si se hace sobre un substrato reconstruido. Especialmente, ésta puede formarse después de la adsorción de sólo una a dos monocapas, esto ya a partir de una temperatura de substrato de aprox. 20 °C. Para el efecto se emplean normalmente vaporizadores de haz de electrones. No obstante, Ni puede vaporizarse

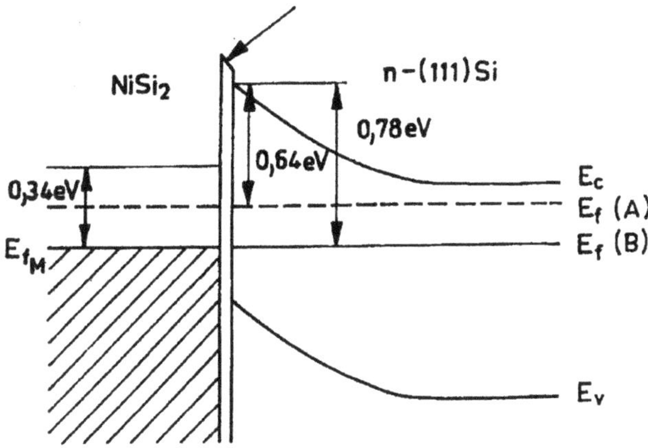

Figura 5.25: Modelo de la barrera de Schottky NiSi$_2$/n-(111)Si (según [286])

también a partir de una celda de Knudsen (utilizando un calentamiento por choque electrónico). A una presión base de 10^{-8} Pa y con una potencia de calentamiento de alrededor de 100 W pueden lograrse coeficientes de precipitación del orden de 0.2 nm/min. Resulta aquí ventajosa la precipitación sobre el substrato no calentado (es decir 20 °C) y el subsecuente tratamiento térmico a 820 °C. Esto conduce a la producción de capas de NiSi$_2$ monocristalinas perfectas.

5.3.3.3 Capas epitaxiales de CoSi$_2$

CoSi$_2$ es en cuanto a estructura y en cuanto a muchas de sus propiedades en gran medida similar a NiSi$_2$. Debido a que posee igualmente la estructura cúbica CaF$_2$, bajo condiciones similares crece también epitaxialmente sobre substratos de Si diferentemente orientados. La cinética de formación de siliciuros

se determina en esta caso también mediante los procesos de difusión. A partir de una capa de un grosor de 1 nm se forma - utilizando 3.59 nm de Si - una capa de CoSi$_2$ de 3.59 nm de espesor. Debido a que el cobalto se difunde más rápidamente en silicio, que viceversa, no es posible entonces la formación de siliciuros sobre SiO$_2$ (en este caso no se produciría naturalmente ningún CoSi$_2$ monocristalino), siendo ésta una circunstancia que puede utilizarse tecnológicamente en forma de una formación selectiva de siliciuros (saliciurización).

Al contrario de NiSi$_2$, CoSi$_2$ crece sobre Si(111) exclusivamente en la orientación B (según fig.5.21b) [287]. Éste se produce, ya a partir de la temperatura ambiente, en forma de clusters de B-CoSi$_2$ [288], después de la precipitación de unos pocos angstroms de Co sobre el substrato. De aquí se concluye que la energía libre en la superficie límite B-CoSi$_2$/Si(111) es, respecto a   A-

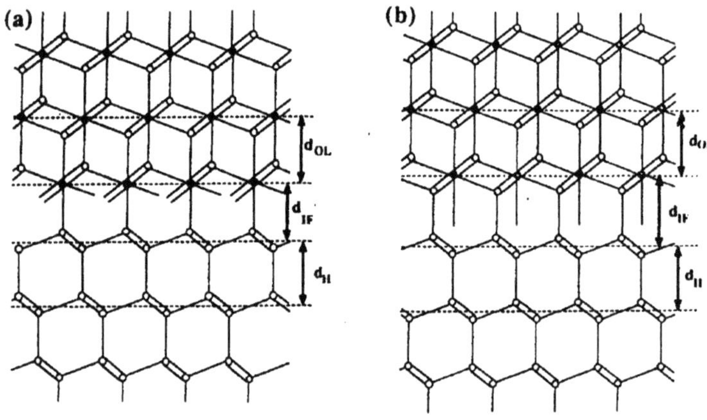

Figura 5.26: Modelo de superficie límite B-$CoSi_2$/(111)Si. Se indica una coordinación quíntuple (a) y una coordinación séptuple de Co en la superficie límite (según [290]).

$CoSi_2$/Si(111), independiente de las condiciones de formación.

Si el proceso de crecimiento de $CoSi_2$ se efectúa sobre substratos de orientación (100), (001) y (110), se tiene entonces como única posibilidad de crecimiento la situación mostrada en la fig.5.21 d para $NiSi_2$.

Existen distintas concepciones respecto a la estructura de la superficie límite. Debido a la gran similitud con $NiSi_2$ distintos autores concluyen que la allí indicada coordinación séptuple del átomo de Ni es obtenida a partir de Co en la superficie límite $CoSi_2$/Si(111). Otras publicaciones [289] indican, por lo contrario, una coordinación quíntuple de superficie límite. En el caso de una coordinación quíntuple resultan para el átomo de Co tres formaciones colgantes, siendo la distancia superficial de 0.274 nm. En la coordinación séptuple de Co - por lo contrario - se desaturan en cada caso 2 formaciones colgantes, debido a que se halla intercalado un nivel adicional de Si. En este caso se agranda la distancia superficial en 0.352. La fig.5.26 muestra una comparación de ambos casos.

Otra diferencia importante entre $NiSi_2$ y $CoSi_2$ consiste en la morfología superficial del $CoSi_2$. Ésta se muestra en la fig.5.27. Dependiendo de las condiciones de fabricación resulta una coordinación superficial C-$CoSi_2$ rica en Co y una coordinación superficial S- $CoSi_2$ rica en Si. En la primera, arriba de la última capa de átomos de cobre se encuentra sólo una capa más de átomos de Si, mientras que, por el contrario, en S-$CoSi_2$ han sido establecidas, arriba de la última capa de Co, aún 3 capas de átomos de Si . Ambas variantes pueden

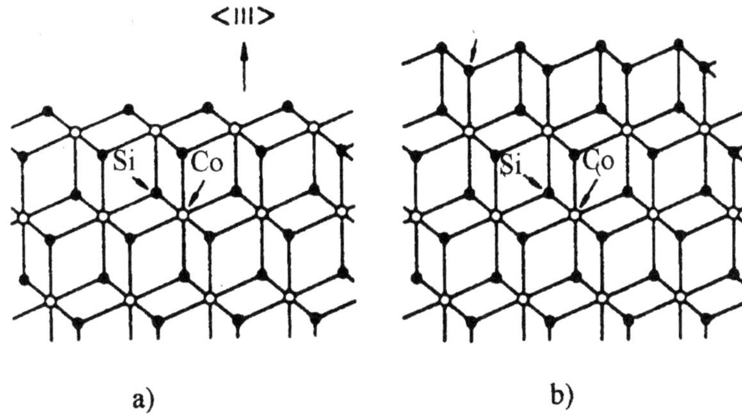

Figura 5.27: Modelo de dos estructuras superficiales de $CoSi_2$:a) C- $CoSi_2$ y b) S-$CoSi_2$ (según [291]).

fabricarse de manera dirigida precipitando todavía unas pocas monocapas de Co o de Si sobre el $CoSi_2$ formado. Termodinámicamente, debido a su mínima energía superficial se ve favorecido el S- $CoSi_2$.

Esto trae consecuencias para la calidad de las capas. Si, por ejemplo, se ha formado una capa de C-$CoSi_2$, se difunde entonces Si a partir de la profundidad de capa hacia la zona superficial, dando lugar a una transformación del C-$CoSi_2$ en el energéticamente más favorable S-$CoSi_2$. Empero, en la capa se llega con esto a un empobrecimiento local de Si. La consecuencia es la formación de agujeros. Realmente, dichos "pin holes" se componen de Co_2Si. La formación de agujeros se hace evidente al calcular el volumen de la celda de Co_2Si o de $CoSi_2$, mismo que debe ser menor den 16% para el caso de Co_2Si [291]. Este procedimiento condiciona una fabricación dentro de estrechos límites tecnológicos y pude empeorar en gran medida las propiedades estructurales del $CoSi_2$, lo que antes que nada resulta desventajoso en la generación de heteroestructuras dobles Si/$CoSi_2$/Si [365].

La calidad cristalina de $CoSi_2$ depende, por el contrario, de las condiciones de fabricación, con lo que en este caso la "Template-Layer-Technology" es la que da mejores resultados (esto es, precipitación de pocas monocapas sobre el substrato que se halla a temperatura ambiente si el subsecuente tratamiento térmico). Si, por el contrario, se precipitan capas de Co más gruesas y el substrato se calienta a continuación, entonces la calidad depende en gran medida del espesor de capa [292]. Con un espesor de capa creciente se observan más fallas en el cristal $CoSi_2$, lo que finalmente lleva a la formación de islotes (550 °C: para d>13 nm, 650 °C: para d>8 nm, 750 °C: para d>4 nm).

La resistencia específica de $CoSi_2$ es de $15\mu\Omega cm$ a temperatura ambiente. Partiendo de las mediciones Hall resulta un coeficiente de Hall positivo, del cual se deriva la dominancia por agujeros del transporte de portadores de carga. Apenas si han sido investigadas las consecuencias relativas a la electromigración en circuitos impresos de $CoSi_2$, misma que proviene de la tendencia a la formación de "pin holes".

Debido a que en el crecimiento sobre substratos de silicio de orientación (111) con B- $CoSi_2$/n-(111) se obtiene una estructura definida de superficie límite, en diferentes investigaciones respecto a la altura de barrera Schottky (dimensionada con mediciones I-U y C-U) se encuentra con 0.64 eV un valor definido. Éste se encuentra también sobre $CoSi_2$/n-(100)Si.

5.3.3.4   Capas epitaxiales de Pd_2Si

El crecimiento epitaxial de Pd_2Si sobre grandes zonas planas es posible sólo sobre Si(111), ya que Pd_2Si posee estructura hexagonal del tipo Fe_2P siendo a = 1.3055 nm y c = 2.740 nm [193]. Si se calcula la adecuación de rejilla sobre Si(111) (en la proyección la distancia atómica de Si es de 0.384 nm), resulta una adecuación de rejilla de -15% con tres uniones pendientes de Si en la superficie límite, o bien de +13% con dos. Experimentalmente se ha encontrado empero una adecuación de rejilla de 1.8% [293]. Esto denota una fuerte distorsión de la superficie límite. Las investigaciones sobre superficie límite (p. ej. en [294]) mediante TEM comprueban esta afirmación. Han sido encontradas superficies límite rugosas con acentuados efectos de distorsión. Los ensayos para la formación de Pd_2Si sobre Si(100) llevan, contrariamente a lo que ocurre en Si(111), sólo a un crecimiento local de zonas monocristalinas. Se llega así a una acentuada distorsión en la superficie límite y consecuentemente, ya desde el momento en que se da la precipitación de pocas capas atómicas, a límites de grano en la capa [366].

Pd_2Si resulta de interés sobre todo por el hecho de que ya temperaturas por abajo de 300 °C dan lugar a la formación de siliciuros. Como generalmente ocurre en la formación de siliciuros, puede comprobarse también aquí una cinética claramente determinada por difusión. El Pd_2Si se forma mediante difusión del silicio a través de la capa de Pd_2Si hasta llegar al socio de reacción Pd (el coeficiente de difusión del Si en el Pd_2Si es de $2.7 \times 10^{-13} cm^2 s^{-1}$ [193]). Consecuentemente, Pd_2Si crece también sobre SiO_2.

La resistencia específica de Pd_2Si es de 30-35 mΩcm /11/ ?. Debido a que en Pd_2Si se ha constatado la formación de promontorios y poros después de un tratamiento térmico por arriba de 300 °C [294], debe contarse con la electromigración en caso de que el material tenga aplicación como circuito impreso. La altura de la barrera de Schottky se especifica con 0.75 eV.

5.3.3.5   Capas epitaxiales de PtSi

PtSi posee una estructura MnP ortorrómbica con a = 0.559 nm, b = 0.3603 nm y c = 0.5932 nm [193]. PtSi(010) crece sobre Si(111) con una adecuación de rejilla de 12%, en tanto que el espesor de capa es menor a 30 nm [230]. Se origina una fuerte distorsión de la superficie límite (rugosidad 5 - 6 nm). En espesores de capa mayores a 30 nm crece PtSi primero en dominios, con lo que pueden establecerse tres direcciones: PtSi(101), PtSi(010) y PtSi(200) sobre Si(111). Con un espesor de capa que siga creciendo, ésta se hace policristalina. PtSi se forma a 400°C. Un tratamiento térmico de la capa precipitada sobre un substrato frío de Si(111) (es decir, 20 °C) arroja en este rango de temperatura los mejores resultados respecto a la calidad cristalina. Por el contrario, en otras orientaciones de substrato no puede comprobarse crecimiento epitaxial.

La resistencia específica de PtSi es de 28-35 mWcm. De cualquier manera, no existen hasta ahora referencias respecto a su empleo tecnológico como material de circuito impreso y de contacto, debido a que PtSi con 0.88 eV posee, no obstante, la barrera de Schottky más alta conocida para todos los siliciuros, éste es de interés especialmente para su aplicación en diodos [367].

5.3.3.6. Capas epitaxiales de $CaSi_2$

De la tabla 5.5 se deduce que también las capas de siliciuros alcalinotérreos, especialmente $CaSi_2$ y $BaSi_2$ han sido investigadas en tanto que capas de metalización sobre Si [295], [296]. Éstas pueden fabricarse de la manera que es típica para la formación de siliciuros. Para ello debe de darse un ejemplo. Sobre un substrato de Si de orientación (111) se precipita al alto vacío una capa de Ca de 20 nm de espesor. El calcio puede vaporizarse en este caso a partir de una celda de Knudsen. La temperatura de substrato deberá ser de 25 °C durante el proceso de vaporización. Después de un tratamiento térmico a 900 °C en una instalación UHV puede comprobarse $CaSi_2$ epitaxial. De acuerdo con el consumo de Ca se origina de esta manera una capa de aproximadamente 150 nm de espesor. La estructura $CaSi_2$ se compone de capas dobles hexagonales de Si y capas de Ca hexagonales allí incluidas. Consecuentemente se tiene como resultado una unión de capas Si/Ca/Si-Si/Ca/Si-Si/Ca ... Cada malla posee la dimensión de a = 0.3855 nm. La longitud de una unión completa de capas que se compone de 18 mallas (6 x Ca, 12 x Si) es de c = 3.060. La fig.5.26 muestra esta estructura.

$CaSi_2$ forma sobre Si(111) una superficie lisa y nítida. En este caso viene sobre el Si(111) primero una capa de Ca, a continuación la capa doble de Si, etc. El ajuste de falla de rejilla es de sólo 0.4%. Con ello $CaSi_2$ es uno de los siliciuros que mejor crece adecuándose a la rejilla (ver también tabla 5.2). Un modelo de esta superficie límite que se correlaciona muy bien con las tomas TEM transversales de alta resolución ([296]), se muestran en la fig.5.29.

Aún más interesante resulta la resistencia específica de este siliciuro, especialmente en relación con la metalización epitaxial. Resistencia que está en el rango de $MoSi_2$ y WSi_2 , mismos que son ya tecnológicamente utilizados en la microelectrónica [295].

Para establecer una diferencia debe de prestarse atención al hecho que además de la fase $CaSi_2$ también pueden formarse Ca_2Si y $CaSi$. El primero se forma de acuerdo con el diagrama de fase [285] a 910 °C, esto es por abajo de la temper-

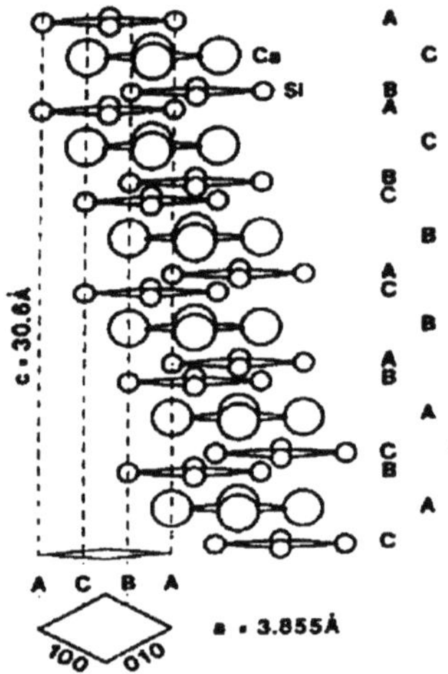

Figura 5.28: Estructura atómica de CaSi$_2$

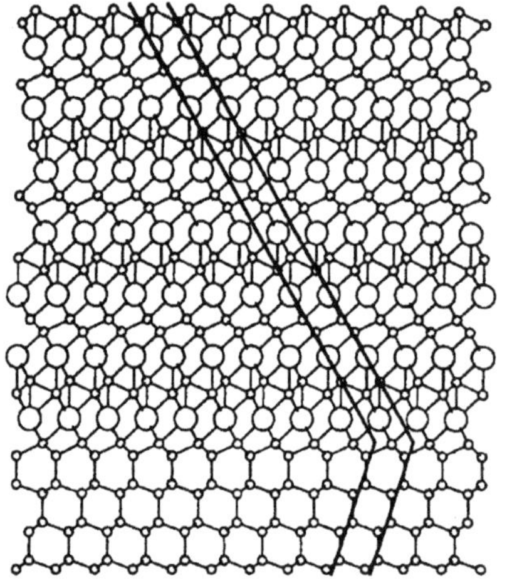

Figura 5.29: Modelo de superficie límite CaSi$_2$ /Si (111) ([296])

atura de formación de $CaSi_2$, el segundo a 1245 °C. Ca_2Si posee una estructura primitiva ortorrómbica en la que a = 0.7667 nm, b = 0.4799 nm, c = 0.9002 nm; CaSi una estructura ortorrómbica centrada en la base en la que a = 0.4590 nm, b = 1.0795 nm y c = 0.3910 nm.

5.3.3.7 Siliciuro metálico con crecimiento epitaxial localizado

En este grupo se encuentran sobre todo los siliciuros de los metales de alta fusión. Se distinguen por el hecho de que crecen localizadamente en forma monocristalina sobre substratos de Si diferenciadamente orientados, es decir en áreas más grandes de hasta unos pocos micrómetros. Este comportamiento tiene su causa en la gran adecuación de rejilla entre el substrato y la capa en crecimiento. Debido a que la energía de superficie límite se compone de dos partes: la energía elástica por la adecuación de falla transversal a la superficie límite, y la energía condicionada geométricamente por la estructura deslocalizada, con un gran ajuste de falla de rejilla no puede alcanzarse ninguna capa monocristalina homogénea. Es el hecho, sin embargo, que WSi_2, $MoSi_2$, $TaSi_2$ y $TiSi_2$, han comprobado no sólo su idoneidad como materiales de compuerta y de circuito impreso, sino que también son empleados en la producción de circuitos conmutadores. La disposición atómica de las rejillas adyacentes de siliciuro y silicio para los siliciuros de metales de alta fusión puede verse en la fig.5.30

Para algunos de estos siliciuros deben de darse aún otras informaciones respecto a su fabricación y sus propiedades. Véase para ello también la tabla 5.5 en la sección 5.3.3.1.

Si_2 y $MoSi_2$

Los dos siliciuros poseen casi idéntica rejilla con una no importante diferencia de dimensiones. Poseen asimismo similares propiedades químicas.

Existen numerosas investigaciones relativas a las condiciones epitaxiales de crecimiento de WSi_2 y $MoSi_2$ sobre Si(001) y Si(111) (entre otras [297]). Para ilustrar el caso habremos de recurrir también a un ejemplo. En condiciones de vacío de 10^{-4} Pa se vaporizan 30 nm de metal, ya sea de W o Mo mediante un vaporizador de haz de electrones sobre un substrato calentado a 300 °C. El tratamiento térmico se efectúa en vacío dentro de un rango de temperatura de 600 a 1100 °C en cada caso durante una hora. Con temperaturas ascendentes puede observarse un crecimiento de grano de hasta una magnitud de 250 nm. A 600°C se forma sobre Si(001) siliciuro hexagonal (h-WSi_2 o bien h-$MoSi_2$) con dos diferentes modelos de crecimiento. A partir de 700 °C ocurre una transición a siliciuro tetragonal en tres modos de crecimiento (t-WSi_2 ó bien t-$MoSi_2$). Por arriba de 800 °C prevalece tan sólo esta fase.

Sobre Si(111) a 600 °C se encontrará también un modo hexagonal de crecimiento, el cual sin embargo se diferencia de los observados sobre Si(001). Los dos modos tetragonales generados a altas temperaturas son empero equivalentes a los encontrados sobre Si(001). La tabla 5.8 (segun [299]) nos da una visión

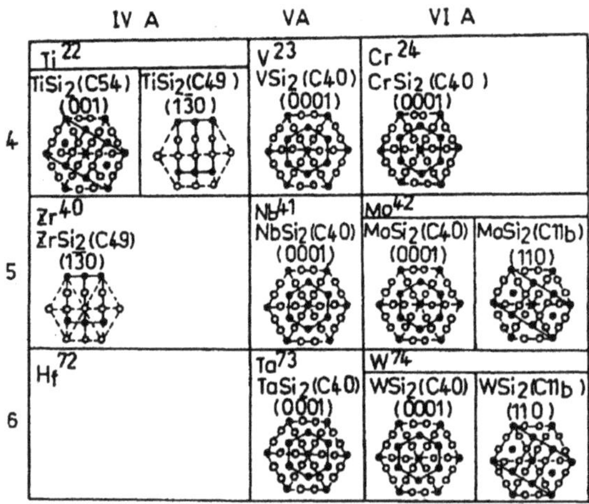

Figura 5.30: Disposición atómica de niveles siliciuro/silicio referentes a siliciuros de metales refractarios de alta temperatura de fusión (según [299])

completa sobre el crecimiento de siliciuros con especificaciones sobre la superficie de la celda unitaria y el ajuste de falla de rejilla.

El proceso de formación de siliciuros está, por otra parte, siendo el átomo de metal el socio de más movilidad en el siliciuro formado [298]. Por ello no se observa ningún sobrecrecimiento de SiO_2, lo que puede aprovecharse tecnológicamente en el sentido de una epitaxia selectiva sobre un substrato de Si/SiO_2.

Tisi$_2$

El siliciuro de titanio pertenece a los siliciuros que han sido bien investigados, esto debido ante todo a una muy pequeña resistencia específica (con 10-15 $\mu\Omega$cm es, junto con $CoSi_2$, la menor magnitud medida entre los siliciuros). Sobre $Si(111)$ se encuentra un crecimiento localizado de $TiSi_2$ en dos modificaciones ortorrómbicas [299], [300], [368], concretamente en una fase C49 y en dos fases C54 con las condiciones epitaxiales

$$C49 - TiSi_2\{310\}//Si\{111\} \quad und \quad C49 - TiSi_2 <130>//Si<111>$$
$$C54 - TiSi_2\{001\}//Si\{111\} \quad und \quad C54 - TiSi_2 <400>//Si<202>$$
$$C54 - TiSi_2\{100\}//Si\{111\} \quad und \quad C54 - TiSi_2 <04>//Si<202>.$$

Aunado a lo anterior también es posible encontrar crecimiento epitaxial sobre $Si(001)$ [301]. Capas de Ti de 140 nm de espesor aplicadas mediante vaporización de haz de electrones conducen, después de un tratamiento térmico a 750 °C

Modo	Niveles de rejilla	Condición epitaxial	Superf. (nm^2)	Desaj. rejilla a(%)	b(%)
t-WSi_2					
A	$WSi_2\{110\}//Si\{001\}$	$WSi_2<001>//Si<110>$	1.79	2.47	-1.43
B	$WSi_2\{116\}//Si\{001\}$	$WSi_2<001>//Si<110>$	1.79	2.47	-1.43
C	$WSi_2\{100\}//Si\{001\}$	$WSi_2<001>//Si<110>$	1.52	2.47	0.37
D	$WSi_2\{110\}//Si\{111\}$	$WSi_2<001>//Si<110>$	0.54	2.47	2.47
E	$WSi_2\{116\}//Si\{111\}$	$WSi_2<110>//Si<112>$	1.79	2.27	-2.46
h-WSi_2					
	$WSi_2\{0001\}//Si\{001\}$	$WSi_2<2110>//Si<110>$	1.84	4.04	0.13
	$WSi_2\{1212\}//Si\{001\}$	$WSi_2<1213>//Si<110>$	0.84	3.01	-1.84
	$WSi_2\{116\}//Si\{111\}$	$WSi_2<110>//Si<112>$	0.55	4.04	4.04
t-$Mosi_2$					
A	$MoSi_2\{110\}//Si\{001\}$	$MoSi_2<001>//Si<110>$	1.78	2.34	-1.69
B	$MoSi_2\{116\}//Si\{001\}$	$MoSi_2<110>//Si<110>$	1.78	2.21	-1.69
C	$MoSi_2\{100\}//Si\{001\}$	$MoSi_2<001>//Si<110>$	1.51	2.34	2.21
D	$MoSi_2\{110\}//Si\{111\}$	$MoSi_2<001>//Si<110>$	0.53	2.34	2.21
E	$MoSi_2\{116\}//Si\{111\}$	$MoSi_2<110>//Si<112>$	1.78	2.21	-2.68
h-$MoSi_2$					
A	$MoSi_2\{0001\}//Si\{001\}$	$MoSi_2<2110>//Si<110>$	1.84	4.04	0.13
B	$MoSi_2\{116\}//Si\{001\}$	$MoSi_2<1213>//Si<110>$	0.84	-2.89	-1.84
C	$MoSi_2\{116\}//Si\{001\}$	$MoSi_2<1100>//Si<110>$	0.55	4.04	4.04

Tabla 5.8: Modos de crecimiento epitaxial y ajuste de rejilla de WSi_2 y $MoSi_2$ sobre silicio

durante 15 min, a $TiSi_2$ crecido local y epitaxialmente con un tamaño de grano de 40 nm. Como relación de orientación se ha encontrado:

$$TiSi_2\{011\}//Si\{001\} \text{ und } TiSi_2 <110>//Si<001>$$

Si, por el contrario, el tratamiento térmico se efectúa a 850°C resultan zonas de orientación $TiSi_2\{010\}//Si\{001\}$ con una magnitud de 5 μm.

También en el caso de $TiSi_2$ la cinética de formación está determinada por procesos de difusión. A partir 1 nm de titanio y 2.26 nm de silicio se generan 2.40 nm de $TiSi_2$ [302]. De cualquier manera, el silicio es el socio de más movilidad, de modo que $TiSi_2$ se forma también sobre SiO_2, lo que tiene consecuencias sobre la tecnología de fabricación de circuitos impresos y contactos.

5.3.3.8. Siliciuros semiconductores de crecimiento epitaxial localizado

Las investigaciones relativas a las propiedades ópticas de algunos siliciuros de metales de alta fusión indican, en forma por demás interesante, que éstos son semiconductores. Esto se refiere principalmente a $CrSi_2$, $FeSi_2$, Ir_4Si_7 y Mn_4Si_7 [303], [164].

$CrSi_2$ crece epitaxialmente sobre substrato de Si(111) con la relación de orientación

$$CrSi_2\{001\}//Si\{111\} \text{ und } CrSi_2 <2020>//Si<202>$$

La fig.5.31 muestra las constantes ópticas de $CrSi_2$ en un rango de longitud de onda de 1.3 a 13 μm [284]. A partir de las mediciones de absorción puede calcularse su estructura de banda. Resultan por consiguiente una transición indirecta con una energía de gap de 0.35 eV y una transición directa con $E_g = 0.67$ eV.

La estructura de $FeSi_2$ es tetragonal con a $= 0.269$ nm y c $= 0.5134$ nm [193]. Más allá de ello existe una fase ortorrómbica de alta temperatura que puede deformarse hasta la estructura cúbica CaF_2 [305]. En el tratamiento térmica de un sistema de capas (Fe/Si(111) Fe puede precipitarse mediante vaporización de haz de electrones) de una hora de duración a 800 - 1100 °C se generan islotes epitaxiales de aprox. 2μm a partir de $FeSi_2$ ortorrómbico y tetragonal. A partir de 1 nm de Fe se forma, utilizando 3.39 nm de Si, una capa de $FeSi_2$ de 3.47 nm de espesor.

Mediante las mediciones de absorción puede hallarse una transición directa de semiconductor con Eg $= 0.87$ eV [304].

La preparación de siliciuros semiconductores es significativa ya que es posible pensar en su empleo para sistemas apilados, tales como heteroestructuras dobles $Si/CrSi_2/Si$ ó $Si/FeSi_2/Si$ con propiedades completamente nuevas. En este caso se ve especialmente favorecido el crecimiento de $CrSi_2$ sobre Si(111) debido a su buena adecuación de rejilla (teóricamente de 0%).

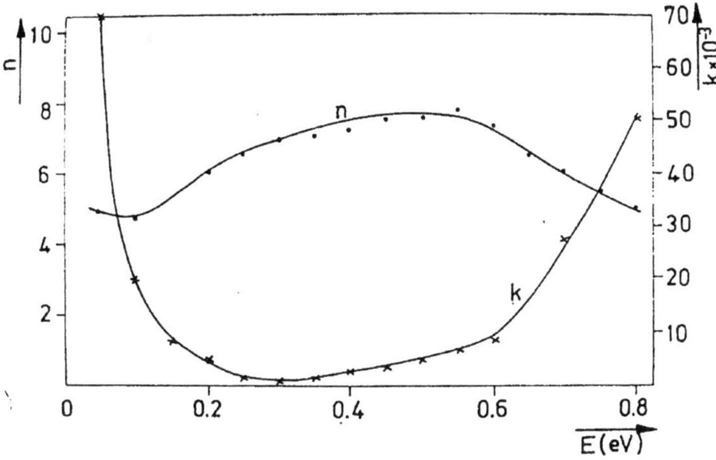

Figura 5.31: Constantes ópticas n y k medidas para $CrSi_2$ (según [304])

5.3.4 Epitaxia de superconductores a alta temperatura (HTSL)

Para la metalización son también de interés los superconductores a alta temperatura, particularmente debido a los mínimos tiempos de transporte de portadores de carga vinculados con una conducción eléctrica sin pérdida. Los HTSL ofrecen empero también la posibilidad de fabricación de elementos constructivos superconductores tales como los elementos de Josephson o SQUID's (Detectores Superconductores de Interferencia Cuántica). Con ello se inaugura aquí también, junto con el crecimiento de las respectivas capas delgadas sobre substratos de Si o de GaAs, una hibridización de crioelectrónica HTSL, optoelectrónica o tecnología convencional de semiconductores. La condición previa para ello es de cualquier manera la posibilidad de fabricación de capas delgadas de los respectivos materiales semiconductores.

En primer término se derivan algunos requerimientos para los superconductores a alta temperatura:

- alta temperatura de transición, o sea que el paso al estado supraconductor debe de efectuarse a tempe- raturas lo más posible cercanas a la temperatura ambietal, pero que al menos estén por encima de la temperatura del (barato de fabricar y de disponer) nitrógeno líquido (77.3 K).

- Transición abrupta hacia la superconducción, o sea que la banda de temperatura, a partir del punto de utilización de la superconducción hasta llegar a la conducción sin resistencia, debe ser de sólo unos pocos grados.

- Superconductividad a alta densidad de corriente de transporte.

- Estabilidad química con los otros componentes del circuito conmutador.

En relación con la precipitación en forma de capa delgada sobre un substrato, compuesto de un material relevante para la microelectrónica, se agrega como requerimiento el hecho que:

- puedan lo más posible realizarse estructuras monocristalinas con nosuperconductores y

- se cuente con superficies lisas como condición previa para la microestructuración.

Desde que en 1986 se presentó la primera cerámica superconductora que fue reconocida como tal (en esa ocasión se trató de la substancia $La_{2-x}Ba_xCuO_4$ [197]) se inició a nivel de los laboratorios internacionales una literal batalla competitiva por encontrar cada vez nuevos compuestos con cada vez más altas temperaturas de transición. En la tabla 5.9 (segun [306]) se da una visión de unos HTSL importantes.

La base para los compuestos encontrados la constituyen las cerámicas de óxido de cobre. Todas estas cerámicas contienen niveles de átomos de cobre y oxígeno. El enlace químico entre cobre y oxígeno es decisivo para el comportamiento eléctrico de HTSL.

En éste, los átomos de oxígeno y cobre se dividen los electrones a fin de lograr lo más posible un estado energético favorable. Estos electrones comunes se mueven ahora entre los átomos de oxígeno y los de cobre formando con ello una banda de conducción. La densidad de ocupación de esta banda depende aquí de los elementos adicionalmente vinculados al óxido de cobre (talio, bario, calcio, itrio, etc.).

A manera de ejemplo para los superconductores oxídicos a altas temperaturas se abordará más en detalle $YBa_2Cu_3O_7$ que es hasta ahora el más investigado, mismo que dependiendo de las condiciones de fabricación posee una temperatura de transición de entre 85 y 95 K [310] En la fig.5.32 se muestra esquemáticamente la estructura de este compuesto [307]. $YBa_2Cu_3O_7$ es ortorrómbico con a = 0.382 nm, b = 0.388 nm y c = 1.168 nm. La estructura se caracteriza por la estratificación de 6 niveles paralelos a la normal de la capa en la serie

$CuO/BaO/CuO_2/Y/CuO_2/BaO/CuO$. El ya mencionado traslape electrónico que lleva a la formación de bandas conductoras se da sólo en el nivel a-b pero no perpendicularmente a la normal de la capa. De aquí resulta un comportamiento fuertemente anísotropo un tanto en la conductividad o en los parámetros importantes para el superconductor, tales como campo magnético crítico (en el que la superconducción se colapsa) o densidad crítica de corriente. Además de niveles CuO_2, corren en compuesto $YBa_2Cu_3O_7$ cadenas de CuO a lo largo del eje b. El oxígeno en estas cadenas puede removerse de manera relativamente fácil, con lo que se lleva a cabo una transición de $YBa_2Cu_3O_7$ ortorrómbico a

Substancia base	Sustituciones posibles	Sustit. pos. de transición (K)
$La_{2-x}Ba_xCuO_4$	Ba por Ca ó Sr	$20-40$
$Nd_{2-x}Ce_xCuO_{4-y}F_y$	Nd por Pr, Sm ó Eu	$10-25$
$La_{1,8-x}Sm_xSr_{0,2}CuO_4$	Sm por Eu, Gd, Tb ó Dy	20
$YBa_2Cu_3O_7$	Y por $La, Nd, Sm, Eu, Gd,$ Dy, Ho, Er, Tm, Yb ó Lu Cu_3O_7 por Cu_4O_8 ó Cu_7O_{15}	$80-93$
$Bi_2Sr_2CuO_6$	CuO_6 por $CaCu_2O_8$ $Ca_2Cu_3O_{10}$	$0-100$
$Tl_2Ba_2CuO_6$	CuO_6 por $CaCu_2O_8$ $Ca_2Cu_3O_{10}$	$80-125$
$TlBa_2Cu_2O_5$	Cu_2O_5 por $CaCu_2O_7,$ $Ca_2Cu_3O_9$ ó $Ca_3Cu_4O_{11}$	$0-122$
$HgBa_2CuO_{4-x}$	CuO_{4-x} por $CaCuO_2$ ó $Ca_2Cu_2O_2$	$94-134$
$Pb_2Sr_{2+x}\,Pr_{1-x}\,Cu_3O_8$	Pr por $Nd, Sm, Eu, Gd,$ Tb, Dy, Ho, Er ó Tm	$70-85$
$Bi_2Sr_2Sm_{2-2x}Ce_{2x}Cu_2O_{10}$	Sm por Eu ó Gd	$20-25$
$Ba_{1,33}Nd_{0,67}Sm_{1,33}Ce_{0,67}Cu_3O_9$	Nd por Sm, Eu ó Gd Sm por Nd, Eu ó Gd	40
$La_{2-x}Sr_xCaCuO_6$	$Sustitución\ desconocida$	60

Tabla 5.9: Compuestos base y variantes de superconductores a alta temperatura (HT-SL)

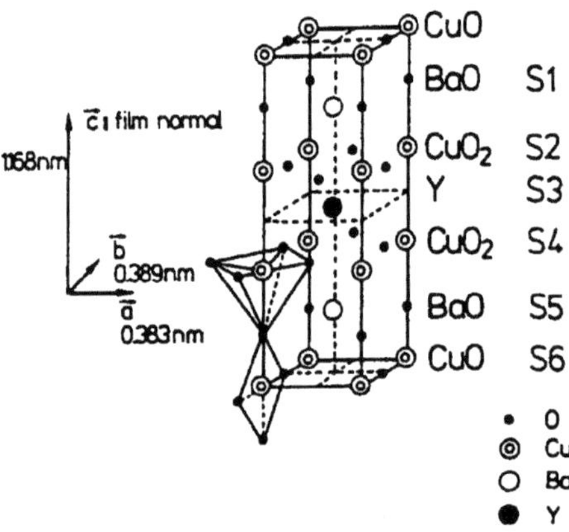

Figura 5.32: Estructura geométrica de $YBa_2Cu_3O_7$ (según [307])

$YBa_2Cu_3O_6$ tetragonal. En este caso se modifican también las propiedades eléctricas. Habiendo una porción de oxígeno del compuesto $YBa_2Cu_3O_y$ mayor a y = 6.4, el material es semiconductor, con lo cual los átomos de Cu se ordenan en los niveles antiferromagnéticos. Con una creciente porción de oxígeno aumenta permanentemente la temperatura de transición y alcanza su máximo valor de 91 K con una concentración de y = 7. El contenido de oxígeno debe por tanto ser lo más alto posible a fin de lograr una alta temperatura de transición. Como una medida mínima para la estabilidad de la fase semiconductora YBa_2Cu_3Oy se contempla una porción de y $\geq$ 6 [308].

Existen además fases estables con una porción de oxígeno y $\geq$ 7. En la fig.5.33 se hace evidente que en este caso se introduce un nivel más de CuO, con lo cual se lleva a cabo correspondientemente una modificación de la secuencia de capa en forma paralela a la normal de capa.

Para una aplicación práctica tiene importancia, aparte de una temperatura de transición arriba de aprox. 90K, la densidad crítica de corriente máxima y el campo magnético crítico. Para los HTSL los últimos son con 100 Tesla bastante altos y no presentan problema ninguno, contrario a las densidades críticas de corriente. Solamente con monocristales y von sistemas de capas crecidas epitaxialmente se puede lograr densidades de corriente arriba de 10^6 Acm^{-2}. En un campo externo de 5 T la densidad crítica de corriente se reduce a 10^5 Acm^{-2}. Estos valores cubren el rango que para la mayoría de aplicaciones prácticas es suficiente. Materiales policristalinas al contrario poseen un alto número de bordes de grano, donde terminan los planos CuO_2 con el efecto que la densidas de corriente se reduce hasta típicamente $10^2...10^4$ Acm^{-2}.

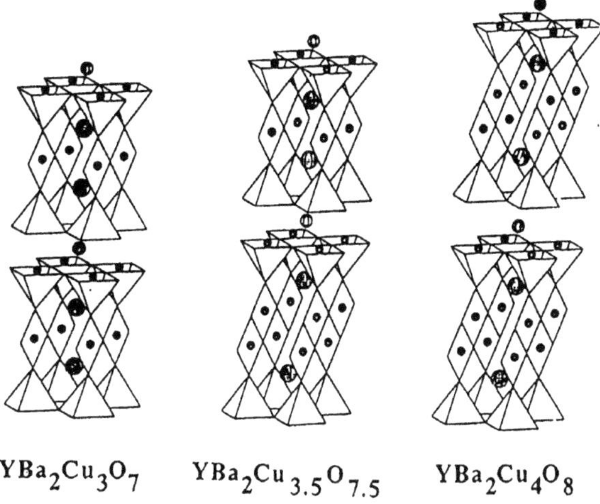

Figura 5.33: Variación de estructuras entre YBa$_2$Cu$_3$O$_7$ y $YBa_2Cu_4O_8$ (según [309])

La fabricación de HTSL como material en volumen se efectúa rutinariamente mediante procesos de sinterización o bien haciendo uso de los usuales procedimientos para el crecimiento de cristales. Sobre ello no se ahondará en el marco de la presente exposición. Teniéndose empero que elaborar HTSL en forma de capa delgada, aparecen entonces en un primer plano los problemas comunes relativos a la tecnología de capas delgadas. Generalmente se debe intentar el mantener la temperatura de substrato lo más baja posible a fin de excluir en su mayor parte los procesos de difusión o reacciones químicas entre el depósito y el substrato. La capa deberá tener la calidad requerida de estructura ya desde la precipitación sobre un substrato apropiado moderadamente calentado (500 - 750 °C), de modo que incluso pueda prescindirse de un subsecuente tratamiento térmico. Para ello, además de la (iono)pulverización y de la vaporización láser, la MBE es un método particularmente apropiado. Condicionado por la construcción de HTSL bajo la forma de una estructura estratificada, utilizando MBE se tiene la posibilidad de suministrar los diferentes elementos de las capas consecutivas uno tras otro como haces de vaporización y construir de ese modo una capa monocristalina estrato por estrato. Una ventaja de este procedimiento es la posibilidad de producir por este medio nuevas estructuras artificiales de capa, normalmente no estables o de precipitar hasta estratos atómicos heteroestructuras definidas, tal y como se requieren para los elementos crioelectrónicos. Para ello las corrientes de vaporización de tres fuentes independientes de vaporización (vaporizador de haz de electrones, celdas Knudsen, o incluso navecillas calentadas por paso directo de corriente) para el Y, el Cu y el Ba deben ser controladas de modo que en la capa precipitada se genere la estequiometría requerida. El oxígeno necesario para la formación de la fase $YBa_2Cu_3O_7$ es suministrado hasta donde sea posible directamente en el substrato. Además de la admisión de gas molecular ha probado su efectividad ante todo la alimentación de oxígeno activado. Esto puede realizarse o bien con un cañón iónico de baja energía o con un plasma de microonda en un rango de presión de oxígeno del orden de 10^{-3} a $10^{-1}Pa$. Bajo esta baja presión de oxígeno sólo se deben permitir temperaturas de substrato relativamente bajas entre 500 y 600 °C, con lo que el compuesto $YBa_2Cu_3O_7$ con y > 6 es todavía estable.

En lo referente a la preparación en forma de capas monocristalinas delgadas son importantes, en cambio, las propiedades estructurales y químicas de los materiales respecto al substrato. El crecimiento epitaxial de $YBa_2Cu_3O_7$ es posible sobre substratos con estructura perowski te, tales como $SrTiO_3$ y $LaAlO_3$, con una desajuste de rejilla menor a 1% y también sobre MgO (desajuste de rejilla de aprox. 4%), ZrO_2 o $LiNbO_3$ monocristalinos. De manera representativa deben al respecto señalarse algunos resultados de diversos autores, a partir de la literatura sobre el tema.

LAIBOWITZ et al.[310] realizan la precipitación $YBa_2Cu_3O_7$ sobre un substrato de MgO de orientación (001) mediante vaporización de haz de electrónicos. Para ello utilizan tres vaporizadores de haz de electrones (haz de electrones de 10 kV) para cada uno de los componentes: Ba, y Cu. Durante la precipitación el substrato se encuentra a temperatura ambiental. Después del tratamiento térmico a 900°C en una atmósfera de oxígeno se tiene como resultado una temperatura de transición de 97K con un rango de transición de 10K. La densidad crítica de corriente ha sido de 300 A/cm^2 a 77K. KWO et al. [311] investigaron el crecimiento epitaxial de $YBa_2Cu_3O_7$ sobre $SrTiO_3$. Para ello vaporizados en alto vacío: Y con haz de electrones y Ba, lo mismo que Cu a partir de celdas de efusión. Durante la vaporización se dirigió sobre el substrato una corriente de oxígeno con una presión parcial de 10^{-3} Pa. La temperatura del substrato fue de 450 °C. Los autores encontraron la estructura ortorrómbica con las dimensiones de rejilla a = 0.3821 nm, b = 0.399 nm y c = 1.168 nm. La temperatura de transición fue de 82 K con un rango de transición de sólo 2 K. Como densidades críticas de corriente se encontraron 103 A/cm^2 a 77 K, 5 x 104 A/cm^2 a 70 K y 5 x 106 A/cm^2 a 4.2 K.

Mejores aún son los resultados sobre los que informan CHAUDHARI et al. [315]. Ellos prepararon las capas mediante vaporización de Y, Ba y Cu a partir de tres vaporizadores de haz de electrones en un vacío de 10^{-1} a 10^{-2} Pa con un subsecuente tratamiento térmico a 900 °C en una atmósfera de oxígeno. Sobre el substrato de $SrTiO_3$ se encontraron capas monocristalinas de $YBa_2Cu_3O_7$ ortorrómbico. La temperatura de transición fue de 90.2 K con un estrecho rango de transición de 2 K. La densidad crítica de corriente fue de 1.5 x 10^5 A/cm^2 a 77 K.

Visto en conjunto, de lo anterior puede deducirse que las capas de HTSL pueden prepararse bien sobre substratos tales como $SrTiO_3$ o MgO. Sobre todo, a temperaturas de alrededor de 500 - 750 °C pueden mantenerse con toda seguridad los parámetros del proceso [311], debido a que en este rango de temperatura sólo existe una mínima tendencia hacia reacciones químicas o hacia la difusión. De cualquier manera, estos substratos no son relevantes como material electrónico en el campo de la microelectrónica. Por ello los que revisten particular interés son los resultados sobre substratos de SiO_2, GaAs, CaAs, CaF_2, SrF_2 y Al_2O_3. Desgraciadamente, con las temperaturas arriba mencionadas resultan fuertes interacciones químicas entre los substratos y la capa precipitada de Y1 Ba_2Cu_3O7. Éstas destruyen por una parte las propiedades superconductoras de HTSL, por otra parte se llega, como consecuencia de la interdifusión a la dotación no deseada del substrato. Por ejemplo, durante la precipitación de $Y_1Ba_2Cu_3O_7$ sobre Si, éste se difunde del substrato hacia capa de HTSL mientras que Ba se mueve hacia el substrato y Cu se segrega sobre la superficie de la capa. Lo mismo se observó sobre capas de CaF_2 y SrF_2, mismas que son de interés como capas aislantes epitaxiales [312]. Contrario a ello BaF_2 es mucho más apropiado. En este caso se observa sólo la difusión de flúor, el cual en $YBa_2Cu_3O_7$ ocupa, sin embargo, los lugares de oxígeno que están libres estabilizando con ello la supraconducción. Consecuentemente la precipitación de $Y_1Ba_2Cu_3O_7$ sobre Si se hace posible si encima de éste BaF_2 funge como capa-barrera y, eventualmente, como capa aislante al mismo tiempo. Debido a que BaF_2 posee la estructura cúbica CaF_2, puede lograrse mediante la mezcla de BaF_2 y CaF_2 una modificación de la constante de rejilla [146].

Vienen a consideración todavía una serie de ulteriores capas-barrera tales como interestratos de $MgAl_2O_4$/BaTi, a fin de evitar el contacto directo de la capa HTSL con el silicio [313]. Éstas, no obstante, debido a sus propiedades estructurales no permiten ningún entrecrecimiento entre el substrato y Y1 $Ba_2Cu_3O_7$. Teniéndose que fabricar sistemas monocristalinos apilados, las áreas supraconductoras de esta manera generadas deberán recubrirse entonces por medio de un crecimiento monocristalino lateral. De otra manera, por ejemplo, no se podrá hacer crecer -con la calidad requerida- ninguna otra capa supraconductora monocristalina más. Con la utilización de BaF_2 se eliminan estos problemas, debido a que éste posee una estructura compatible con los materiales semiconductores comunes.

5.4 Capas aislantes epitaxiales para el apilamiento

5.4.1 Panorama general

Los aislantes epitaxiales que deben emplearse en sistemas apilados tridimensionalmente tienen que cumplir con una serie de requisitos, entre los que habrá que mencionar como más importantes:

- Condiciones para crecimiento epitaxial (estructura cristalina, constante de rejilla, coeficientes de dilatación térmicos, morfología de superficie, etc.)

- Fácil manufacturabilidad en condiciones que sean favorables para la epitaxia de semiconductores y de metales (vaporización térmica en UHV, no desintegración en componentes reactivos que dotan al material semiconductor, etc.)

- Propiedades eléctricas (número dieléctrico, intensidad de campo para rompamiento, densidad de estado de superficie límite)

- Estabilidad mecánica, química y eléctrica en un sistema apilado, tanto en los subsecuentes pasos del proceso como durante un largo periodo de utilización.

Los fluoruros de metales alcalinotérreos y los latánidos son los que mejor cumplen con estos requerimientos. Mientras que los fluoruros alcalinotérreos crecen epitaxialmente sobre superficies de Si con cualquier orientación, no ocurre lo mismo con los latánidos que crecen sólo sobre Si(111) debido a su estructura hexagonal. La siguiente tabla 5.10 ofrece un panorama sobre los materiales que resultan apropiados como aislantes epitaxiales para la heteroepitaxia sobre Si. Además de los ya mencionados fluoruros se indican otros compuestos alternativos hasta ahora poco investigados y que por lo tanto ofrecen un amplio campo de investigación para el futuro. La desventaja para la utilización de heteroestructuras debería de ser, en todo caso, su alto coeficiente de dilatación en comparación con el Si.

Las siguientes son las características resultantes para el crecimiento de los fluoruros enumerados en la tabla 5.10, CaF_2, SrF_2 y BaF_2 sobre substratos semiconductores:

- Cristalización en la estructura cúbica del fluoruro, misma que es similar a la estructura de la blenda de zinc o a la del diamante.

- Las constantes de rejilla de los fluoruros alcalinotérreos cubren una amplia gama de las constantes de rejilla que son interesantes para la tecnología de semiconductores (ver también fig.5.1), tales como Si, Ge, GaAs, InAs, InP, PbSe, CdTe. Por medio de la mezcla de metales alcalinotérreos en la composición $Ca_x(Ba_1Sr)_{1-x}F_2$ es posible una exacta adecuación a la rejilla de substrato [336], [337].

- Lo mismo es también válido para la adecuación a metales epitaxiales tales como $NiSi_2$ o $CoSi_2$ [254], [338]. Los fluoruros alcalinoté- rreos son por tanta también apropiados como capas de adecuación para el crecimiento de semiconductores de compuestos sobre Si [339]. Pueden además servir como capas intermedias para la metalización de Si con superconductores a altas temperaturas (ver sección 5.3.4).

- Una baja presión de vaporización y una baja temperatura de fusión permiten vaporización térmica desde una celda de Knudsen.

- Debido a que la energía libre para la disociación del compuesto alcalinotérreo es alta se garantiza una vaporización indisociada y con ello una precipitación estequiométrica.

Ais-lante	Tipo de rejilla	Constante de red (nm)	Desajuste de red sobre Si (%)	Constante dieléctrica	Energía gap (eV)	α $(10^{-6}/$ $K^{-1})$
CaF_2	cub.CaF_2	0.5464	0.6	6.8	12.1	19.2
SrF_2	cub.CaF_2	0.5799	6.8	6.5	11.2	18.4
BaF_2	cub.CaF_2	0.6200	14.2	7.4	11.0	18
CdF_2	cub.CaF_2	0.5338	-0.8	8.3	8.0	19
LaF_3	hex.	a=0.4148	8.0	13.0		17
CeF_3	hex.	a=0.4107	7.0	7.4		13
PrF_3	hex.	a=0.4086	6.0	11.0		
NdF_3	hex.	a=0.4060	5.7	14.5		17
PmF_3	hex.	a=0.4024	4.6			
KF	NaCl	0.5340	-1.7	5.8	11.0	31
RbF	NaCl	0.5640	3.9	6.2	10.0	27
LiCl	NaCl	0.5130	-5.5	11.3	10.0	44
LiBr	NaCl	0.5490	1.1	12.1	8.0	49
NaCl	NaCl	0.5630	3.6	5.9	8.0	
CeO_2	cub.		0.3	26.0		
Al_2O_3	hex.	a=0.4758	-4.2/12.5	9.4	8.3	8.4
Y_2O_3	cub.	1.060		17.o		

Tabla 5.10: Aislantes epitaxiales sobre Si

- Los fluoruros alcalinotérreos son buenos aislantes a temperatura ambiente. La intensidad de campo de rompamiento está en un rango de 5 x 10^5 V/cm (los valores óptimos que se pueden alcanzar están en 5 x 10^6 V/cm [343]). En la tabla 5.11 se enumeran otras propiedades importantes en comparación con los materiales aislantes usuales.

Una propiedad que resulta crítica en los fluoruros alcalinotérreos consiste en sus relativamente altos coeficientes térmicos de dilatación en comparación con los materiales semiconductores. Las tensiones que se originan por esta causa en la superficie límite entre substrato y capa crecida pueden conducir incluso a la formación de grietas en capas más gruesas.

5.4.2 Crecimiento epitaial de CaF_2 sobre substratos de Si

El procedimiento que con mucha más intensidad ha sido hasta ahora investigado es el relativo a CaF_2 sobre substratos de Si [340]- [342]), procedimento que ya ha sido empleado en estructuras sencillas de elementos constructivos (p. ej. MEISFET teniendo a CaF_2 como aislante de compuerta [343]). Por medio de las capas CaF_2 se han producido además substratos SOI completamente epitaxiales sobre los que pueden realizarse exitosamente circuitos CMOS [344], [345]. En la tabla 5.12 se enumeran las propiedades esenciales de la heteroestructura CaF_2/Si.

	Si	SiO_2	Si_3N_4	Al_2O_3	CaF_2
densidad (g/cm^3)	2,32	2,67	2,80	3,5-4,0	3,18
const.dielect.	12,0	3,9	7,0-7,5	8,0-9,0	6,9
campo de rompimiento (V/cm)	$1x10^6$	$6x10^6$	$1x10^7$	$1x10^7$	$3x10^6$
Exp. térmica $(10^6/K^{-1})$	1,1	8,9	4,9-5,1	8,7	12,1
resist específ. (Ωcm)	10^{-4}-10^4	10^{15}-10^{16}	10^{15}-10^{16}	10^{14}-10^{15}	10^{11}-10^{13}

Tabla 5.11: Propiedades de unos aislantes respecto a Si

La MBE con sus condiciones de UHV resulta nuevamente un método ideal para el crecimiento epitaxial de CaF_2 sobre Si. En la mayoría de los casos se trabaja en un rango de presión de 10^{-5} - 10^{-7} Pa. Para la generación de los haces moleculares de CaF_2 pueden emplearse diferentes fuentes; en este caso, los mejores resultados se logran utilizando celdas de efusión con crisol de grafito. La efusión tiene lugar a temperaturas entre 1100 y 1400 °C, obteniéndose de este modo coeficientes de crecimiento de 4 nm min^{-1} a 120 nm min^{-1} [346]. Algunos resultados tomados de la literatura sobre el tema constatan lo aquí expresado.

ISHIWARA y ASANO fueron los primeros en demostrar la epitaxia de CaF_2 sobre superficies-Si de orientación (111), (100) y (110) [354]). Como también ocurre en otras capas epitaxiales, la calidad cristalina de la capa depósito CaF_2 depende, más allá de la preparación de la muestra, de la temperatura de substrato.

Las temperaturas de crecimiento son naturalmente distintas para las superficies de Si con diferente orientación cristalográfica [355]:

Si(100): > 525 °C

Si(111): 500 - 650 °C

Si(110): > 775 °C

En la fig.5.34 se muestra la dependencia de la cristalinidad de la capa de CaF_2 crecida, respecto a la temperatura de substrato (según [355])

La cristalinidad se deteriora a altas temperaturas sólo en el caso de la superficie (100), y por el contrario, es muy buena en la superficie (110) y en la superficie (111) incluso a más altas temperaturas (800 °C). La mejor cristalinidad se obtiene sobre estratos de orientación (111). En este caso, al haber un crecimiento de capa de CaF_2 a temperaturas de substrato entre 525 y 725 °C, con el método RBS - channeling se midieron valores χmin de 3 - 4 % para el sistema CaF_2 /Si(111). En esta orientación pueden presentarse los mejores resultados también con otros métodos para caracterización de estructura, tales como RHEED y REM. Esto tiene también que ver con la formación de una superficie de capa lisa como consecuencia de un crecimiento bidimencional de

Orientación del substrato de Si	(100)	(111)	(110)
temperatura de crecimiento óptica $T_s/^\circ C$	550-600	600 700	
Calidad cristalina χ_{min}	5%	3-4%	
Morfología superficie	áspera, con estructuras en forma de columnas en una magnitud de 20-100 nm	lisa	relativam.lisa con facetas en direción $<111>$, $T_s < 700^\circ C$: superficie $CaF_2<111>$ lisa
estabilidad química	Depende de T_s: bien para T_s=700$^\circ C$ Las capas no son atacadas por $H_2O, CH_3OH, KOH,$ C_3H_5OH, C_2HCl_3, HF, Plasma Cl, solución cáustica: HCl		
Estabilidad térmica	El recocido (800$^\circ C$ en atmósfera libre de oxígeno) conduce al empeoramiento de la calidad cristalina de la capa de CaF_2; el recocido con presencia de O_2 lleva a destrucción de la cristalinidad y a la formación de CaO, SiO_2. Las estructuras de $Si/CaF_2/Si$ resisten la oxidación térmica (900$^\circ C$ en atmósfera húmeda) en la capa superior de Si		
Propiedad eléctrica -Intensidad de campo de rompamiento -Densidad de estado de superficie límite -Const. dieléctrica	$5x10^5$ V/cm $5x11^{11}cm^{-2}$ 6.3		$1x10^6$ V/cm $(2-4)x10^{11}cm^{-2}$ 6.8

Tabla 5.12: Propiedades de la estructura heteroepitaxial CaF_2/Si

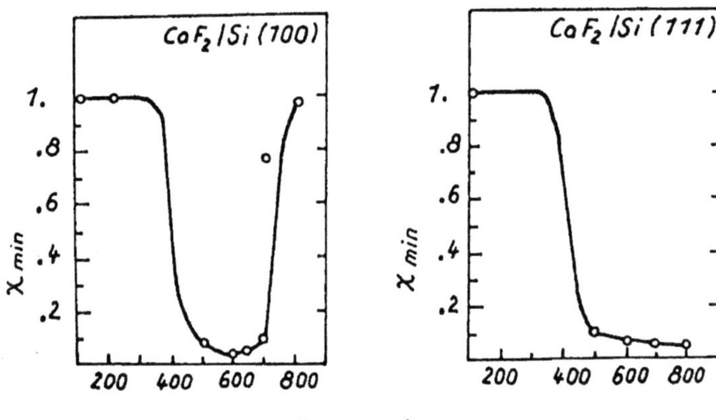

Figura 5.34: Dependencia de la cristalinidad de la capa de CaF$_2$ crecida, respecto a la temperatura de substrato (según [355])

capa.

Por el contrario, sobre las otras dos orientaciones de substrato las capas epitaxiales cuentan con superficies rugosas, así como grandes zonas orientadas a la falla [347]. SCHOWALTER y FATHAUER explican la distinta calidad cristalina de las capas de CaF$_2$ sobre los diferentes substratos de Si, por las diferencias de la energía superficial de CaF$_2$ [348]. Para ilustrar la estructura atómica de la superficie límite CaF$_2$/Si se emplearon: microscopía electrónica de alta resolución (HRTEM), espectroscopía AUGER de alta resolución a nivel núcleo, espectroscopía electrónica y espectróscopía de fotoemisión [356]-[359]. Paricularmente en la superficie límite de CaF$_2$/Si(111) fueron encontrados sobre todo enlaces de Ca. Pudieron además obervarse defectos en los niveles atómicos del substrato de Si.

De manera similar a la superficie límite de NiSi$_2$/Si presentada en la sección 5.3.3.2 (ver fig.5.20), CaF$_2$ crece en dos orientaciones. El tipo A se caracteriza por el hecho de que la capa crecida posee la misma orientación que el sustrato. En el tipo B, por el contrario, la capa está girada en 180°en torno a la normal del substrato.

De allí puede deducirse que bajo óptimas temperaturas de substrato CaF$_2$ crece sobre Si (como semiconductor no polar) preponderantemente como tipo B (en GaAs polar se encuentra preponderantemente el tipo B [370]). Por tanto, la cuestión respecto a si la capa en crecimiento tiene o bien la orientación del tipo A o bien la del tipo B depende por tanto, además del substrato, de las condiciones de crecimiento. Sobre Si(111), con una temperatura de hasta 400

°C, CaF_2 crece en la orientación tipo A y por arriba de 500 °C lo hace en la orientación tipo B [369]. Consecuentemente, a las temperaturas de crecimiento óptimas para la formación de una capa cristalina lo más posible perfecta (esto es por arriba de 600 °C) se comprueba normalmente la existencia del tipo B.

En relación con los enlaces de Ca encontrados en la superficie límite existen de nuevo diversas posibilidades de ordenamiento atómico. La fig.5.35 muestra los enlaces de superficie límite de Ca y Si con diversa coordinación del átomo de Ca (coordinado en forma óctuple o quíntuple. Figs. a y b). Comparativamente, se muestran también las relaciones atómicas para los enlaces de superficie límite de F y Si con diferente coordinación del átomo de Ca (coordinado en forma séptuple u óctuple. Figs. c y d).

Las diferencias en relación con el coeficiente térmico de dilatación entre la capa y el substrato de Si representan una propiedad crítica de los fluoruros alcalinotérreos. En capas delgadas de CaF_2 crecidas epitaxialmente sobre Si (111) pueden comprobarse esfuerzos de tracción a temperatura ambiente [360] mismas que pueden explicarse a partir de estas diferencias. Estas tensiones deformatorias pueden comprobarse a través de mediciones channeling RBS. Como ejemplo puede servir la investigacion sobre una capa de CaF_2 de 30 nm de espesor, la cual fue crecida a 700 °C sobre una superficie de Si(111) reconstruida (7 x 7) en UHV (10^{-7} Pa) [341], [342]. De las imágenes RHEED se deriva la relación epitaxial

$$CaF_2\{111\}//Si\{111\} \text{ und } CaF_2<110>//Si<110>.$$

Con las mediciones channeling RBS (iones $^4He^+$ con una energía de inyección de 1.2 MeV) pudo comprobarse una alta calidad cristalina con un valor χmin por abajo de 4%. En la fig. 5.36 se muestran los resultados respectivos. Para comprobar la tensión deformatoria se efectuó un escaneo angular en los ejes cristalinos $<110>$ y $<114>$. En la parte superior izquierda de la fig.5.36 es evidente que ambas direcciones con las normales de substrato $<111>$ incluyen el mismo ángulo de 35.26°.

La medición de la dependencia angular de la mínima de intensidad de retrodispersión muestra un desplazamiento de la señal CaF_2 respecto a la del Si en un angulo pequeño de 0.32°. Esto quiere decir que el ángulo entre la dirección $<110>$ ó $<114>$ y la dirección $<111>$ es en la capa CaF_2 mayor que el ángulo en un cristal cúbico perfecto. Debido a que la constante de rejilla de CaF_2 es mayor que la de silicio (desajuste positivo de rejilla de 0.6%), bajo el supuesto de un crecimiento puramente seudomorfo debe sin embargo esperarse un desplazamiento angular de ambos ejes hacia la dirección $<111>$ de la normal. La desviación observada significa entonces que el valor crítico para un crecimiento seudomorfo es más pequeño que el espesor de aproximadamente 30 nm que la capa investigada posee. Para poder explicarse el efecto deben de incluirse los coeficientes térmicos de dilatación. A causa de acentuada variación de los valores para Si y CaF_2, el ajuste de falla de rejilla es sustancialmente mayor a la temperatura de crecimiento que a temperatura ambiente (2.16 % a 700°C). Si a esta temperatura CaF_2 crece sin deformación (esto es, que la totalidad del

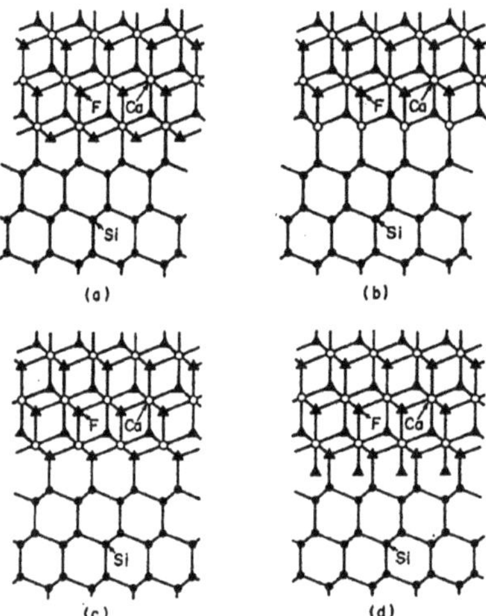

Figura 5.35: Relaciones estructurales en la superficie límite $CaF_2/Si(111)$ con enlaces de superficie límite Ca-Si y F-Si: a) - enlace Ca-Si: Ca coordinado de manera óctuple, b) - enlace Ca-Si: Ca coordinado de manera quíntuple, c) - enlace F-Si: Ca coordinado en forma séptuple, d) - enlace F-Si: Ca coordinado en forma óctuple

ajuste de falla de rejilla de 2.16% se ve compensado por defectos de superficie límite, tales como desplazamientos de adecuación) y al enfriarse a temperatura ambiente sólo aparecen deformaciones elásticas, entonces la capa de CaF_2 se expandirá en forma paralela a la superficie límite. El resultado es un "strained layer system", en el cual el depósito ya no es cúbico sino romboédrico.

Respecto a la estabilidad química de las capas se tiene información en la tabla 5.12. Según ésta CaF_2 puede disolverse en HCl, mientras que se mantiene estable en agua, metanol, acetona, tricloroetileno o HF. CaF_2 tampoco es atacado por KOH o plasma Cl, utilizados para retirar las capas recubridoras de Si. Estas capas resisten también la oxidación térmica de capas recubridoras de Si a 900 °C. Lo mismo ocurre en capas de CaF_2 sobre substratos (111) que fueron crecidos a temperaturas de 700 °C [346].

Para su aplicación en la microelectrónica son de especial interés las propiedades eléctricas del sistema CaF_2, las cuales están naturalmente en correlación con su perfección estructural. La caracterización eléctrica de capas epitaxiales de CaF_2 sobre Si puede efectuarse con técnicas estándar táles como mediciones de I-U, C-U y de tensión-conductividad de estructuras MIS (metal insulator semiconductor) [371], [372]. En el sistema CaF_2/Si (100) la capacidad medida está cerca del valor esperado [346]. La histéresis es pequeña en películas de CaF_2 (<100 meV) pero tiene la tendencia a crecer en capas más gruesas (>500 nm) o en

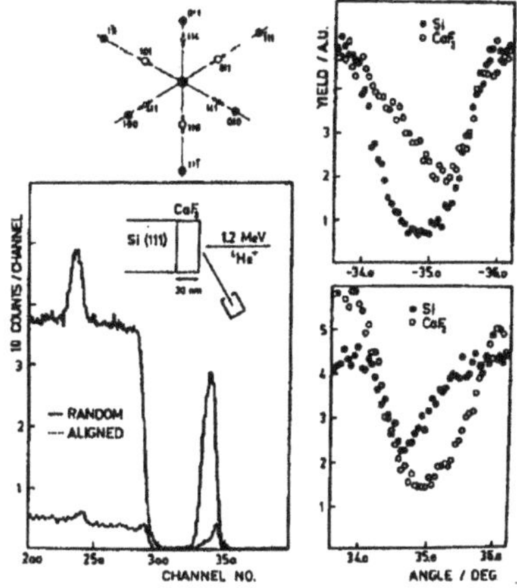

Figura 5.36: Espectro RBS y channeling de una capa de CaF_2 de 30 nm de espesor sobre Si(111) (escaneo angular channeling en nivel {110}- arriba derecha CaF_2<114>//Si<110>, abajo derecha CaF_2<110<//Si<114>)(según [341],[342])

capas delgadas deformadas [373]. La mínima densidad de estado de superficie límite, sobre la que hasta ahora se ha informado, es de 7 x 10^{10} eV^{-1}cm^{-2}. Un valor típico para esta orientación es por el contrario 5 x 10^{11} eV-1cm^{-2}. Las mediciones C-U en diodos MIS en el sistema CaF_2/Si(111) dan contrariamente otros resultados. En muchos casos la densidad de estado de superficie límite es tan grande que no puede observarse ningún efecto de campo. En los casos en los que, sin embargo, aparece un efecto de campo, hay en las características C-U a altas frecuencias (1 MHz) grandes zonas en las que la capacidad no se ve modificada por la tensión de compuerta[374]. FATHAUER y SCHOWALTER proponen por ello como solución una tecnología modificada de preparación de capas, la llamada técnica 2T (dos temperaturas)[348]. En esta técnica el crecimiento de CaF_2 comienza sobre el substrato Si(111) a una temperatura de 625 °C y continúa acto seguido a 375 °C. Durante la disminución de la temperatura de substrato no se interrumpe el haz molecular. Las muestras que han sido elaboradas con dicha técnica muestran una mínima histéresis y un mínimo ruido de fondo en comparación con muestras en las que CaF_2 fue crecido sólo a una temperatura de sustrato. (Resultados detallados y cálculos de modelo se encuentran en [348] y [372].)

Mediante una fase de recocido (tratamiento térmico posterior para la formación de la capa) después del crecimiento epitaxial pueden mejorarse las propiedades eléctricas de las capas CaF_2(111). Para ello pueden hacerse uso de RTA (rapid thermal annealing) en atmósfera de Ar a 1100°C[375], de un recocido de haz de electrones en microscopio electrónico de barrido o directamente en la cámara de crecimiento MBE (con el radiador electrónico RHEED) [372]. En las estructuras así tratadas se mejoran las propiedades electricas del sistema de capas. De esta manera se midieron densidades de estado de superficie límite en un rango de 1 x 10^{11} eV^{-1}cm^{-2} [372].

5.4.3 Heteroestructuras dobles Si/CaF$_2$ Si para la tecnología SOI

A causa de su mínimo desajuste de rejilla respecto al Si, CaF$_2$ resulta satisfactoriamente apropiado para ser empleado en heteroestructuras Si/CaF$_2$/Si. Una secuencia de capa de este tipo representa, por tanto, la base para una típica estructura SOI. Para ello debe considerarse bajo qué condiciones crece Si sobre el depósito de CaF$_2$.

Aunque el desajuste de rejilla entre Si y CaF$_2$ sea tan pequeño como lo es viceversa de CaF$_2$ a Si (0.6%), la calidad cristalina de capas de Si sobre la estructura CaF$_2$/Si resulta ser comparativamente más mala. Tomas transversales TEM de capas de Si muestran numerosas fallas cristalinas y la existencia, una al lado de la otra, de zonas que están condicionadas por el crecimiento en las dos orientaciones del tipo A y del tipo B. El valor que caracteriza el ajuste de falla de rejilla χmin es de 20% y más. La causa es que a una temperatura de crecimiento de 700 °C tiene lugar una reacción del Si en crecimiento con el subyacente CaF$_2$ [354]. Por ello ASANO e ISHIWARA proponen como solución una capa intermedia que se precipite a temperatura ambiente [376]. Después de que el CaF$_2$ ha sido crecido, la temperatura del substrato es inmediatente disminuida hasta la temperatura ambiente y se deposita una capa delgada de silicio. Después de ello se aumenta la temperatura a 800°C y se continúa con la precipitación de Si. Las investigaciones de RBS confirman que con esta capa intermedia puede evitarse la reacción superficial entre Si y CaF$_2$ sin que el crecimiento epitaxial se vea interferido. Lo último depende sólo del espesor de la capa intermedia, por lo que, consecuentemente, no se observó ninguna dependencia respecto a la orientación del substrato. En el caso de las orientaciones (111) y (100) se han medido valores cmin menores en 8% con capas de silicio de 400 nm de espesor, esto si el espesor de la capa interedia era de sólo 10 nm o menos. Al aumentar el espesor de la capa intermedia hasta 30 nm se deteriorará enormemente la calidad cristalina, hasta llegar el momento que no se observe crecimiento epitaxial alguno. FATHAUER et al., lo mismo que ASANO et al., dan como temperatura óptima de crecimiento para la epitaxia de Si sobre CaF$_2$/Si(111) un rango de 675 - 775 °C. Esto también concuerda con los resultados y los valores relativos a la epitaxia de Si.

Tales estructuras, crecidas utilizando la capa intermedia descrita, se caracterizan - en comparación con las estructuras crecidas sin capa intermedia - por una mejor morfología superficial, lo que puede ser consecuencia de la superficie reflejante y de los más nítidos reflejos RHEED.

Naturalmente, en los heterosistemas dobles Si/CaF$_2$/Si se producen también las ya descritas grandes diferencias en coeficiente térmico de dilatación entre Si

($2 \times 10^{-6} K^{-1}$) y CaF_2 ($19 \times 10^{-6} K^{-1}$). A pesar de ello se ha logrado fabricar este apilamiento con la suficiente calidad de estructura [348]-[350]. Estos muestran la estabilidad térmica y química conocida para el sistema de capas Si/CaF_2 y ofrecen con ello la condición previa para la producción de circuitos [344]-[350]. Los transistores CMOS producidos de esa manera mostraron una característica de conmutación que es de la misma calidad que la de los elementos constructivos de Si de producción masiva y que posee adicionalmente las ventajas vinculadas con la tecnología SOI.

5.4.4 Fluoruros alcalinotérreos sobre otros substratos

Queda entendido que, en relación con la estructuración tridimensional, el interés tecnológico también está dirigido a la combinación con otros semiconductores y sistemas de metalización. A ello contribuyen, además de su relevancia tecnológica otras propiedades más, relativas a los fluoruros alcalinotérreos, tales como:

- La posibilidad de fabricación de capas mixtas de composición Ca_x (Ba,Sr) $_{1-x}F_2$, la cual consiste en que mediante la modificación de las constantes de rejilla con la composición estequiométrica de acuerdo con la regla de VEGARD se pueden adecuar unas con otras distintas rejillas cristalinas.

- La buena deformabilidad plástica a temperatura ambiente de las capas epitaxiales de CaF_2 con espesores mayores a 200 nm, lo que permite su empleo como capa epitaxial intermedia entre materiales con coeficientes térmicos de dilatación acentuadamente distintos (de esta manera disminuyen las deformaciones por tensión).

De esta manera pueden también combinarse con Si semiconductores de compuesto, los cuales poseen constantes de rejilla acentuadamente divergentes (p. ej. Pb-calcogeniuros, de interés para los detectores infrarrojos [377]).

CaF_2 sobre capas de metalización $NiSi_2$ y $CoSi_2$

Las uniones metal/aislante pueden lograrse con una alta calidad cristalográfica mediante la combinación de CaF_2 con $NiSi_2$. Además de una estructura igual, los tres meteriales poseen una similar estructura de rejilla. El desajuste de rejilla entre $CaF_2/NiSi_2$ es de 1% y de 1.8% entre $CaF_2/CoSi_2$ (siempre a temperatura ambiente). Tampoco es crítica la adecuación a altas temperaturas ya que los coeficientes térmicos de dilatación de los siliciuros ($15 - 16 \times 10^{-6} K^{-1}$) y de CAF_2 ($19 \times 10^{-6} K^{-1}$) $10^{-6} K^{-1}$) son casi iguales. Sobre todas las combinaciones de capas se tiene información en la literatura sobre el tema. CaF_2 crece tanto sobre $CoSi_2$ (libre de "pin holes"), como tambien sobre $NiSi_2$ con buena calida cristalina, siendo en este caso las temperaturas del orden de 600 °C [349], [350].

También se tiene éxito en sentido inverso con la epitaxia de $CoSi_2$ [338] sobre CaF_2 crecida sobre Si. Incluso es posible la fabricación de estructuras multicapa tales como $Si/CaF_2/NiSi_2/CaF_2/Si$ / [338], [362], por lo que rompamiento para un sistema apilado sólo se puede llevar a cabo con una multiplicidad de capas periodicamente ordenadas.

Fluoruros alcalinotérreos sobre germanio

En el centro de las investigaciones de la epitaxia de capas de fluoruros alcalinotérreos sobre Ge se halla el crecimiento de BaF_2 y $Ca_xSr_{1-x}F_2$ sobre Ge(111). Estos dos materiales son especialmente apropiados para el estudio de las propiedades de la superficie límite aislante/semiconductor, puesto que, por una parte, con $Ca_xSr_{1-x}F_2$ es posible el estudio de la adecuación de regilla en Ge y, por otra parte, con las estructuras BaF_2/Ge(111) se puede investigar el otro extremo, es decir una superficie límite con mayor desajuste de rejilla.

La dependencia de la calidad de capa en el caso de la capa de BaF_2 sobre Ge(111) respecto a la temperatura de crecimiento fue investigada en [378], [379] con channeling RBS y se tuvo como resultado una dependencia linealmente descendiente del valor χ_{min} que caracteriza el desajuste de rejilla en un rango de temperatura de 250 °C a 700 °C. Las mediciones de channeling RBS en estructuras BaF_2/Ge(111) a lo largo de la dirección (114) y (110), ó bien de la dirección (110) y (112) mostraron que BaF_2 crece sobre Ge(111) en forma policristalina con dos tipos de cristalita: el tipo A y el tipo B ([380], [381]). El tamaño de la cristalita es de aproximadamente 0.5 μm. La parte de volumen de ambos tipos de cristalita es aproximadamente igual [379]. Los límites de grano corren preferentemente a lo largo de la dirección (110). Mediante las tomas de RHEED de los diferentes estadios del crecimiento de la capa puede comprobarse que ya a partir de un espesor de capa de 0.5 nm la capa de BaF_2 toma la constante de rejilla de cristal de cuerpo sólido BaF_2 [381]. No es posible, por otra parte, producir capas epitaxiales sobre substratos Ge(100)[378], [379]. La capa es entonces policristalina con ninguna o sólo muy pocas direcciones favorecidas.

El $Ca_xSr_{1-x}F_2$ adecuado a rejilla crece sobre Ge(111) con un orientación tipo B [370]. Contrario a ello, el crecimiento de $Ca_xSr_{1-x}F_2$ adecuado a rejilla sobre GaAs(111) es del tipo A. Y aunque Ge y GaAs tienen constantes de rejilla de casi la misma magnitud ocurren diferentes tipos de crecimiento. Todos estos resultados llevaron a PHILLIPS et al. [379] y otros autores [378]a la hipótesis de que entre la apa de BaF_2 y la del substrato de Ge existe una - así denominada – supeficie límite incoerente, misma que se caracteriza por el hecho de que:

- No existen desplazamientos de desajuste de rejilla en la superficie límite.

- El parámetro de rejilla de la capas se ajusta al valor volumen del cristal de en un espacio de pocos estratos atómicos (aproximadamente 0.5 nm).

La consecuencia es que la rejilla de la capa de fluoruro no se deforma sobre varios estratos atómicos y que sólo existe una débil interacción entre capa y substrato. El crecimiento de la capa de BaF_2 sobre Ge(111) es considerado como puro efecto topográfico superficial que resulta de la adición de las aristas de los islotes de BaF_2 debilmente enlazados a los escalones del substrato de

Semiconductor	$\alpha/10^{-6}K^{-1})$	Fluoruro alcalinotérreo	$\alpha/10^{-6}K^{-1})$
GaAs	5.70	CaF_2	19.2
InP	6.00	BaF_2	18.0
InAs	4.68	SrF_2	18.4
InSb	4.67		
Ge	6.10		
Si	2.50		

Tabla 5.13: Coeficientes térmicos de dilatación de algunos semiconductores importantes y de los fluoruros alcalinotérreos

orientación (111) a lo largo de las direcciones (110). Con ello puede explicarse también una composición de capa a partir de cristalitas tipo A y tipo B, pues ambas no se diferencian geométricamente.

Se confirma en suma, que además de la magnitud del ajuste de falla de rejilla, la interacción iónica entre capa y substrato ejerce una influencia sustancial sobre el mecanismo de crecimiento. Esto se manifiesta en el distinto comportamiento de crecimiento sobre substratos semiconductores nopolares y polares.

Fluoruros alcalinotérreos sobre semiconductores de compuestos

La combinación descrita en la sección 5.2.5, de electrónica de Si con microelectrónica $A_{III}B_V$, impulsa también la investigación de la adecuación de los aislantes epitaxiales a este sistema. CaF_2 crece sobre GaAs(100) a una temperatura de substrato $T_s \leq 250$ °C de forma policristalina y a 400 °C monocristalina con zonas policristalinas. La temperatura óptima para el crecimiento epita- xial monocristalino es de 600°C ??. Las investigaciones LEED de la estructura CaF_2/GaAs(100) reflejan una superficie reconstruida (1 x 1) de la capa CaF_2 con una facetización que debe ser atribuida a la alta energía libre de la superficie CaF_2(100) [382]. Después del enfriamiento, pasando de la temperatura de crecimiento a la temperatura ambiente, las capas CaF_2 con un espesor de capa de más de 100 nm sobre GaAs (100) muestran grietas en la supeficie a lo largo de la dirección (110) [383], [384]. La dirección (110) de las grietas corresponde a la proyección del nivel de apilamiento (111) sobre la superficie. Las causas de estas grietas son el ajuste de la falla de rejilla entre aislante y semiconductor, así como termotensiones en la capa, las cuales se originan debido a los coeficientes termicos de dilatación de distinta magnitud. Una síntesis de los coeficientes térmicos de dilatación de algunos semiconductores importantes y (según tabla 5.10) de los fluoruros alcalinotérreos se muestran en la tabla 5.13.

Puede además encontrarse que también el signo del desajuste de rejilla juega un papel importante, esto debido a que en los sistemas fluoruro/semiconductor con ajuste positivo, p. ej. BaF_2/InP aparecen las mismas termotensiones pero no se observa ninguna formación de grieta [383]. Las investigaciones RHEED del mecanismo de crecimiento de los fluoruros alcalinotérreos sobre GaAs han llegado a establecer que el crecimiento de una capa de SrF_2 ó bien de CaF_2 es de caracter distinto en la fase inicial [384]. En la fase inicial del crecimiento de SrF_2

Sistema	300 K	600 K	800 K
CaF_2 /GaAs	-3.40	-2.92	-2.48
SrF_2 /GaAs	2.56	3.02	3.41

Tabla 5.14: Dependencia de la temperatur el desajuste de rejilla de CaF_2 y SrF_2 sobre GaAs

sobre una superficie GaAs (001) reconstruida c(2 x 8) crece una bien ordenada superficie reconstruida (4 x 2) hasta alcanzar un espesor de capa de 10 nm. En una ulterior precipitación de SrF_2, la capa de éste toma cada vez más un caracter tridimensional, es decir que se llega parcialmente al crecimiento de un segundo y tercer estrato atómico antes que la superficie esté cerrada con el primer estrato atómico. En el crecimiento de CaF_2 sobre GaAs (001) existe por el contrario ya en el estadio inicial del crecimiento un comportamiento tridimensional de nucleación. Esta diferencia en el comportamiento de nucleación se explica de nuevo con las distintas propiedades elásticas de CAF_2 y SrF_2. CaF_2 posee precisamente una constante elástica mayor que SrF_2 (1.651 x 10^{11} Pa en CaF_2 en comparación con 1.248 x 10^{11} en SrF_2 [384]). Esto significa que la rejilla de SrF_2 se adecua más facilmente a la rejilla de GaAs, lo que se confirma mediante la inicial tendencia al crecimiento tridimensional.

La investigación de la formación de grietas en capas CaF_2 y SrF_2 sobre GaAs(001) [384] confirma que ésta no es sólo resultado de la magnitud del ajuste de falla de rejilla, sino también del signo del ajuste de falla de rejilla. Durante el enfriamiento de las capas precipitadas para pasar de la temperatura de crecimiento a la temperatura ambiente, la tensión comprensiva se reduce, mientras la tensión de dilatación se incrementa (tabla 5.14). Como resultado de ello, se originan grietas en la capa de CaF_2 a lo largo de la dirección (110), mientras que en la capa de SrF_2 no puede comprobarse la existencia de ninguna grieta.

El $Ca_{0.42}Sr_{0.58}F_2$ crece sobre GaAs (100). Un crecimiento óptimo existe en un rango de entre 400 °C y 500 °C [369], [383]. Las investigaciones de SIMS en capas de $Ca_{0.42}Sr_{0.58}F_2$ en un rango de espesor de 100 a 300 nm muestran una composición homogenea en todo el espesor [383]. De cualquier manera puede comprobarse la existencia de una ligera difusion de Sr hacia el substrato de GaAs [385]. De este modo resulta un rango de transición entre la capa de $Ca_{0.42}Sr_{0.58}F_2$ y el substrato de GaAs de pocos nanómetros (aprox. 10 a 30 nm [385].

La dependencia de la orientación y de la calidad cristalina de las capas de $Ca_{0.42}Sr_{0.58}F_2$ respecto a la composición de la capa fue investigado en [370], [386] mediante mediciones RBS y channeling. En ellas se demuestra, según se esperaba, que la calidad epitaxial de las capas precipitadas no es determinada sólo por el desajuste de rejilla, sino que también depende de propiedades mecánicas y térmicas, así como del tipo de interacción entre capa y substrato. Las investigaciones mostraron un crecimiento de la capa de $Ca_xSr_{1-x}F_2$ sobre GaAs(111) preponderantemente como tipo A. Comparativamente, las capas sobre Ge crecieron preponderantemente como tipo B (lo que también demuestran las investigaciones sobre Si). De ello hacen derivar K. TSUTSUI et al. que las capas de fluoruros adecuadas a rejilla sobre substratos polares semiconductores crecen en general con la orientación del tipo A, y sobre substratos no polares lo hacen con la orientación del tipo B [370]. La orientación puede en este caso variar o invertirse, si es que el desajuste de rejilla se incrementa por sobre un valor crítico.

Capítulo 6

Posibles soluciones a problemas de la estructuración tridimensional

6.1 Punto de partida

La fabricación de circuitos tridimensionales requiere de tecnologías intercompatibles para la estructuración lateral y la estructuración de profundidad. Para la última puede, según la sección 3.2, considerarse a la epitaxia de haces moleculares (MBE) como un método utilizable. Por tanto, un procedimiento idóneo para la estructuración lateral debería poderse llevar a cabo en su mayor parte en condiciones de alto vacío (UHV) y el sistema de capas ya generado modificarse sólo allí donde fuera requerido. Estas exigencias pueden verse en mayor medida satisfechas utilizando procesos de radiación, debiéndose de pensar, concretamente, en radiación láser, en radiación de electrones y en radiación de haces iónicos. Debido a que los haces siempre actúan sólo localmente (en la zona lateral la limitación está dada por el diámetro del haz; en la zona de profundidad, por la profundidad de penetración (electrones iones) o por la profundidad de absorción (luz)), es entonces posible una modificación selectiva de capa.

Los haces intensos de luz y de electrones pueden emplearse especialmente para calentamiento local de pequeñas superficies, de modo que puedan estimularse los siguientes procesos:

- Mezclado de los componentes a partir de capas precipitadas una sobre otra (p. ej. en la formación de siliciuros por difusión haz-inducida).

- Redistribución dirigida de átomos de dotación.

- Recristalización de capas policristalinas o amórfas, o también mejoramiento de la calidad de capas epitaxiales.

- Modificación de las propiedades químicas cuando se trata de materiales sensibles a haz de electrones (p. ej. resistes).

- Modificación de las propiedades ópticas y eléctricas.

Los procesos mencionados son igualmente posibles de realizar con haces de iones; aquí estos, debido a sus propiedades, amplían considerablemente las posibilidades de aplicación. Pueden particularmente utilizarse iones que no sólo por su carga de energía puedan mixturizar un sistema de capas en la zona radiada (digamos pasivamente), sino aquellos que por sí mismos constituyan un componente en un compuesto. De esta manera pueden fabricarse, por ejemplo, fases metaestables que no pueden producirse en los procesos comunes. En este sentido debe de mencionarse también la implantación de átomos de dotación, lo que en la tecnología microelectrónica constituye un procedimiento extensamente utilizado.

En comparación con los electrones y la luz, los iones depositan a igual energía primaria sustancialmente más energía en un intervalo dado de profundidad de capa. Con ello los ya mencionados procesos son posibles de manera más efectiva, y con mucho menores dosis de radiación. En relación con las tecnologías de precipitación de capa y de formación pueden, de esta manera, modificarse las propiedades estructurales de la capa en crecimiento. Esto afecta la resistencia a la adherencia, la morfología superficial, el tamaño del grano, la dirección de orientación, la densidad de capa, etcétera [387]-[396]. Con ello están vinculados efectos tales como la amorfización de la zona radiada, remoción de material (pulverización) y la reactividad modificada respecto a las substancias químicas (como base de la precipitación y el erosionamiento reactivos de capa). A continuación hemos de mencionar algunos ejemplos de la aplicación de haces de iones en el sentido de una estructuración tridimensional.

- Dotación de baja energía de haces de iones para capas en crecimiento MBE, especialmente cuando los átomos de dotación posean un mal coeficiente de adherencia o cuando la posible concentración máxima de dotación sea baja (p. ej. Sb^+, B^+, In^+, siempre sobre Si; Be^+, Si^+, sobre GaAs [389]-[392].

- Implantación con alta energía de tales iones, mismos que con Si aceptan compuestos aislantes o conductores y pueden, por tanto, formar sistemas de capa soterrados (p. ej. O+ para capas aislantes de SiO_2, N^+ para capas aislantes de Si_3N_4, C^+ para capas aislantes de SiC [397]-[399], [402], [404], Ni^+ para capas de $CrSi_2$, Co^+ para capas de $CoSi_2$, Fe^+ para capas de $FeSi_2$[394]-[396], [400]-[403], [405]- [406]; en cada caso se implantará la dosis que sea necesaria a fin de alcanzar en la zona implantada de profundidad de capa un compuesto estequiométrico).

- Mezclado inducido por haz de iones de sistemas de capa con (en relación a éstos) iones no reactivos (p. ej. As^+ para Al sobre GaAs [407], Xe^+ para Ni sobre Si, Pd sobre Si, Pt sobre Si [408], Ar^+ para Cr sobre SiO^2, Cu sobre SiC [409]).

- Incremento selectivo de la resistencia a la adherencia de capas precipitadas a través de arrugamiento de substrato estimulado por haz de iones (p. ej. conductores impresos de Cu sobre SiC [409]).

- Precipitación selectiva de capa mediante calentamiento inducido por haz de iones, en la que el substrato se encuentra en un gas reactivo, el cual reacciona con dicho gas en los lugares calentados (p. ej. precipitación de W a partir de fase gaseosa WF_6).

- Recristalización inducida de materiales amorfos o policristalinos sobre substrato monocristalino (p. ej. a-Si sobre Si [412], [413]).

- Destrucción selectiva de la estructura cristalina mediante haz de iones, esto a fin de garantizar una epitaxia selectiva en la ulterior precipitación de capa [415]-[417](p. ej. tratándose de Si, las zonas amorfas o policristalinas de capa son aislantes o eléctricamente conductoras dependiendo del grado de dotación, mientras que el Si monocristalino es semiconductor [418]).

- Modificación de la reactividad física o química de un substrato respecto a substancias con las que se puedan eliminar selectivamente zonas irradiadas (p. ej. solubilidad incrementada de SiO2 irradiado con iones He^+ en ácido HF [419], [420], solubilidad disminuida de Mo irradiado con iones Ga^+ en gas de ataque CF_4 [421], solubilidad incrementada de InP irradiada con iones Ga^+ en gas de ataque Cl_2 [422]).

Este listado pleno de ejemplos demuestra que el acoplamiento de la tecnica de precipitación e implantación de capa permite una multiplicidad de posibilidades experimentales y tecnológicas. Debido a que las dimensiones laterales estructurales deben estar con mucho por abajo de $1\mu m$, son necesarias las fuentes de iones con haz finamente focalizado (FIB), mismas que actualmente están disponibles en el mercado sólo para pocos iones (particularmente para Ga^+).

Debería entonces considerarse como ideal el compuesto de MBE y FIBE si la esructuración lateral pudiera ocurrir en la cámara de crecimiento, lo que presupone que ningún proceso adicional de precipitación o de ataque (p. ej. para la aplicación y desarrollo de un resist) es necesario. Un ejemplo particularmente impresionante es el que mostraron WIECK et al. [423]. Con MBE fue crecido un sistema de capas, consistente en GaAs Si-dotado y sobre él $Al_{0.3}Ga_{0.7}As$ precipitado. Debido a la heterotransición allí originada se formó, perpendicularmente a la superficie de la capa, un gas electrónico bidimensional. En este sistema de capas GaAs: $SiAl_{0.3}Ga_{0.7}As$ fueron implantados iones Ga^+ en dirección de la normal, es decir en forma perpendicular al gas electrónico bidimensional. El espesor de la capa superior de $Al_{0.3}Ga_{0.7}As$ ha sido seleccionada de forma que los iones alcanzaran la heterotransición y con ello la zona del gas electrónico bidimensional en la preespecificada energía de inyección (ésta es determinada por la fuente de iones de la instalación, y es de 100 keV en el caso que aquí nos ocupa). Al interior del gas electrónico bidimensional los iones Ga^+ provocan una aislación local mediante la cuál éste habrá, en cierto modo, de estructurarse. Con ello se da la posibilidad de subdividir el gas electrónico bidimensional con el haz iónico registrador (el diámetro del haz es de 100 nm) en varias zonas, de tal modo que puedan originarse estructuras aptas para elementos constructivos. Los autores desarrollaron de esta manera un transistor monodimensional a temperatura ambiente que trabaja como transistor de efecto de campo, y a bajas temperaturas lo hace como transistor de efectos cuánticos. Se demostró que a la preespecificada velocidad de registro pueden fabricarse en un lapso de 10 segundos un millón de transistores sin que el substrato deba ser extraido de la cámara de MBE. El ejemplo citado documenta las insospechadas posibilidades que resultan de la acción conjunta de MBE y FIBE.

6.2   Estructuración lateral de capas aislantes de CaF_2

6.2.1   Planteamiento del problema

La permanente disminución de las dimensiones laterales de los elementos estructurales en los elementos constructivos microelectrónicos tiene como consecuencia que particularmente la microlitografía, es decir la tecnología con la que se efectúa la transferencia del diseño de circuito sobre el chip semiconductor, tenga que estarse desarrollando constantemente. Esto incluye, por supuesto, el desarrollo de resists de nuevo tipo. Se trata en este caso de un material que habiendo sido aplicado sobre el substrato semicondutor, después de una irradiación con ondas electromagnéticas o partículas cargadas, sus propiedades químicas cambien de tal forma que al ser sometido a un adecuado medio de ataque se le pueda eliminar selectivamente. Las zonas sobre el substrato liberadas de este modo pueden a continuación ser removidas , dotadas, etc. mientras que las otras zonas cubiertas por resist quedan correspondientemente protegidas. Requisitos importantes para un resist de este tipo son: una alta capacidad de resolución (la medida aquí demandada es la distancia lo más pequeña posible por la cual dos estructuras vecinas están inequívocamente separadas la una de la otra), y una mínima rugosidad de arista de las estructuras en relieve generadas. Son, además, naturalmente importantes: una alta sensibilidad del resist respecto a la radiación utilizada y una alta selectividad química de zonas radiadas y no radiadas en el medio de ataque previsto. Lo último significa que las zonas que posean una alta estabilidad química no sean atacadas en lo absoluto después de la radiación, mientras que las zonas con una estabilidad química mínima deben desaparecer por completo (con un resist negativo se deteriora la solubilidad de las zonas radiadas en comparación con las zonas no radiadas, con un resist positivo mejora, por el contrario, la solubi- lida de las zonas radiadas).

La posibilidad de utilización de capas de fluoruros alcalinotérreos dentro de elementos constructivos electrónicos es ahora interesante por dos razones. Como ya se describió en varios lugares del presente trabajo (p. ej. en la secc. 5.4), CaF_2 y SrF_2 crecen epitaxialmente sobre substratos semiconductores monocristalinos de los semiconductores elementales Si y Ge, así como de los semiconductores de compuesto $A_{III}B_V$ y $A_{II}B_{VI}$ [424]-[426]. De acuerdo con sus propiedades eléctricas estas substancias pueden ser empleadas como capa aislante. En segundo lugar es tambien conocido que los fluoruros alcalinotérreos son sensibles a electrones o haces de iones, de modo que pueden emplearse como resist para la microlitografía [428], [429].

La ventaja tecnológica decisiva que de aquí se deriva consiste consecuentemente en el hecho que durante el empleo de capas de fluoruros alcalinotérreos en elementos constructivos electrónicos existe la posibilidad de estructuración lateral sin resist adicional. Un procedimiento de tal índole sería no solo favorable en terminos de costos por el ahorro de muchas etapas del proceso, sino que aumentaría incluso el rendimiento en la producción de circuitos, ya que se trabajaría principalmente en vacío, presuponiendo que para el ataque de las zonas radiadas se han de emplear procedimientos de ataque en seco.

6.2.2 Radiación con electrones

Los fluoruros alcalinotérreos CaF_2, BaF_2 y SrF_2 se desintegran bajo radiación de electrones disorbiéndose F fuera de la capa y oxidándose el metal alcalinotérreo remanente ante la presencia de O_2 [427]-[430]. El conocimiento concreto de este fenómeno es, junto con su posible utilización como resist para haz de electrones, interesante por otras razones más:

- Que se ha comprobado la influencia de radiación de diferentes sondas electrónicas como RHEED, LEED, de microscopía de electrones o AES, sobre las propiedades de muestras de fluoruros alcalinotérreos [431]-[434].

- Modificación por haz de electrones de superficies de fluoruros alcalinotérreos en la fabricación de heteroestructuras a fin de mejorar la calidad de las heterotransiciones [435], [436].

- Daños por haz, que por la acción de electrones se originan en CaF_2, pueden producir aquí superrejillas de partículas metálicas de calcio [437], [438], mismas que muestran propiedades interesantes, como, por ejemplo, la influencia de la constante dieléctrica del CaF_2 aislante.

BAUNACK et al. [430] investigaron el efecto de la modificación inducida por haces de electrones de CaF_2 con ayuda de la espectroscopía de electrones de Auger. Para ello fueron irradiadas capas de CaF_2 crecidas epitaxialmente sobre un substrato de Si de orientación (111) con electrones de una energía de 2.5 keV (densidad de corriente del haz de 3 mA/cm^2). La muestra se encuentra de principio en condiciones de alto vacío ($4-9$ x 10^{-8} Pa). Bajo la influencia del haz de electrones, dependiendo de la energía depositada con dicho haz de electrones se llega a una desorción de Fluor.

Mediante la variación de la presión parcial O_2, lo cual fue realizado vía la alimentación controlada de oxígeno, se pudo comprobar la modificación de la señal de oxígeno sobre la capa. En este caso se demostró que a partir de una presión parcial de O_2 del orden de 1.5 x 10^{-7} Pa, el oxígeno corroe el Ca. Sin presencia de oxígeno pudo observarse exclusivamente la desorción de flúor. La reacción completa

$$CaF_2 + \tfrac{1}{2}O_2 \rightarrow CaO + F_2$$

aparece consecuentemente como un complejo de varias etapas individuales de desintegración, desorción de flúor, adsorción de oxígeno y oxidación de calcio. Aquí la velocidad de la reacción es determinada por la presión parcial de oxígeno.

Debido a que las muestras no fueron investigadas respecto a su solubilidad, no pueden derivarse informaciones vía la relación que caracteriza el comportamiento del resist: dosis de radiación-cambio químico-relieve estructural.

Esta relación es, no obstante, de especial importancia para la caracterización de las propiedades de resist de los fluoruros alcalinotérreos. En la literatura especial sobre el tema existen resultados que fueron obtenidos bajo muy diferentes condiciones experimentales. Generalmente, las dosis de radiación de electrones para lograr un comportamiento selectivo de ataque están en un rango de 1 - 10 C/cm^2 [428], [429], [439], [440]. Contrario a ello para el caso de BaF_2 y SrF_2 se encontraron valores sustancialmente menores de alrededor de 10^{-4} - 10^{-5} C/cm^2[426], [427]. De cualquier manera se alcanza con ello la sensibilidad necesaria para una aplicación tecnológica como resist para haz de electrones; no obstante, la resistencia a la radiación como material aislante es completamente insuficiente. Consecuentemente CaF_2 representa, respecto a su empleo como aislante directamente estructurable, la alternativa más favorable.

Es común a todos los resultados el hecho de haberse demostrado una alta capacidad de resolución. Las condiciones previas para ello las ofrecen, no obstante, solamente capas muy delgadas en las que los electrones son dispersados tan sólo en menor grado en forma lateral, es decir perpendicularmente a la dirección de penetración, con lo que de ese modo no se provoca ningún ensanchamiento de estructura (proximity-effect) [442].

MANKIEWICH et al.[439] produjeron, después de la radiación de CaF_2 con electrones de una energía de 120 keV, líneas de CaO de 30 nm de ancho, mismas que se disolvieron después de sumergirlas en agua destilada. La necesaria dosis de radiación fue de 10 C/cm^2. McCORD et al. [429] radiaron capas policristalinas de CaF_2 de 20 nm de espesor con electrones de 60 keV y generaron, después de dos minutos de inmersión en agua destilada, estructuras de 0.3 μm de ancho. Como dosis de irradiación bastaron 0.9 C/cm^2. El aumento de sensibilidad con energía electrónica decreciente se hace comprensible debido a la alta deposición de energía por parte de electrones con baja energía (relación de Bethe) [443]. Un resultado pico es el demostrado por SALISBURY et al. [440], quienes con un haz de electrones fuertemente concentrado (diámetro de 0.6 nm) y con diferentes energías (40 - 100 keV), lograron fabricar estructuras de sólo 3 nm.

De cualquier manera, la estructuración se efectuó sin revelado químico, de modo que -presumiblemente- las altas densidades de corriente de haz utilizadas (aprox. 10^4 A/cm^2) dieron lugar a la vaporización de CaF$_2$.

Investigaciones sistemáticas respecto a las propiedades litográficas de CaF$_2$ bajo bombardeo de electrones se originaron de trabajos propios [428]. Mediante MBE fueron crecidas capas epitaxiales de CaF$_2$ sobre substratos de Si de orientación (111) (ver sección 5.42), cuyo espesor de capa fue de 100 nm.

La radiación con electrones de una energía de 20 keV se efectuó mediante una instalación comercial de exposición por haz de electrones en alto vacío (10^{-3}a 10^{-4} Pa). Con esta energía de inyección resulta, de acuerdo con la fórmula de Bethe [443] una continua pérdida de energía de 2.6 eV/nm en toda la zona de profundidad de capa.

$$-\left(\frac{dE}{dx}\right) = \frac{2\pi e^4 N Z_2}{\left(4\pi\varepsilon_0\right)^2 E_e M_2}\ln(1.166 E_e/I_0) \qquad (6.1)$$

con
$$I_o = (9.76\ Z_2 + 58.8 Z_2^{-0.19})\ eV \qquad \text{para}\ \ Z_2 > 13$$
$$I_o = 11.5 Z_2 eV \qquad\qquad\qquad \text{para}\ Z_z < 6$$
$$I_o = \left\{\begin{matrix}(9.76 Z_2 + 58.8 Z_2^{-0.19})eV\\ 11.50 Z_2 eV\end{matrix}\right\} \qquad \text{para}\ \left\{\begin{matrix}Z_2 > 13\\ Z_2 < 6\end{matrix}\right\}$$

Para los números atómicos de 7 a 12 de los átomos del blanco resulta una media de energía de ionización I_o sobre sus dos partes.

M$_2$	-	masa atómica relativa de los átomos del blanco o bien masa molecular relativa con substratos de varios componentes.
Z$_2$	-	Número atómica de los átomos del substrato
N	-	Densidad atómica del substrato
dE/dx	-	Pérdida de energía por unidad de profundidad
E$_e$	-	Energía de inyección de los electrones
e	-	Carga alemental

Los elementos estructurales fueron escritos con el haz de electrones sobre la capa. Estas fueron bandas de 0.5μm de ancho y 200μm de largo. La dosis de radiación se varió y fue, correspondientemente escalonada, del orden de entre 10^{-2} y -10^1 C/cm^2. Debido al alto valor de dosificación se tuvo que escoger una densidad de corriente de 4 A/cm^2, esto a fin de mantener los tiempos de radiación todavía justificadamente cortos. La aparición de efectos térmicos, vinculados eventualmente con lo anterior, fue igualmente investigada. Su influencia sobre la estructuración resultó, sin embargo, no digna de ser tomada en cuenta. Después de la radiación, las muestras fueron tratadas químicamente a fin de alcanzar una solución selectiva de las zonas radiadas. Para ello sirvieron diversos solventes. Por una parte se utilizó agua destilada debido a que el sustancial efecto de radiación subsiste durante transformación de CaF$_2$, casi insoluble al

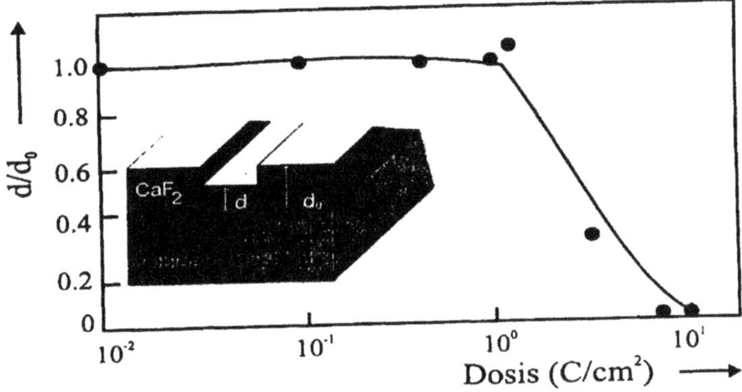

Figura 6.1: Curva característica de CaF_2 radiado con electrones de una energía de 20 keV, puesto a disolver durante 10 minutos en agua destilada.

agua, a CaO, 100 veces más fácilmente soluble. También se investigó el revelado de muestras mediante ataque seco de quimioplasma en plasma de CF_4.

Conforme a las expectativas se llega, por la acción de los electrones, a la disolución de CaF_2, depositándose el oxígeno en la capa sólo después de que ha sido introducido a la cámara de radiación (la comprobación se efectúa mediante AES). Al incrementarse la dosis de electrones aumenta la porción de CaO en la capa. Esta modificación de la composición llevó a un comportamiento selectivo de solución después de la inmersión de la muestra en agua destilada, o bien después de atacarla en un plasma de CF_4. Esta correlación se muestra en la fig.6.1 como forma característica. Una curva de tales características se origina o bien atacando o bien revelando muestras radiadas de diferente longitud en iguales condiciones. El espesor de capa que queda es medido con un Talystep y aplicado como función de la dosis de radiación. Del incremento de esta curva resulta la selectividad de zonas radiadas y no radiadas. Como sensibilidad de resist se da aquella dosis de radiación en la que las zonas radiadas están contenidas completamente (en resist negativo) o desaparecidas (en resist positivo).A partir de la curva se desprende claramente que después de un tiempo de disolución de 10 minutos en agua destilada para la dosis de radiación 3 C/cm^2 dos tercios del espesor de la capa ha sido removido. Evidentemente, no es necesario que en la zona radiada se encuentre exclusivamente CaO para lograr un comportamiento de disolución selectivo, ya que los resultados AES mostraron, en el caso de esta dosis, todavía una señal grande de flúor condicionada por el CaF_2. No obstante, la selectividad se incrementa con una creciente porción de CaO. Tal como lo demuestra más adelante la curva característica, se hace evidente la necesidad de una dosis de radiación de 8 C/cm^2 para retirar completamente la zona radiada. Estos resultados se confirman mediante la observación microscópica de las muestras. Para el caso de dosis altas de radiación de 8 C/cm^2 y 10 C/cm^2 las estructuras están con buena rugosidad de arista. Lo que significa que las zonas están crecidas por completo, de modo que el substrato de Si subyacente quede al descubierto. Contrario a ello, el CaF^2 sobre la superficie radiada con la dosis de 1 C/cm^2 esta atacada sólo superficialmente. Las investigaciones en plasma CF$_4$ arrojan resultados equiparables.

6.2.3 Irradiación con iones

Los experimentos para la irradiación de CaF$_2$ con electrones muestran tanto la posibilidad de usar esta substancia como resist, como también que se trata de un aislante más estructurable, el cual debido a sus propiedades dieléctricas y estructurales resulta de particular interés para la electrónica de semiconductores a base de silicio. De cualquier manera, las dosis de radiación necesarias para la estructuración son relativamente altas, lo que tiene como consecuencia que los tiempos de radiación sean largos (la dosis necesaria para la liberación de las zonas radiadas es de 5 x 10^{19} electrones/cm^2). Por lo tanto, sólo se daría una aplicación efectiva del haz electrónico escritor si la estructura deseada tuviera que ser muy pequeña.

La sensibilidad del resist puede incrementarse sustancialmente si para la radiación se utilizan iones en lugar de electrones. Esto presupone que el mecanismo responsable del comportamiento del resist depende de la energía depositada a través de las partículas. Más allá de esto, sería ventajoso que los iones después depositarse en una capa experimentaran mínima desviación lateral como los electrones, mediante lo cual en capas más gruesas puedan generarse también anchos de estructura en rango nanométrico. Los conocimientos de este tipo provienen especialmente de la irradiación, con iones, de resists orgánicos para haz de electrones [444].

La concepción relativa a la utilización de una capa sensible a la radiación como resist para haz de iones es compleja, como cuando para la radiación se usan electrones. La causa radica en que a través de los iones se deposita sustancialmente más energía. Por una parte, esto lleva a efectos de radiación como es el caso de la disminución del espesor de capa por esputering o por la desintegración de la estructura del cuerpo sólido. Por otra parte, los iones pueden introducir nuevos compuestos químicos junto con los átomos de la capa. De las dos maneras puede llegarse al hecho de que el comportamiento de solubilidad de la capa se modifique completamente en un medio de ataque.

Consecuentemente, para la selección de las condiciones de radiación ya no sólo la energía de las partículas inyectadas reviste importancia (como en el caso de los electrones), sino también las partículas mismas, es decir la clase de iones.

Es determinante, antes que nada, la profundidad de penetración de los iones. En el caso de un resist positivo, la zona irradiada debe ser retirada por completo hasta alcanzar la superficie límite del substrato, lo cual supone que bajo la influencia del haz de iones se modifica la totalidad del volumen. Consecuentemente, los iones tienen que llegar hasta esta superficie límite, pero haciéndose lo más posible por no seguir penetrando en el substrato, a fin de evitar daños por radiación.

Tratándose de un resist negativo, la zona radiada debe de permanecer. Con frecuencia es suficiente si sólo una capa superficial es modificada, la cual en la siguiente etapa (del proceso de revelado) sirve como máscara de ataque, protegiendo con ello las zonas de profundidad de capa subyacentes no alcanzadas por el haz de iones y, por tanto, no modificadas.

A fin de establecer las condiciones de implantación, se han reunido en la tabla 6.1 resultados de cálculos para la profundidad de penetración de algunos iones en CaF_2. Las bases de cálculo al respecto se encuentran en la sección 3.5.2. Las ecuaciones allí especificadas fueron simuladas con ayuda del método Monte-Carlo en un programa TRIM (transport of ions in matter), cuyos fundamentos de más importancia deberán de especificarse a continuación:

- para la capa irradiada, esto es CaF_2, se supone una distribución estatística de los átomos de Ca y de F sin tomar en cuenta la estructura cristalográfica:

- la pérdida nuclear de energía se obtiene utilizando el potencial de Moliere (ecuaciones (3.28) a (3.33) de la sección 3.5.2);

- la pérdida electrónica de energía se obtiene de acuerdo con las ecuaciones (3.34) a (3.36) (de la sección 3.5.2), según la teoría LSS;

- la pérdida electrónica y nuclear de energía se calculan independientemente la una de la otra; el daño por radiación a causa de la pérdida nuclear de energía se calcula con la fórmula Kinchin-Pease modificada (3.39) a (3.40) (a partir de la sección 3.5.2); cada porción de energía que sea más pequeña que la energía de desplazamiento será interpretada como fonón;

- Las modificaciones en la capa, tales como la redistribución de componentes, la generación de daños por radiación, así como la dotación por iones inyectados no son tomadas en cuenta; esto significa que cada ion encuentra y llega hasta lo que es el estado original (sin modificar) de la capa;

- el parámetro de choque, la selección de los socios de choque (átomos de Ca o F), la longitud libre de trayectoria entre dos choques y el ángulo azimutal de difracción son simulados por números aleatorios (del 0 al 1) uniformemente repartidos.

El programa TRIM permite calcular:

- la distribución tridimensional de alcance para los iones utilizando los parámetros

  -alcance medio proyectivo Rp, es decir la proyección del punto final de trayectorias iónicas en la capa sobre el ángulo de profundidad

Ion	Energía/keV	R_p/nm	ΔR_p/nm	$\Delta R_{plat.}$/nm	max. R/nm
He^+	60	359	76	115	510
O^+	60	119	41	41	220
Ne^+	60	94	35	32	190
Si^+	60	66	25	16	150
Ar^+	60	51	21	23	120
O^+	30	58	24	16	130
Ar^+	150	130	42	23	250
Si^+	150	165	53	49	310
Si^+	300	329	86	83	530

Tabla 6.1: Alcances de iones inyectados en CaF_2

- desviación estándar del alcance medio proyectivo ΔR_p
- la 'skewness' (es decir, la disimetría) de la distribución
- la 'curtosis' (es decir, la asimetría) de la distribución
- la desviación lateral ΔR_{pLat}

- la total distribución de alcance de los iones en la profundidad de capa

- la distribución tridimensional de la energía depositada por interacción nuclear

- la distribución tridimensional de la energía depositada por interacción electrónica

- la distribución tridimensional de los puntos vacíos o de falla, y de los fonones

- la distribución de energía y ángulo de los iones retrodispersos y de los transmitidos

De la tabla 6.1 puede derivarse que con creciente masa iónica y decreciente energía de inyección pueden hacerse más estrechas las distribuciones de iones en la capa del cuerpo sólido, esto significa que los puntos finales de las trayectorias iónicas se encuentran en un intervalo muy reducido y en una profundidad de capa más pequeña. Con ello, además, se hace más pequeña la desviación lateral, lo cual es determinante para la capacidad de resolución de estructuras más pequeñas.

Más allá de lo anterior, la magnitud de la energía depositada, así como la relación de la porción nuclear y la porción electrónica depositada de energía pueden ser modificadas, lo que resulta de particular interés si una porción altera esencialmente las propiedades físicas y estructurales de la capa radiada.

La fig.6.2 muestra a este respecto, como ejemplo, la deposición de energía de iones de He^+, Ne^+, y Ar^+ a 60 keV en CaF_2. Con creciente masa iónica se hace más grande la energía depositada, con lo que la porción nuclear y consecuentemente el daño por radiación se incrementan.

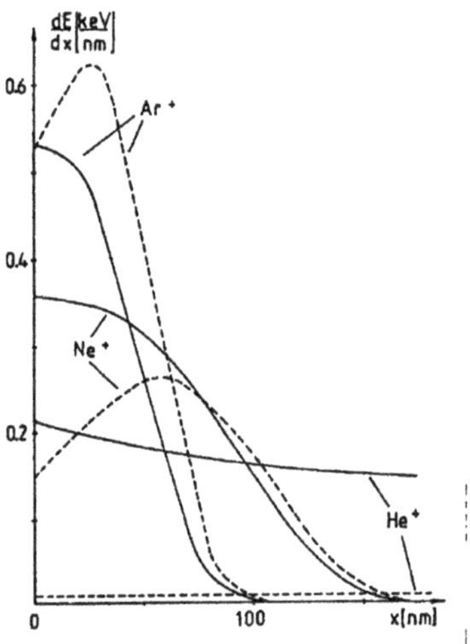

Figura 6.2: Deposición calculada de energía por ión de una energía de 60 keV, sobre CaF_2 (— electrónica, - - - nuclear)

La interacción de iones con la superficie de un cuerpo sólido conduce, con creciente dosis iónica, también a una clara modificación (arrugamiento) de la morfología superficial, así como al decremento del espesor de capa. Estos efectos son consecuencia de la remoción de partículas y, debido a a la acción esputering de los iones, pueden hacerse visibles mediante tomas con microscopio de luz o electrónico [452], [455].

La estructura cristalina de la capa es dañada igualmente con una dosis mayor de iones. Las tomas de RHEED de muestras de CaF_2, las cuales fueron crecidas mediante MBE sobre substratos de Si de orientación (111) (ver sección 5.4.2) y radiadas con iones de Ar^+ de una energía de 60 keV, mostraron con dosis iónicas a partir de $1x10^{16}$ cm^{-2} un evidente daño por radiación, y a partir de $1x10^{17}$ cm^{-2} una parcial amorfización de la capa [452].

Es también esencial que puedan darse alteraciones en la superficie límite CaF^2/Si a consecuencia de los iones incidentes, si estas llegan a penetrar hasta este ámbito de profundidad de capa. Por la acción de la energía allí depositada pueden mezclarse las dos capas, por ejemplo por difusión de Si hacia la superficie de capa y/o Ca y F hacia el substrato de Si, o bien mediante implantación de retrochoque (desplazamiento de átomos de Ca o de F por choque elástico a través del ion implantado en dirección del substrato de Si).

Tal como se indicó en la sección 6.2.2, la radiación con iones lleva a la desintegración de CaF_2, con lo que el oxígeno en la capa se deposita, posibilitándose de ese modo una disolución selectiva de la zona radiada en un medio de ataque. Resultados de la radicación de capas de CaF_2 se muestran en la fig.6.3 para

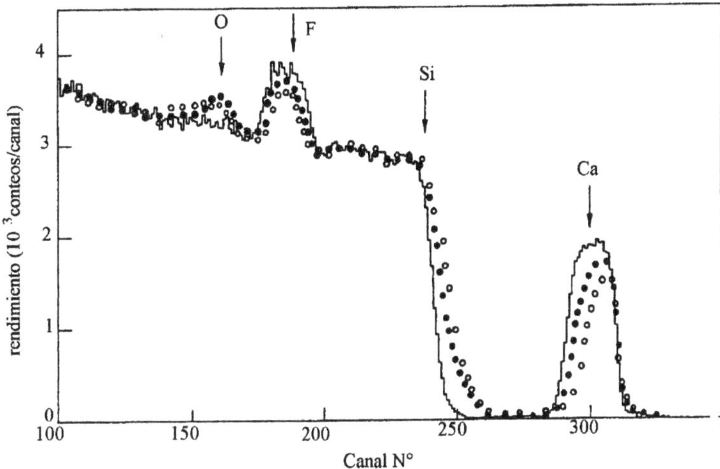

Figura 6.3: Espectro RBS de una capa CaF_2 de 100 nm de espesor después de una radiación con iones de 60 keV Ar^+ (curva completamente trazada: no radiado, círculos cerrados: dosis $3x10^{16}$ cm^{-2}, abiertos: dosis $1x10^{17}$ cm^{-2}).

iones de 60 keV Ar^+ (grosor inicial de capa de CaF_2 100 nm) y en la fig. 6.4 para iones de 30 keV O^+ (grosor inicial de capa de CaF_2 75 nm). El espectro cualitativamente igual para la implantación de Ar^+ resulta también después de la radiación con iones de 60 keV Si^+.

De los espectros RBS pueden derivarse los siguientes conocimientos:

Con dosis creciente de iones

- CaF_2 es removido, por ello disminuye el pico de Ca y la arista de Si se desplaza a la derecha;

- por desorción disminuye la porción de F en relación con Ca;

- se incrementa la porción de oxígeno en la capa; aquí, el ensanchamiento de este pico indica que el oxígeno penetra de manera cada vez más profunda en la capa.

Tal como se puede evidenciar en la caída de la señal de Ca de las figs.6.3 y 6.4, bajo radiación iónica disminuye el espesor de capa. El espesor de capa de la muestra radiada con iones de 60 keV Ar^+ (fig.6.3) es de 100 nm antes de la implantación, y de 65 nm después de una dosis de radiación de $1x10^{17}cm^{-2}$. Para la capa radiada con iones de 30 keV O^+ de la fig.6.4 se tiene, según la evaluación de los espectros de RBS, una disminución del espesor de capa del

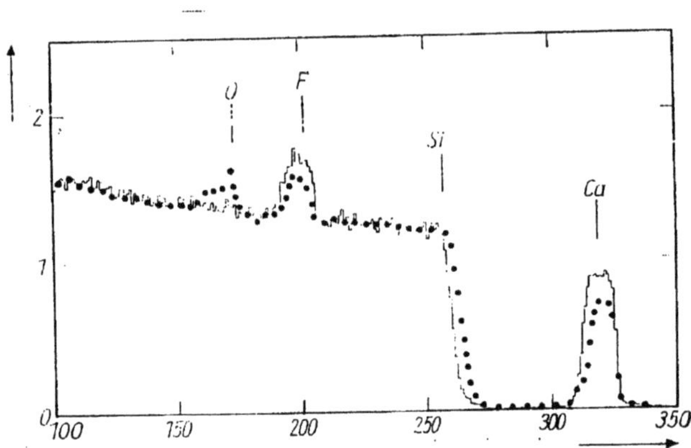

Figura 6.4: Espectro RBS de una capa CaF_2 de 75nm de espesor,después de una radiación con iones de 60 keV O^+ (curva completamente trazada: no rdiado, círculos: dosis $1\times10^{17}cm^{-2}$)

orden de 75 nm a 55 nm después de la misma dosis de radiación de 1×1017 cm-2. A consecuencia de ello, puede darse un coeficiente promedio de esputering de $Y = 2.6$ para la radiación con iones de 60 keV Ar^+ y de Y=1.5 para la radiación con iones de 30 keV O^+ de acuerdo con la ecuación

$$Y = \Delta d\, N/D \tag{6.2}$$

Δd - espesor removido de capa
D - dosis iónica
N - densidad atómica ($= 7.36 \times 10^{22}$ cm^{-3} para CaF_2)

Más allá de esto, a partir de la fig.6.3 se hace evidente que el flanco trasero del pico de Ca, y al mismo tiempo el flanco delantero de la señal de Si son claramente más planos. Puesto que a altos valores de dosificación es la disminución del espesor de capa de CaF_2 tan grande que los iones de Ar^+ alcanzan la zona de superficie límite CaF_2/Si, se llega en este lugar a una mixturización de capas estimulada por los iones. De ello es responsable la implantación de Ca por retrochoque. Dicho Ca posee una masa atómica casi idéntica a la del ion de Ar^+, de modo que, habiendo un choque de núcleo, tiene lugar una casi máxima transferencia de energía. Debido a su sustancialmente menor masa, apenas si el F se halla involucrado en este proceso. Esto además no puede comprobarse debido a la menor sección efectiva respecto a los iones sonda de He^+ empleados para la medición de RBS.

ion/energía	dosis/cm^2	composición densidad	Superficial de oxígeno/cm^2
30 keV O$^+$	0	$CaF_{2.07}$	-
	$1x10^{15}$	$CaF_{2.09}$	-
	$1x10^{16}$	$CaF_{2.05}O_{0.15}$	$2.4x10^{16}$
	$3x10^{16}$	$CaF_{1.80}O_{0.25}$	$5.7x10^{16}$
	$1x10^{17}$	$CaF_{1.75}O_{0.76}$	$1.4x10^{17}$
60 keV Ar$^+$	0	$CaF_{2.04}$	-
	$1x10^{15}$	CaF_2	-
	$1x10^{16}$	$CaF_{1.80}O_{0.20}$	$2.3x10^{16}$
	$3x10^{16}$	$CaF_{1.60}O_{0.77}$	$7.6x10^{16}$
	$1x10^{17}$	$CaF_{1.30}O_{0.98}$	$1.5x10^{17}$

Tabla 6.2: Relaciones de Ca, F y O medidas con RBS despus de radiacin inica de CaF_2.

En la implantación de O$^+$, según la sección 6.4, el mencionado efecto es menor aunque los iones también aquí, con altos valores de dosificación y debido a la disminución del espesor de capa, alcanzan la zona de superficie límite. La transferencia de energía de los iones de O$^+$ más ligeros sobre Ca es por tanto relativamente pequeña para la realización de una implantación de retrochoque.

Junto a los importantes efectos descritos del esputering y la mixturización de capas, mismos que deben estar vinculados a la selección de las condiciones de radiación, para el efecto litográfico son de cualquier manera decisivas las modificaciones de la composición de capa inducidas por el haz de iones. Los espectros RBS (secciones 6.3 y 6.4) explican el aumento de la señal de oxígeno y la disminución de la señal de flúor con dosis creciente de iones. La composición de capa resultante de las mediciones está indicada en la tabla 6.2. Allí se hace evidente que la porción de oxígeno en las dos muestras es equiparable. La diferencia consiste, desde luego, en que en la implantación de Ar$^+$ es incorporado exclusivamente oxígeno del ambiente, mientras que en la implantación de O$^+$ se inyecta oxígeno adicional.

Las relaciones medidas pueden fundamentarse partiendo de la deposición de energía de los iones implantados. Como puede evidenciarse a partir de la tabla 6.1, para iones de Ar$^+$ 60 keV- (51 nm), de Si$^+$ 60 keV- (66 nm) y para iones de O$^+$ 30 keV, se tienen alcances proyectivos equiparables. La fig.6.5 y la 6.6 muestran, correspondientemente, la deposición de energía para los iones aplicados con una energía de 60 keV, o bien para los iones de O$^+$ 30 keV. Hasta los iones de He$^+$, en los que la deposición de energía se efectúa casi exclusivamente de manera electrónica, en los demás casos la deposición de energía nuclear y electrónica son aproximadamente iguales. En la zona de los primeros 50 nm, mediante los iones de Ar$^+$ 60 keV, en comparación con los iones de O$^+$ 30 keV, se depositará energía en una proporción de dos y hasta tres veces.

En este orden de magnitud está también la diferencia del oxígeno integrado

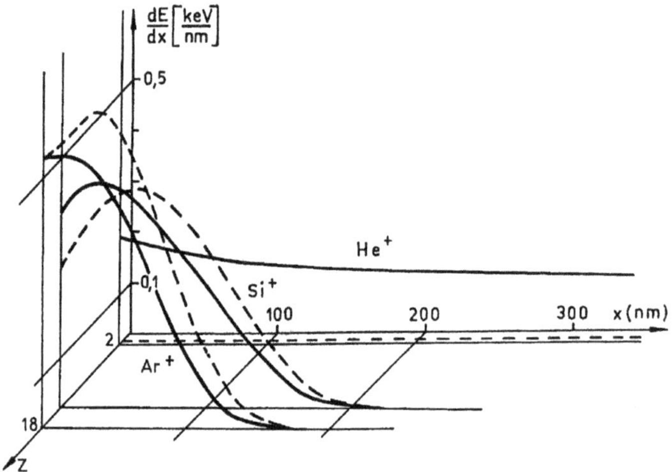

Figura 6.5: Deposición calculada de energía por ion para diferentes iones con una energía de inyección de 60 keV en CaF_2 (—— electrónica, - - - nuclear)

adicionalmente en la capa. La suma de la energía depositada es, en los primeros 30 nm, 15 a 30% más alta para iones de Ar^+ 60 keV respecto a iones de Si^+ 60 keV. Esta relación se invierte después de 40 nm de profundidad de penetración, de modo que las dos especies de iones dentro de los primeros 50 nm depositan una cantidad equiparable de energía.

Contrario a ello, los iones de He^+ 60 keV pierden esencialmente menos energía por tramo de trayectoria (10 - 20% en comparación con Ar^+ 60 keV). En consecuencia, las diferencias en los espectros RBS son, en relación con Ca, F y O, tan pequeñas, que no son comprobables. Éstas empero pueden comprobarse con ayuda de la espectroscopía de electrones de Auger. Debido a que, al contrario de los otros electrones utilizados, tiene lugar casi exclusivamente deposición electrónica de energía, y porque el efecto también fue encontrado después de la radiación de electrones, resulta como conclusión que la cantidad del oxígeno integrado (que se manifiesta a causa de la desintegración de CaF_2) es proporcional a la suma de la energía total depositada por los iones (es decir, la porción electrónica y la porción nuclear).

La modificación provocada por la implantación de iones al interior de la composición de la capa se transforma, después de su inmersión en una solución dentro de un comportamiento selectivo de disolución. Si las capas radiadas con iones de Ar^+ 60 keV o iones de O^+ 30 keV son sumergidas 10 minutos en agua destilada, se disuelven entonces las zonas radiadas más rápido que las no radiadas. Este comportamiento corresponde al de un resist positivo y concuerda con los resultados que fueron encontrados después de la radiación

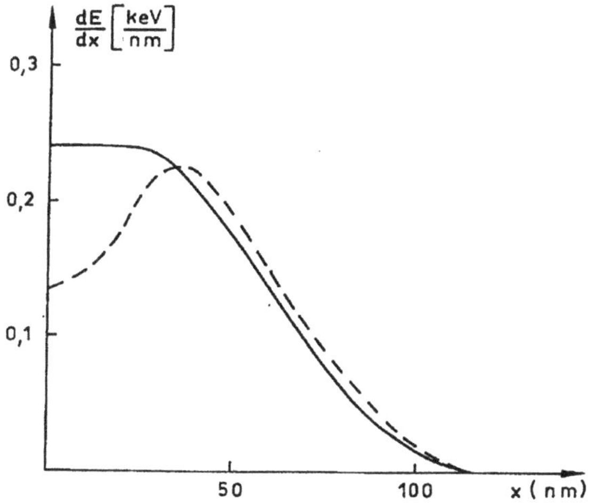

Figura 6.6: Deposición calculada de energía por ion de O^+ de energía de 30 keV en CaF_2 (— electrónica, - - - nuclear)

con electrones (sección 6.2.2). De cualquier manera, la más alta dosis empleada de $1x10^{17} cm^2$ no es todavía suficiente para un comportamiento completamente selectivo. Una comparación con los resultados mostrados en la sección 6.2.2 para la radiación con 20 keV explica lo anterior. Para la completa disolución de CaF_2 fue necesaria una dosis de electrones de 8 $C/cm^2 (= 5 \times 10^{19})$. Si se compara la pérdida de energía de los electrones de 20 keV (2.6 eV/nm) con aquella de los iones empleados de la sección 6.5 y 6.6, se podrá reconocer que los iones sólo depositan una energía de 100 - 200 veces. Consecuentemente, fueron necesarios valores de dosificación más altos, de $2x10^{17}$ cm^{-2} para la completa disolución de capa.

En oposición a estos resultados, en una solución de $HCl:H_2O = 1:100$ (inmersión por tres minutos) pudo encontrarse un comportamiento de disolución inverso, significando esto que las zonas radiadas se disuelven más despacio que las no radiadas, lo cual corresponde, así, a un resist negativo [452]. La figura 6.7 muestra las curvas características al respecto. En este caso no resultan, en el marco de la exactitud de medición, diferencias significativas respecto a la radiación con iones de Ar^+ 60 keV, O^+ 30 keV y Si^+ 60 keV. Con la dosis de $1x10^{16}$ cm^{-2}comienzan las zonas radiadas a volverse resistentes al ataque y permanecen completamente inalterables a partir de $3x10^{16}$ cm^{-2}. Respecto a los electrones, esto corresponde a un incremento de sensibilidad de alrededor de cuatro órdenes de magnitud. Para la muestra radiada con iones de He^+ 60 keV la dosis necesaria es de $1x10^{17}$ cm^{-2} . Estas diferencias en cuanto a comportamiento de disolución se correlacionan bien con las diferencias en la en-

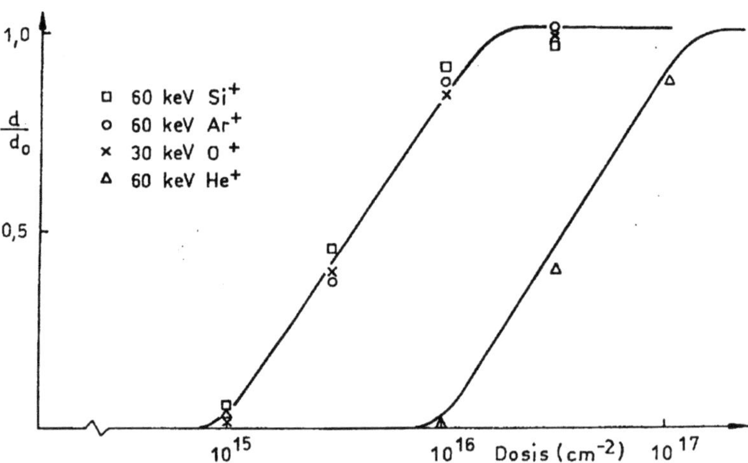

Figura 6.7: Curvas características de CaF_2 después de irradiación con iones e inmersión en $HCl:H_2O = 1{:}100$

ergía depositada por los iones respectivos. Una comparación de resultados con la información de la tabla 6.2 sobre la composición de la capa nos dice que la integración de 6-7x10^{16} átomos de material/cm^2 es suficiente para hacer que las zonas radiadas se vuelvan resistentes al ataque en ácido clorhídrico.

6.3   Generación de zonas de $CaSi_2$ eléctricamente conductivas en capas aislantes de CaF_2 mediante implantación de iones de Si^+

En la sección 5.3.3.6 se mostró que $CaSi_2$ puede crecer sobre substratos de Si de orientación (111) con un desajuste de rejilla de sólo 0.4% y que éste, debido a la resistencia específica de 100 mWcm puede emplearse para la metalización epitaxial [460], [461].

El punto de partida para las siguientes reflexiones lo constituyen los conocimientos obtenidos en la anterior sección 6.2.3 para la radiación de CaF_2 con iones de Ar^+. Como allí se demostró, se llega en la superficie límite CaF_2/Si a la mixturización de Ca y Si con un simultánea desorción de F, si ésta es alcanzada por los iones de Ar^+ (en la capa de CaF_2 de espesor de 100 nm se dio el caso a altas dosificaciones debido a que la superficie ya había sufrido esputering) . En esta zona se origina ya, por tanto, siliciuro de Ca, aunque wn mezcla con F. En consecuencia, bajo determinadas condiciones surge la posibilidad de formar en consecuencia, bajo determinadas condiciones surge la posibilidad de formar en la capa aislante de CaF_2 una capa conductiva metálica de siliciuro de Ca.

Otra posibilidad, incluso más efectiva para la formación de zonas de siliciuro de Si conductivas consiste empero en la implantación directa de iones de Si, de los cuales se hablará a continuación [462], [463]. No debe, desde luego, de esperarse que el siliciuro se forme apenas después de la implantación. Debido a que el vale (se) desabsorbe a consecuencia de la radiación de iones, la capa es fuertemente reactiva al aire debido al Ca enlazado. Consecuentemente, debe de efectuarse un inmediato tratamiento térmico para la formación de la capa de siliciuro de ser posible en la misma cámara de implantación.

En la fig.6.8 se muestran los espectros (obtenidos mediante la utilización de iones de He^+ 1.4 keV) de una muestra de CaF_2 con espesor de 250 nm, crecida sobre un substrato de Si de orientación (111), muestra en la cual fueron implantados a temperatura ambiente iones de Si^+ con una energía de inyección de 60 keV [462]. El espesor de capa de 250 nm garantiza que los iones no alcancen la zona de superficie límite hacia el substrato, de modo que ninguna mezcla ion-estimulada de la superficie límite influya sobre los resultados. La dosis de implantación es de $2x10^{17}$ cm^{-2}. Si se observa atentamente la distribución de profundidad de los iones de Si^+ (R_p = 66 nm, ΔR_p = 25 nm, máx. profundidad de penetración 150 nm, de acuerdo con la tabla 6.1), en el caso de esta dosis es de esperarse que se alcance una relación de Ca a Si de aproximadamente 1:2. Puesto que debido a implantación de alta dosis la estructura cristalina se destruye, ésta es sometida a curación con un láser eximer KrF_2 (λ = 253 nm, densidad de energía o.15 J/cm^2, tiempo de radiación 1 min.).

Después de la implantación resulta una clara desviación del espectro en comparación con la capa original. Tal como se espera, la señal de F se hace más pequeña a consecuencia de la desorción de flúor. Se modifica además, claramente, la forma del pico de Ca. Éste disminuye visiblemente hacia la superficie y alcanza en su flaco trasero la altura del espectro original. La causa de esto lo es la modificación de densidad en la zona de profundidad de capa, en la que los iones están intrapenetrados. Los iones que adicionalmente, debido a la implantación, se encuentran en la capa, amplían asimismo el pico de Ca (por sobreposición de las dos señales, mismas que no pueden separarse debido a las mínimas diferencias de masa de Ca y Si). Ha de excluirse una difusión desde el substrato, ya que el flanco delantero de la señal de Si tiene aún la misma pendiente que en el caso de la muestra no radiada. Los iones implantados tampoco penetran hasta la zona de la superficie límite CsF_2/Si, tampoco considerando el desgaste de capa por esputering, lo que debido al ensanchamiento de pico no puede combararse con exactitud. A partir de investigaciones relativas a la estructuración de haz de iones de CaF_2, en las cuales se llegaron a emplear iones de Si^+, se estableció una remoción de capa de aprox. 20 nm con una dosis de radiación de $1x10^{17}$ cm^{-2}. Consecuentemente, en los presentes experimentos puede partirse de una remoción de capa menor a 50 nm.

La tabla 6.3 muestra a continuación resultados de cálculos sobre la composición de la capa. Los resultados pueden encontrarse mediante la adaptación al espectro medido, lográndose la simulación en el presente caso bajo el supuesto

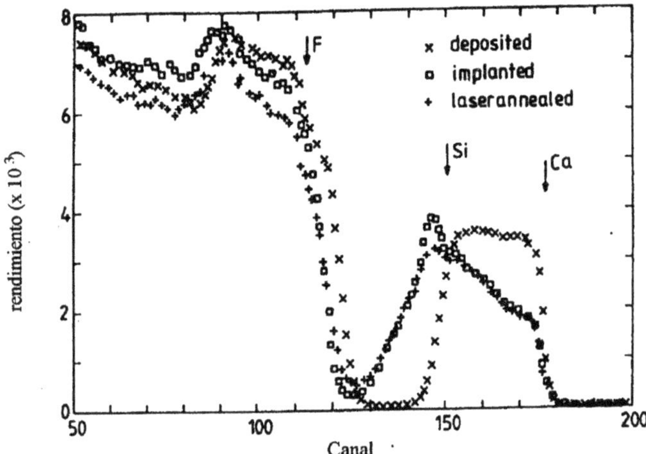

Figura 6.8: Espectros RBS de una capa de CaF_2 de 250 nm de espesor sobre Si, irradiada con iones de Si^+ 60 keV, curada con un láser eximer KrF_2

Zona de capa	Concentración			
(espesor de capa)	Ca	Si	F	O
I (90 nm)	15	25	25	35
II (100 nm)	25	40	20	15
III (150 nm)	24	16	48	12
IV (substrato)	0	100	0	0

Tabla 6.3: Composición de la capa implantada a partir de la figura 6.8

de que la capa implantada se compone de tres zonas de profundidad de capa.

La cuarta zona de capa representa al substrato de Si. En la zona I cercana a la superficie la concentración es menor respecto a las zonas de profundidad de capa que están más profundas. La causa de ello debe buscarse en los efectos de esputering. Como se esperaba, aquí varía también la relación de Ca respecto a F de la relación estequiométrica de 1:2, ya que F se desorbe. En la segunda profundidad de capa llama la atención la alta concentración de Si, la cual tiene lugar por el hecho allí se encuentra el máximo de distribución de los iones implantados. La disminución de la concentración de O demuestra que la deposición de oxígeno después de la implantación y contacto de la capa con aire está determinada por la difusión. En oposición a ello, la concentración de F se mantiene, en lo fundamental, constante. Evidentemente, durante la implantación queda garantizada la difusión de flúor liberado. En la tercera zona de profundidad de capa Ca y F están todavía en relación estequiométrica. Debido a que la

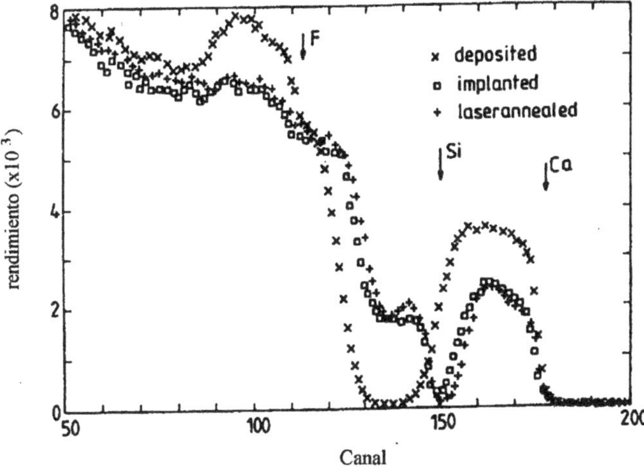

Figura 6.9: Espectros de RBS de una capa de CaF_2 de 250 nm de espesor sobre Si, irradiada con iones de Si^+ 60 keV a 300 $\circ C$ de temperatura de sustrato, curada con un láser eximer KrF_2

máxima profundidad de penetración de los iones de Si^+ es de aproximadamente 150 nm, puede aquí también encontrarse Si y también, a consecuencia de la deposición de energía vinculada a ello, cantidades mínimas de O. La simulación hace evidente que en este sistema de capas no se encuentra ninguna formación de siliciuros. Mediante la implantación existe en la capa, por una parte a causa de la desorción de flúor, una gran cantidad de átomos de Ca no enlazados, por otra parte, a altas dosis de implantación, la capa se halla ampliamente amorfizada. Puesto que después de la implantación la muestra entró en contacto con el aire, hubo consecuentemente penctración de oxígeno. Tal como lo muestra la figura 4.20, tampoco después del procedimiento de curado con láser eximer se manifiesta formación alguna de Ca-Si. El oxígeno y especialmente el F lo evitan, aunque esto dé lugar a una clara perdida de F. Todo ello es notoriamente una consecuencia de la difusión, durante la implantación, de átomos de F liberados no inmediatamente integrados. Por lo demás, solamente se llega a la difusión del silicio, lo que puede verse en el aplanamiento de la arista de Si. Por ello, la formación de siliciuros deberá efectuarse, hasta donde más sea posible, bajo haz de iones.

Una posibilidad al respecto es la que ofrece la implantación a alta temperatura de substrato. La fig.6.9 muestra los espectros RBS de una muestra comparativa. En este caso el substrato fue calentado a 300 °C durante la implantación [462].

En primer término se hace evidente la disminución de la señal de Ca. Com-

Zona de capa	Concentración			
(espesor de capa)	Ca	Si	F	O
I (90 nm)	18	35	26	21
II (100 nm)	22	30	40	8
III (sustrato)	0	100	0	0

Tabla 6.4: Composición de la capa implantada a partir de la figura 6.9

parativamente, ésta es sustancialmente más intensa que después de la implantación de la muestra a temperatura ambiente. El espesor de capa resultante es de aproximadamente 190 nm. Según lo esperado, disminuye con ello también la señal de F. Sin embargo, llama particularmente la atención el hecho de que el silicio esté ampliamente distribuido de manera uniforme en la zona implantada. Por ello la señal de Si es desplazada hacia la superficie en la manera que es típica para un espectro de siliciuro. Esto se expresa también en la tabla 6.5, en la que la composición calculada está registrada a partir de la simulación de espectro. Ésta se efectuó bajo el supuesto de que el sistema se compone de tres capas, caso en el que la tercera zona de profundidad de capa era nuevamente el substrato de Si.

La primera zona de profundidad de capa es aquella en la que se implanta la porción principal de los iones de Si^+ si es que se parte del hecho que éstos se mantienen en el punto final de su trayectoria. Esto empero se hace evidente sólo por la disminución de la señal de F, según las experiencias tenidas con la desorción inducida por haz de iones. En la segunda zona de profundidad la concentración de Si es a este respecto significativamente mínima, aunque los iones, con la energía seleccionada de implantación, no logren llegar hasta allí. Consecuentemente, durante la implantación sobre el substrato caliente tiene lugar una clara difusión de Si. Más allá de esto, el crecimiento planar mínimo de la arista de Si demuestra que la superficie límite hacia el substrato ya no está afilada. En consecuencia, en ella ha tenido lugar una mixturización de los elementos. La segunda profundidad de capa posee aún con mayor amplitud la relación estequiométrica de Ca:F = 1:2. La desviación resulta del hecho de que en esta zona, así sea sólo de manera mínima, se deposita energía mediante los iones de Si^+ (ver secc. 6.2) y, en consecuencia, hay todavía liberación de F.

Las mediciones de conductividad llevadas a cabo (método de cuatro puntas) dieron como resultado una resistencia específica de 250 $\mu\Omega$m (sobre la parte no implantada la capa era de alto ohmiaje), con lo cual se alcanza una conductividad de un orden de magnitud comparable con otros metal-siliciuros (WSi_2, $MoSi_2$). Evidentemente basta ya con la implantación a temperatura incrementada de substrato para formar siliciuros de Ca, pues un postratamiento mediante láser eximer KrF_2 no modifica sustancialmente la capa. Solamente el contenido de Si de la capa es algo mayor en comparación con los otros elementos. La porción de oxígeno se ha visto por el contrario disminuido. En la formación de una capa pura de $CaSi_2$ el F resulta, desde luego, perturbante, aunque de ello pueda derivarse que éste todavía se halla presente enlazado a Ca.

Estos resultados muestran la principal posibilidad para la formación de zonas eléctricamente conductivas en una capa aislante de CaF$_2$ por implantación de iones. De este modo se tiene la posibilidad de índole completamente nueva para la metalización de sistemas de circuito impreso y de contacto sin procedimientos litográficos adicionales. Los circuitos impresos pueden formarse bajo haz de iones "escribiéndolos". Adicionalmente, ello resulta particularmente atractivo en relación con unión de MBE y la técnica de haz de iones. Ya que tanto CaSi$_2$ como CaF$_2$ crecen epitaxialmente sobre silicio, pueden también de esta manera fabricarse estructuras monocristalinas tecnológicamente no complicadas y a la vez eléctricamente conductivas en un sistema microelectrónico tridimensionalmente apilado.

6.4 Generación de capas Ge$_x$Si$_{1-x}$ por implantación

En la sección 5.2.4 se habló sobre la heteroepitaxia de capas de Ge o bien de Ge$_x$Si$_{1-x}$sobre obleas de Si utilizando el método MBE y sobre las posibilidades de allí resultantes para la formación de superrejillas. Además en la sección 6.1 se dio información sobre la implantación de iones, los que junto con el silicio forman compuestos químicos que son de interés para la microelectrónica. Mediante altas dosis de iones y una alta energía de implantación pueden formarse de esta manera sistemas soterrados de capa (p. ej. O$^+$ para SiO$_2$ [397]- [399] o Co$^+$ para CoSi$_2$ [400]- [403]). Con ello es posible pensar también en la fabricación de capas de Ge$_x$Si$_{1-x}$ soterradas en un substrato de Si, siendo en este caso esencial que tales zonas puedan prepararse al mismo tiempo lateralmente estructuradas por medio de un haz de iones "escritor". La fig.6.10 muestra este proceso esquemáticamente. Después de la implantación el Ge está, en una primera aproximación, distribuido de forma gausiana en la zona de profundidad de capa, situación en la que -debido al daño por radiación- la estructura cristalina está dislocada. Después de un apropiado tratamiento térmico debe de ocurrir una recristalización de toda la capa, de donde se espera que se forme un sistema epitaxial de capas Ge$_x$Si$_{1-x}$/Si ó bien Si/Ge$_x$Si$_{1-x}$/Si.

Hasta ahora la implantación de iones de Ge$^+$ en substratos de Si ha sido de interés en relación con la amorfización inducida por haz de iones [464]-[466], ya que Ge respecto a Si representa un dotando inerte. Tales investigaciones obedecen ante todo a motivos tecnológicos, tales como p. ej. la evitación de la canalización de átomos de dotación (debido a la destrucción de cristales) [467] o los relativos a la intensificación de la profundidad de oxidación (debido a la intensificación de reactividad - vinculada con la dotación -, consecuencia, a su vez, de enlaces rotos) en la formación de SiO$_2$ sobre silicio [468]).

La posibilidad de fabricación de capas de Ge$_x$Si$_{1-x}$ por implantación de alta dosis fue demostrada por BERTI et. al. [469]. Ellos irradiaron Si de orientación (111) con iones de Ge$^+$ 150 keV, y con un láser eximer fundieron la zona implantada (longitud de onda 308 nm, densidad de energía de 1 J/cm^2) en forma completa hasta llegar a la máxima profundidad de penetración de los iones, con lo que dicha zona recristalizó epitaxialmente. La calidad cristalina dependió

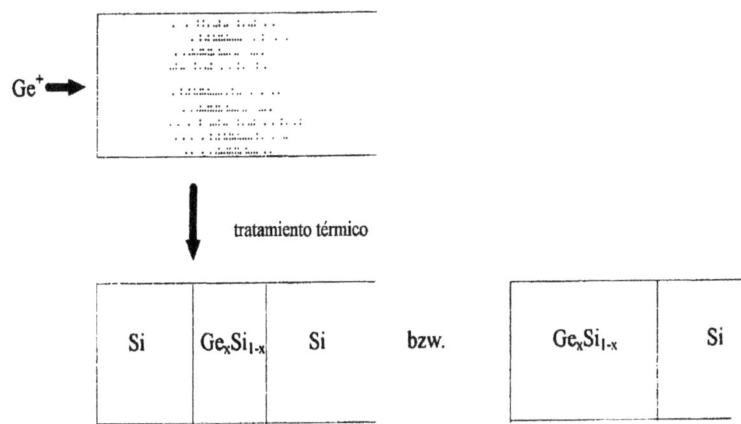

Figura 6.10: Presentación esquemática de la generación de un sistema de capas Ge$_x$Si$_{1-x}$/Si ó bien Si/Ge$_x$Si$_{1-x}$/Si por implantación de iones de Ge$^+$.

acentuadamente de la energía depositada en la capa. Una energía demasiado pequeña hizo cristalizar sólo de manera insuficiente la aleación de Ge$_x$Si$_{1-x}$, mientras que un aporte demasiado alto de energía condujo a la difusión de los iones de Ge implantados hacia zonas más profundas de capa. En estas pruebas la capa de Ge$_x$Si$_{1-x}$ pudo formarse exclusivamente como capa superficial. Esto es comprensible, ya que mediante el láser la superficie se funde hasta la zona de profundidad de capa, donde la radiación es absorbida (lo que corresponde a proceso epitaxial de fase líquida). En esta fusión los átomos de Ge están en condiciones de moverse libremente y llegan por esta razón inclusive hasta la superficie, aunque éstos con la dada energía de implantación de 15 keV se distribuyen en una profundidad de capa de entre 60 nm y 140 nm.

Para el establecimiento de los parámetros de implantación debe ser conocida la distribución espacial de los iones de Ge$_+$ después de su penetración en el substrato de Si en dependencia respecto a la energía de inyección, lo que -por otra parte- puede ser calculado con el programa TRIM descrito en la secc. 6.2.2. Tomando en consideración los espesores de capa relevantes para la formación de sistemas capas, resultan favorables las energías de implantación de 60 keV (alcance proyectivo medio de 135 nm, desviación estándar 46.1 nm, alcance máximo 265 nm). Con ello se tiene como resultado en una implantación de 60 keV una distribución cercana a la superficie, mientras que ésta en una implantación de 200 keV es desplazada, según todas las expectativas, a una zona más profunda de capa. Más allá de lo anterior debe prestarse atención al hecho de que la composición de la capa de Ge$_x$Si$_{1-x}$, además de la energía de implantación, depende de la dosis de radiación. Con una energía creciente la distribución de iones se extiende sobre una zona mayor de profundidad de capas, puesto que no

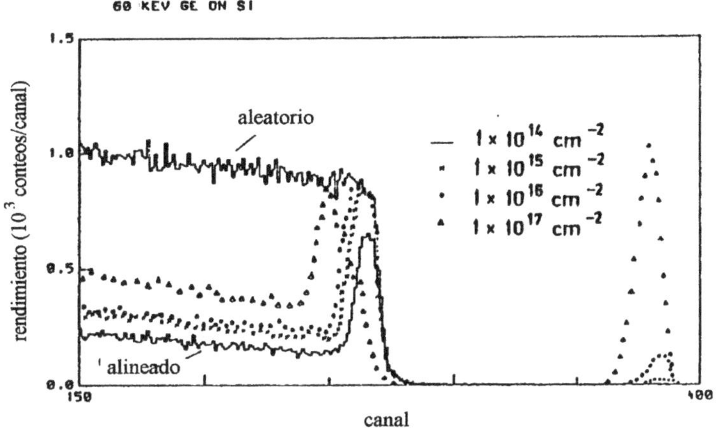

Figura 6.11: Espectros RBS de Si, en lo que fueron implantados iones de Ge$^+$ con una energía de 60 keV.

sólo el alcance (radio de acción) proyectivo medio de los iones aumenta, sino que también la desviación estándar se hace más grande (los perfiles implantados en una primera aproximación representan una distribución gausiana). Con ello la distribución se hace más plana, en caso de que para una mayor energía de implantación se selecciona la misma dosis de iones, tal como es el caso tratándose de una menor energía de implantación. Consecuentemente, con energías más altas tiene que seleccionarse también una dosis más alta, debiéndose alcanzar la misma concentración de germanio en el intervalo implantado de capa.

La fig.6.11 y 6.12 muestran los espectros de retrodispersión de Rutherford después de la implantación de un substrato de orientación (111) con iones de Ge$^+$. Las energías de implantación fueron de 60 ó 200 keV, las dosis de iones fueron en cada ocasión $1x10^{14}$ cm^{-2}, $1x10^{15}$ cm^{-2}, $1x10^{16}$ cm^{-2} y $1x10^{17}$ cm^{-2}. Como iones sonda RBS se utilizaron iones de He$^+$ con una energía de 1.7 MeV. Se midió en cada caso en dirección aleatoria (random) y en dirección de los niveles de rejilla cristalina (aligned). En este caso están representados el espectro aleatorio y el espectro alineado sólo para la dosis más baja de $1x10^{14}$ cm^{-2}. De los otros valores de dosis fue registrado en las imágenes cada vez sólo el espectro alineado, esto porque los respectivos espectros aleatorios se diferencian en tal medida que el rendimiento de retrodispersión en la parte de más baja energía de la señal de Si, no disminuye.

De los espectros de RBS pueden extraerse los siguientes conocimientos:

- Ya en la dosis de $1x10^{14}$ cm^{-2} puede establecerse en los espectros alinea-

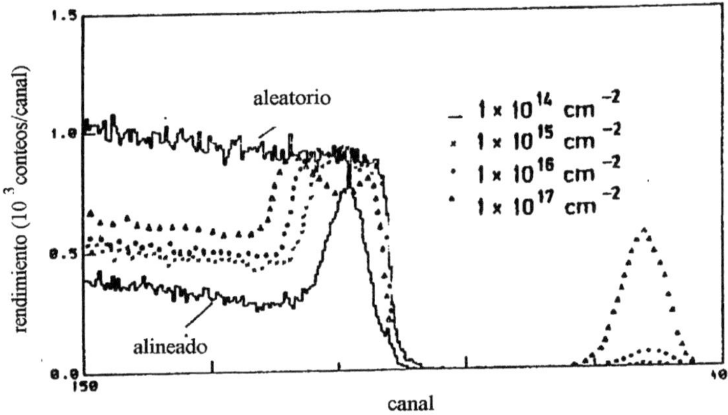

Figura 6.12: Espectros RBS de Si, en lo que fueron implantadas iones de Ge^+ con una energía de 200 keV

dos de la figura 6.11 una clara destrucción del cristal de Si, debido a lo cual aumenta el rendimiento de retrodispersión entre el canal 250 y 300. El área dañada se origina en la zona de alcance proyectivo medio de los iones (44 nm) y se extiende con el aumento de la dosis hacia la superficie (con dosis $1x10^{17}cm^{-2}$ la arista de Si está desplazada a la izquierda en la zona superior de capa debido a la elevada porción de Ge). Con una energía de inyección de 200 keV este daño se propaga a causa de la mayor profundidad de penetración de los iones hacia zonas más profundas de capa. Se hace evidente que también aquí se daña particularmente la zona de profundidad de capa en la cercanía del alcance proyectivo medio de los iones (135 nm), quedando, por tanto, "enterrado" el daño por radiación. La comparativamente más alta deposición de energía de los iones de Ge^+ implantados con 200 keV lleva también un daño del cristal correspondientemente mayor.

- Debido a que con una dosis creciente de iones aumenta el daño del cristal, puede esto llevar a la amorfización de la superficie de substrato. Esto se demuestra en el flanco delantero de la señal de Si (canal 270), que claramente se hace más plano con dosis de $1x10^{17}$ cm^{-2}. De acuerdo con lo esperado, aumenta la señal de Ge al aumentar la dosis de iones. En esta circunstancia se extiende de cualquier manera la distribución de Ge, lo que tiene lugar debido a la difusión de los iones de Ge. La causa de esta difusión acelerada por radiación ha de buscarse en el daño creciente de la

Dosis nominal (cm^2)	Concentración (%)	
	60 keV	200 keV
$1x10^{14}$	$1.1x10^{14}$	$1.0x10^{14}$
$1x10^{15}$	$1.1x10^{15}$	$1.1x10^{15}$
$1x10^{16}$	$9.5x10^{15}$	$9.9x10^{16}$
$1x10^{17}$	$8.9x10^{16}$	$9.6x10^{16}$

Tabla 6.5: Comparación entre cantidad de Ge implantada y comprobada

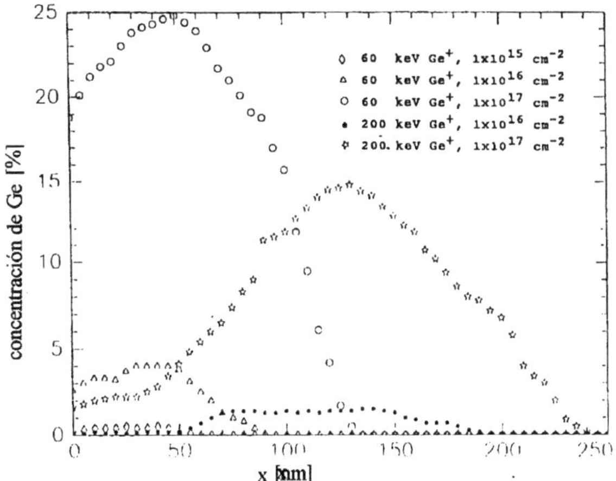

Figura 6.13: Relación Ge-Si después de la implantación de iones Ge$^+$ keV y 200 keV

rejilla cristalina al aumentar la dosis.

- Con creciente energía de implantación se extiende la distribución de Ge. según lo esperado, hacia zonas más profundas de capa; es, correspondientemente, más ancha y posee a dosis comparables una mínima concentración de Ge por intervalo de profundidad. La fig.6.13, en la que esta representada la relación Si-Ge después de la evaluación de los espectros de RBS a partir delas figuras 6.11 y 6.12, lo demuestra claramente.

- En la evaluación de las mediciones resulta, más allá de lo anterior, una creciente diferencia entre Ge implantado y Ge comprobado, siendo esta tendencia más intensa bajo condiciones de una energía de implantación de 60 keV. Los valores de comparación para ello se encuentran en la tabla 6.5. Esta diferencia tiene lugar a causa de la remoción de capa, lo que a su vez es consecuencia del esputering.

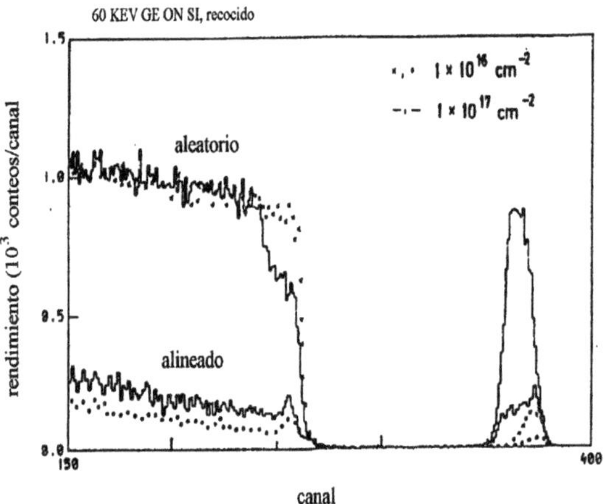

Figura 6.14: Espectros RBS de Si, después de la implantación de Ge$^+$ con una energía de 60 keV y subsiguiente tratamiento térmico a $900°C$ durante 60 minutos.

Las siguientes ilustraciones, 6.14(para la implantación con 60 keV) y 6.15 (para la implantación de Ge$^+$ con 200 keV) muestran los espectros de RBS después de un tratamiento térmico a 900 °C durante 60 minutos. Contrario a lo que ocurre en las figs. 6.11 y 6.12, se ilustran los espectros aleatorios y alineados para dosis de radiación de 1×16^{16} cm^{-2} y 1×10^{17} cm^{-2} puesto que es allí donde pueden verse las modificaciones esenciales. Se hace evidente que las muestras recristalizan después del tratamiento térmico. Los valores para el desajuste de rejilla cmin están en 17% para la implantación a 60 keV y en 22% para la implantación a 200 keV.

En el caso de la implantación a 60 keV, las aristas de la señal de Ge aparecen con mayor inclinación. Los espectros de este tipo son conocidos a partir de las capas de GexSi1-x. Es evidente que la capa implantada está presente como capa epitaxial superficial. Esto confirma también la valoración de las mediciones de la fig.6.16 en las que la composición de Ge$_x$Si$_{1-x}$está presente en la profundidad de capa. En el caso de la dosis 1×10^{16} cm^{-2} resulta una capa superficial de composición constante hasta llegar a la máxima profundidad de capa de los iones. Mas tratándose de la dosis 1×10^{17} cm^{-2}esta capa llega a más profundidad. La causa es también el daño de zonas de substrato más profundas debido a átomos de Si chocados en los que el Ge se difunde durante el tratamiento térmico. La porción calculada de Ge es de 35% (Ge$_x$Si$_{1-x}$, espesor de capa 60 nm) para la dosis 1×10^{15} cm^{-2} (no registrada en la fig.6.16), de 2.5% para la dosis 1×10^{16}cm^{-2} (Ge^{x}Si^{1-x}, espesor de capa 95 nm) y de 20.5% para la dosis 1×10^{17}

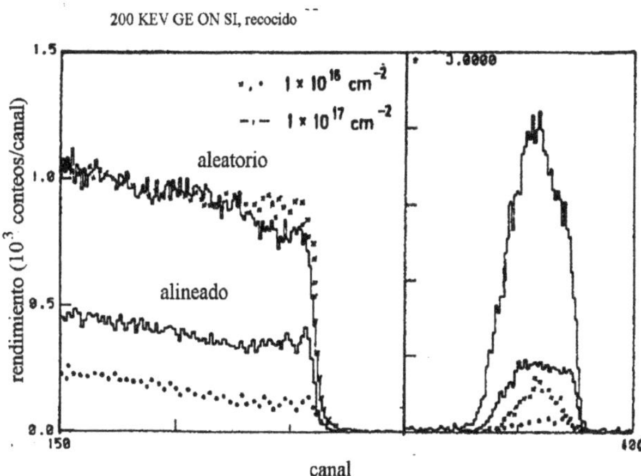

Figura 6.15: Espectros RBS de Si, después de la implantación de Ge$^+$ con una energía de 200 keV y subsiguiente tratamiento térmico a 900 °C durante 60 minutos.

cm-2 (Ge$_x$Si$_{1-x}$, espesor de capa 125 nm).

En el caso de la implantación a 200 keV las relaciones varían mínimamente en la medida en que la concentración de Ge en la zona cercana a la superficie (hasta aprox. 50 nm) sea un tanto menor. Para la dosis 1×10^{16} cm^{-2} la porción de Ge es de 0.4% en la cercanía de la superficie y de 1.0% en una profundidad de capa de 50 - 20 nm; para la dosis 1×10^{17} cm^{-2} es de 5.5% a 0-50 nm y de 9.5% por abajo de 50 nm. La causa es que después de la implantación en esta zona de capa permanecen, en primer término, sólo pocos iones. De cualquier manera, los iones que pasan por la zona pierden mucha energía y, consecuentemente, dañan el cristal. Por esta razón durante el tratamiento térmico se difunde el Ge en el intervalo dañado de capa hacia la superficie. La consecuencia es que la capa de Ge$_x$Si$_{1-x}$ también se forma en la zona cercana a la superficie. La distribución uniforme de Ge establecida después de la implantación a 60 keV en toda la zona implantada de profundidad de capa fue alcanzada también a altas temperaturas o bien en un prolongado tratamiento térmico.

La composición de Ge -constante en la implantación a 60 keV, o casi constante en la implantación a 200 keV- de la superficie hasta la profundidad de substrato, la cual ha sido dañada por los iones de Ge o por los átomos chocados de Si, representa una diferencia sustancial respecto a los resultados conocidos respecto a la implantación de p. ej. iones de O$^+$ [390], N$^+$ [391] o Co$^+$[401]. Allí se tienen capas soterradas cuya parte media está dentro del alcance proyectivo de los iones implantados y cuyo ancho corresponde al doble de la desviación

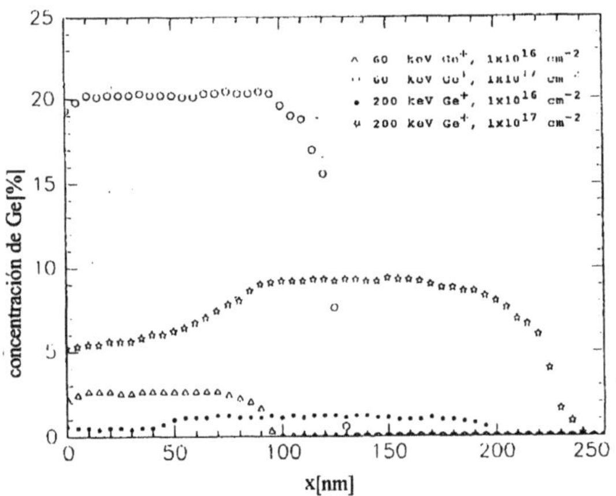

Figura 6.16: Relación Ge-Si después de la implantación de Ge^+ con 20 ó 200 keV y subsiguiente tratamiento térmico a 900 $°C$ durante 60 minutos

estándar del alcance proyectivo. El contar con un resultado de otro tipo en la presente implantación de Ge^+ permite, por tanto, fundamentar el hecho de que el sistema Ge-Si pueda ser mezclado de manera continua de acuerdo con su diagrama de fase [470]. Desde luego que por este medio no pueden formarse capas soterradas de Ge_xSi_{1-x}, pero sí se da con ello la posibilidad de formar en un substrato de Si o en una capa epitaxial de Si con haz de iones de Ge^+, estructuras laterales de Ge_xSi_{1-x} sin ningún procedimiento litográfico adicional.

6.5   Otras posibilidades de estructuración

Los resultados presentados en este capítulo muestran las múltiples posibilidades tecnológicas que resultan de la unión de estructuración de profundidad y estructuración lateral de haz de iones. Consecuentemente, habrá que mencionar otros ejemplos más, con los que se pueda abarcar el campo de aplicación para la estructuración tridimensional.

Una tecnología importante a este respecto lo es la epitaxia selectiva. Bajo este concepto se entiende un procedimiento en el que el crecimiento epitaxial ocurre localmente, esto es en el que se hallan, una junto a otra, zonas de capa monocristalinas y policristalinas. Sobre las estructuras así generadas deberán, bajo determinadas condiciones, precipitarse en forma monocristalina otros niveles de elementos constructivos, de modo que el acceso a los sistemas apilados monocristalinos se mantenga.

Las zonas superficiales contiguas monocristalinas y policristalinas son en muchos casos inevitables cuando para la estructuración de un circuito se efectuaron ya muchas etapas de proceso. Esto lo demuestran algunos ejemplos como los siguientes:

- sobre la superficie de un substrato de Si se aplicó SiO_2 o Si_3N_4 y se le estructuró litográficamente de modo que la capa aislante liberara parcialmente la superficie semiconductora subyacente

- una superficie semiconductora fue primero estructurada (agujeros para ventanas-contacto o condensadores, zanjas para conductores impresos) y rellenada con material policristalino (p. ej. $MoSi_2$ o WSi_2 para la metalización, SiO_2 para dieléctrico condensadores)

- sobre la superficie de un substrato de Si fue precipitado silicio policristalino y estructurado litográficamente

- sobre la superficie de un substrato de Si fue precipitado silicio policristalino y se le recristalizó parcialmente utilizando irradiación (haz de iones o láser).

Si ahora sobre un substrato de ese tipo se precipita un material, mismo que en lo referente a estructura cristalina y distancia de rejilla es afín a la capa de fondo, crecerá entonces de forma monocristalina sobre las superficies monocristalinas y, correspondientemente, de forma policristalina sobre las zonas de capa policristalinas. Mas de ello se deriva ahora un problema de fundamental importancia con respecto a la fabricación tridimensional de sistemas apilados monocristalinos. Problema todavía por solucionar y que se refiere a si las zonas policristalinas también pueden ser sobrecrecidas lateralmente en forma monocristalina, siendo este el caso cuando sus dimensiones laterales sean mínimas, o bien cuando la capa que les sobrevenga sea precipitada en forma de una capa muy gruesa. De esta manera se originan zonas policristalinas dentro de un entramado monocristalino de capas. El método de sobrecrecimiento lateral hace posible, en sistemas epitaxiales monocristalinos, aplicar también materiales que se caractericen por sus favorables propiedades electrónicas pero que, estructuralmente, no serían afines a alguno de tales sistemas.

En la tecnología del silicio, el método de la epitaxia selectiva (p. ej. en el aprovechamiento de las propiedades universales de Si policristalino) es representativo. El poli-Si es eléctricamente aislante con una resistencia de aproximadamente 10^6 veces más alta que el Si monocristalino dotado (con aceptores como B, Al, o bien donadores como P, As). Pero si el poli-Si es altamente dotado ($>10^{19}$ cm^{-2}), entonces éste posee una resistencia específica de aprox. 1000 $\mu\Omega cm$ [471]. Por tanto, se le puede utilizar opcionalmente como material aislante y material de metalización. Puesto que a causa de estructuración de profundidad se requieren sólo uniones eléctricas cortas, la (en comparación con conductores metálicos) menos buena conductividad de poli-Si, repercute sólo de manera intranscendente sobre la velocidad de procesamiento de señal. Por tanto se podría pensar que las zanjas de una capa estructurada pueden rellenarse con poli-Si no dotado y que a continuación el poli-Si, mediante implantación iónica (con iones aceptor o iones donador), se vuelva, en algunos lugares dotado y, de ese modo, se haga asimismo eléctricamente conductivo de una manera dirigida (p. ej. para la formación de contactos).

De cualquier manera, el aislamiento con poli-Si es en sí insuficiente, y hasta podría resultar no adecuado, para llevar a cabo directamente la precipitación sobre el substrato semiconductor de Si. Aquí se hacen, nuevamente, necesarios los fluoruros alcalinotérreos, particularmente el CaF_2 en lo que toca a la tecnología de Si, debido al posible crecimiento epitaxial sobre Si. Por una parte. con el se tiene un sustancialmente mejor aislante con respecto al poli-Si. Por otra, en una capa de este tipo y haciendo uso de la radiación se puede llevar a cabo una conversión de la estructura, pasando ésta de monocristalina a policristalina y viceversa.

Dado que el descrito proceso tecnológico de utilización de poli-Si presupone la existencia de un substrato litográficamente estructurado (p. ej. zanjas y ventanas-contacto), pueden ahora por tanto evitarse fases litográficas de proceso. La idea principal es que el CaF_2 se halla presente sobre el substrato de Si parcialmente monocristalino y parcialmente policristalino. Una capa delgada de Si que haya sido precipitada sobre él sigue creciendo epitaxialmente sobre las superficies monocristalinas, mientras que sobre las superficies policristalinas se forma como poli-Si. En las zonas monocristalinas es posible suministrar (p. ej. por la respectiva dotación) electricidad. A continuación se pone - nuevamente - en crecimiento el Si o el CaF_2, seleccionándose el espesor de capa de modo que la zona policristalina pueda ser crecida lateralmente. Además de la disminución de las fases de proceso en comparación con la tecnología microelectrónica convencional, todos los pasos del proceso pueden llevarse a cabo en una instalación de ultravacío. Las temperaturas de proceso se mantienen en esta caso bajas, lo que resulta ventajoso cuando se trata de la generación de sistemas de capas dotados, abruptos.

En este punto, habremos de remitirnos una vez más brevemente a las diversas posibilidades que se tienen para la conversión de CaF_2 monocristalino a policristalino y viceversa.

- Si las capas monocristalinas de CaF_2 se fabrican utilizando p. ej. MBE (como se describe en la secc. 5.4.2: precipitación sobre una superficie de Si(111) reconstruida-(7x7) a una temperatura de substrato de 650 °C ,), radiadas con iones de Ar^+ de una energía de 60 keV, entonces ya en dosis de $1x10^{14}$ cm^{-2} es la calidad cristalina claramente más mala a consecuencia del daño por radiación. A partir de dosis de $1x10^{15}$ cm^{-2} la capa es ya suficientemente policristalina sin que la desorción de F inducida por radiación haya dañado al CaF_2 de una forma que sea ya inutilizable en cuanto a sus propiedades electrónicas . Una ventaja del método es que resulta suficiente si solo se daña la zona superficial. La zona de profundidad de capas permanece ininfluenciada.

- Si la temperatura del substrato de Si durante la precipitación de CaF_2 es menor a 100°C, se origina entonces una capa policristalina de CaF_2.

Esta puede recristalizarse a continuación mediante entrada de energía, presuponiendo que el substrato de Si estaba correspondientemente limpio (y posiblemente reconstruido) antes de la vaporización. Mediante radiación láser finamente concentrada puede efectuarse la recristalización de manera selectiva sobre zonas superficiales pequeñas. Aquí la longitud de onda del láser debe ser seleccionada de modo que la radiación penetre, por una parte, hasta la superficie límite CaF_2/Si, y, por la otra, se absorba hasta ese nivel suficiente luz. De acuerdo con las propiedades ópticas de CaF_2 (buena transparencia entre 380 nm y $10.8/\mu m$ [476], aristas de absorción a 352 nm [477], [478], a 266 nm [479], a 248 nm [480]) son apropiados para ello los láser excimer. Existen al respecto resultados experimentales [481]. Después de la radiación de una capa de CaF_2 de 100 nm de espesor, con un láser de impulso en nanosegundos KrF ($\lambda = 253$ nm, densidad de energía 1.2 J/cm^2, longitud de impulso 50 ns, frecuencia de repetición de impulso 100 s^{-1}) se pudo en este caso establecer una calidad cristalina satisfactoria $(\chi_{min}=12\%)$ sobre Si(111) .

En relación con la metalización epitaxial de Al, la técnica de radiación iónica ofrece igualmente posibilidades de nuevo tipo. Si se implantan iones de O^+ en la capa de Al, se origina entonces, a una dosis respectivamente más alta ($>1x10^{17}$ cm^{-2}), Al_2O_3 aislante (ver tabla 5.10). Por una parte pueden de esta manera aislarse lateralmente capas conductivas de Al. Por otra, puede efectuarse a continuación una epitaxia selectiva ya que las zonas implantadas son policristalinas o amorfas. De la misma manera pueden también ser implantados iones de F^+. De esta manera se forma AlF_3, el cual es igualmente conocido como material aislante (resistencia específica 10^{15} Ωcm), constante dieléctrica 2.8 [482]).Habiendo energías de implantación suficientemente altas se origina en el Al una capa aislante soterrada. Ésta se alcanza por ejemplo mediante implantación de iones de O^+ con una energía de 60 keV ($R_p = 139$ nm, $\Delta R_p=48$ nm) y una dosis de $2x10^{17}$ cm^{-2} en una capa de Al de 200 nm de espesor. Después de haber efectuado un inmediato tratamiento térmico con temperaturas por corto tiempo (600°C, 15 s) se produce una capa de Al_2O_3 soterrada en una profundidad media, la cual a su vez corresponde al alcance medio proyectivo de los iones implantados y cuyo ancho corresponde al doble de la desviación estándar del alcance proyectivo (110 nm) [483]. De esta manera pueden formarse consecuentemente dos niveles de circuitos impresos separados por el Al_2O_3. Entre estos dos niveles se generan también, de manera simple, compuestos verticales en los lugares en los que no se efectuó ninguna implantación.

Si se efectúa la implantación de iones de O^+ de baja energía, entonces se originan las zonas aislantes Al_2O_3 en la superficie de la capa de Al (a 5 keV es $R_p = 13$ nm, $\Delta R_p= 8$ nm; a 10 keV es $R_p = 23$ nm, $\Delta R_p= 13$ nm; a 20 keV es $R_p = 44$ nm,$\Delta R_p= 21$ nm). Por un lado pueden de esta manera aislarse lateralmente capas delgadas de Al (para ello la capa aislante debe naturalmente ir por todo el espesor de capa). Por el otro, puede efectuarse a continuación una epitaxia selectiva en caso de que Al esté presente como capa monocristalina.

Si en capas de Al se implantan iones de F^+, puede entonces, a una dosis correspondientemente más alta ($>2\mathrm{x}10^{17}$ cm^{-2}) producirse AlF$_3$ eléctricamente aislante. La tecnología es adecuada para la descrita implantación de iones de O$^+$. Yendo más allá, en relación con lo anterior puede darse aún una atractiva posibilidad para la estructuración sin resist de capas de Al [485]. Al contrario de lo que ocurre con Al, AlF$_3$ es soluble al agua (solubilidad 0.56 g/100 ml H$_2$O a 25 °[485]).

Las zonas implantadas pueden por tanto ser retiradas selectivamente, con lo que, de cualquier manera, se debe estar a la búsqueda - con vistas a la estructuración tridimensional - de procesos de ataque en seco.

En este sentido debe también de mencionarse que AlF$_3$ es conocido como resist para haz de electrones autogenerador y de alta disolución [486] [487]. Al respecto se tienen información de que después de la radiación con electrones, con una dosis de 3 C/cm^2 (1000 keV de energía de inyección) se conservó Al metálico en la capa, mientras el F se desabsorbió, según se esperaba [486], [487]. Al contrario de los fluoruros alcalinotérreos, de los cuales también se conoce este efecto del autodesarrollo [488] queda aquí en remanencia un metal de buena conductividad, lo que desde luego encuentra aplicación en los sistemas micro-electrónicos. Si AlF$_3$ va a ser empleado como capa aislante entre dos niveles de circuitos impresos, pueden fabricarse compuestos eléctricos verticales mediante radiación de electrones sin que haya una fase litográfica adicional [489]. De cualquier manera, respecto a crecimiento epitaxial de AlF$_3$ sobre materiales microelectrónicamente relevantes o semiconductores no se conoce nada. La estructura cristalina (hexagonal) y la constante de rejilla (a = 0.492 nm, c = 0.625 nm) hacen ver claramente que a este respecto no son de esperarse resultados positivos.

Capítulo 7

Elementos constructivos

7.1 Estructuras básicas

La base de los elementos constructivos electrónicos que se distinguen por una muy alta velocidad de operación, tales como el MODFET (Modulation Doped Field Effect Transistor), el MESFET (Metal Semiconductor Field Effect Transistor), el MISFET (Metal Insulator Field Effect Transistor), el JFET (Junction Field Effect Transistor), el HBT (Heterojunction Bipolar Transistor), el HEMT (High Electron Mobility Transistor) forman heterotransiciones [490]-[499]. Estas se originan por el hecho de que dos capas con distinta dotación, composición y por tanto diferentes propiedades físicas se colocan la una sobre la otra. Para la realización práctica de esta estructura base, es la epitaxia de haces moleculares la que reconocidamente ofrece las condiciones ideales.

Si ahora varias capas delgadas con diferentes propiedades físicas se apilan de manera periódicamente repetida una sobre otra, se produce entonces un sistema de capas con una rica serie de tales heterotransiciones. Así, una estructura generada de este modo forma, como ya es sabido, una sobre-rejilla (su sinónimo es superrejilla (super lattice), estructuras de pozo cuántico). Un gran grupo de elementos constructivos trabaja sobre la base de estructuras de sobre-rejilla. Efectos tales como la localización de portadores de carga, la separación espacial de portadores de carga y puntos de falla, transporte de portadores de carga perpendicular a las capas como consecuencia de fenómenos túnel y portadores de carga calientes, determinan, entre otros, los principios activos de estos elementos constructivos.

Antes de hacer la presentación a manera de ejemplo de cada uno de los elementos constructivos construidos a partir de capas o sistemas de capas de acuerdo con la relación del capítulo 5, habrá que describir brevemente la heterotransición y la superrejilla, consideradas estructuras básicas en el marco del tema que nos ocupa.

231

7.2   Heterotransiciones

Las heterotransiciones entre dos capas distintas se caracterizan por tratarse de dos materiales semiconductores con diferentes brechas de banda que se hallan colocados el uno sobre el otro (heterotransición composicional). En este caso se llega a una igualación de la energía de Fermi. Junto a ello, la abrupta modificación de la brecha de banda en la superficie límite tiene como consecuencia discontinuidades en la banda de valencia y de conducción, cuyas magnitudes ΔE_V y ΔE_C representan propiedades características de superficie límite entre los dos semiconductores. En la superficie límite las cargas espaciales existentes pueden en este caso llevar a deformaciones de banda de las puede depender el funcionamiento de determinados elementos.

Aparecen además heterotransiciones cuando dos capas distintas y altamente dotadas de un semiconductor se hallan una sobre otra. Como es sabido, la ubicación de la energía de Fermi se modifica dependiendo de su dotación. Al momento de su contacto ésta se iguala correspondientemente, por lo que conduce igualmente a la deformación de banda.

Respecto a la - mencionada al principio - alta movilidad de portadores de carga, de interés para la microelectrónica es determinante que la discontinuidad de la banda de conducción bajo respectivamente la discontinuidad de valencia sea presionada sobre la energía de Fermi. Si los portadores de carga tunelean en esta zona quedan allí encerrados como gas portador bidimensional de carga . Por este medio tiene lugar una separación espacial. En un campo eléctricamente dispuesto se llega en esta zanja de potencial a un transporte de portadores de carga no interferido por la dispersión de átomos. Bajo estas condiciones queda incrementada significativamente la movilidad de electrones o de agujeros, lo que lleva, en los elementos constructivos electrónicos, a un importante acortamiento de los tiempos de activación.

Las discontinuidades de arista de banda de valencia y de conducción ΔE_v y ΔE_c pueden calcularse en una primera aproximación desde las electronegatividades de los dos materiales, ya que éstas están en dependencia con la ubicación energética de la arista superior de la banda conductora E_C respecto al nivel de vacío. No obstante, en la práctica existen en la superficie límite con frecuencia también cargas espaciales y desajuste de rejilla que llevan a las mencionadas deformaciones de banda y con ello a otros valores para las discontinuidades de arista de banda.

En la formación de una heterotransición pueden formularse dos casos extremos. En el caso de sistemas compuestos de un material con una gran brecha de banda E_g^I y un material con una brecha de banda pequeña E_g^{II}, se origina en muchos casos una heterotransición en la que los signos de las discontinuidades de banda ΔE_V y ΔE_C son distintos. Este caso corresponde a una transición del tipo I. Los dos electrones y agujeros se mueven aquí hacia el material con la mínima brecha de banda y son por tanto separados localmente de sus troncos atómicos ionizantes en el material con la distancia grande de banda. Este caso es, por ejemplo, típico para estructuras $A_{III}B_V$ [500].

En otro caso la distancia mínima de banda está al menos parcialmente sobre

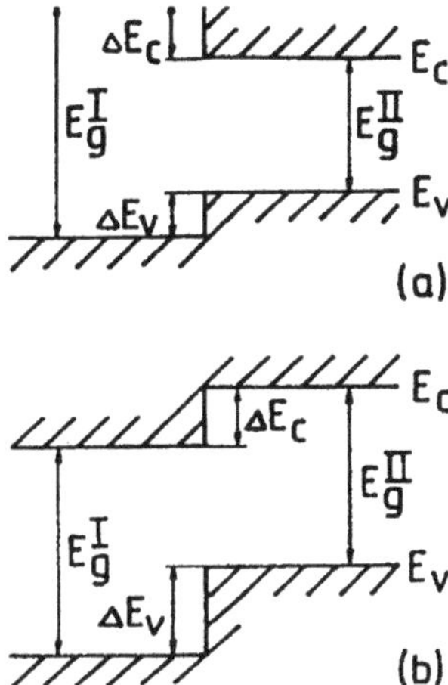

Figura 7.1: Estructuras de banda en superficies límite de semiconductores en el espacio real: a) Heterotransición tipo I, b) Heterotransición tipo II

la mayor. Los valores para las discontinuidades de bandaΔE_V y ΔE_C poseen en este caso iguales signos. Con ello se mueven los electrones y agujeros en la dirección contraria sobre la superficie límite, es decir que los electrones saltan al semiconductor con la distancia mayor de banda y los agujeros lo hacen con la mínima distancia de banda con lo que son separados espacialmente uno de otro. En tales casos se habla de una heterotransición del tipo II. En la secc. 7.1 se muestran esquemáticamente una vez más ambas transiciones (comparar también con secc. 2.3).

Para las heterotransiciones Si/Ge_xSi_{1-x} no se da ningún orden de banda claramente subordinado a los dos casos límite del tipo I y II. Tal como se describe en la sección 5.4.2 se llega, debido a las constantes de rejilla de materiales Si y Ge distintas en un 4%, lo mismo que debido al ajuste de constante de rejilla en Ge_xSi_{1-x} sobre su fracción molar x, tanto a rejillas deformadas (en el caso de capas más delgadas, es decir, que el espesor de la capa esté por abajo del espesor crítico) como a rejillas demasiado relajadas inelásticamente (en el caso de capas gruesas). Por medio de tensiones mecánicas se modifica, como ya se sabe, la estructura de banda, lo que se hace comprensible si se compara el movimiento de un portador de carga en una rejilla deformada y una no deformada.

Si la rejilla está bajo una tensión de tracción disminuirá entonces la distancia de banda, mientras que estando bajo presión es de esperarse una mayor distancia de banda. En el sistema Ge_xSi_{1-x} con la composición se modifica la relación ce presión. Este material está bajo presión en la composición $Ge_{0.25}Si_{0.75}$ dentro de la heterotransición hacia Si, y bajo tensión en la composición $Ge_{0.75}Si_{0.25}$.

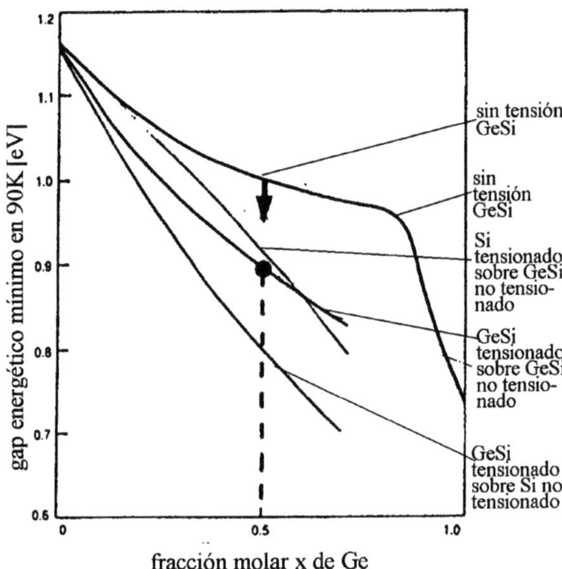

Figura 7.2: Modificación del ancho de banda prohibida del sistema Si/Ge_xSi_{1-x}. Dependiendo de la composición y del espesor de capa resultan un tensión deformativa distinta y correspondientemente un distinto ancho de banda (según [501]).

La fig.7.2 muestra como se modifican las distancias de banda con distinta composición de Ge_xSi_{1-x} respecto a la heterotransición hacia Si [501].

A partir de las informaciones encontradas se hace comprensible por qué las heterotransiciones Si/Ge_xSi_{1-x} han de estar entre los dos casos límite del tipo I y tipo II. Para un heteroestructura no tensodeformada se ve en este caso la tendencia hacia el heterosistema tipo I [502].

En una distribución de tensión tal como se da en las capas crecidas seudomórficamente, pueden por el contrario manifestarse considerables discontinuidades de banda ΔE_C en la banda de conducción o de ΔE_V en la de valencia. Los valores de ΔE_V y ΔE_C se modifican con la composición de la capa. El sistema tensoderformado Si/Ge_xSi_{1-x} es en este caso similar a la heterotransición del tipo II.

Por supuesto que pueden hacerse presentes superficies límite heterogéneas también con el sistema $GaAs/Ga_xAl_{1-x}As$ [499], de lo cual habrá que dar un ejemplo.

En GaAs puro la energía de Fermi está en la media de la brecha de energía de ancho de aprox. 1.2 eV, entre la banda de valencia y la banda de conduc-

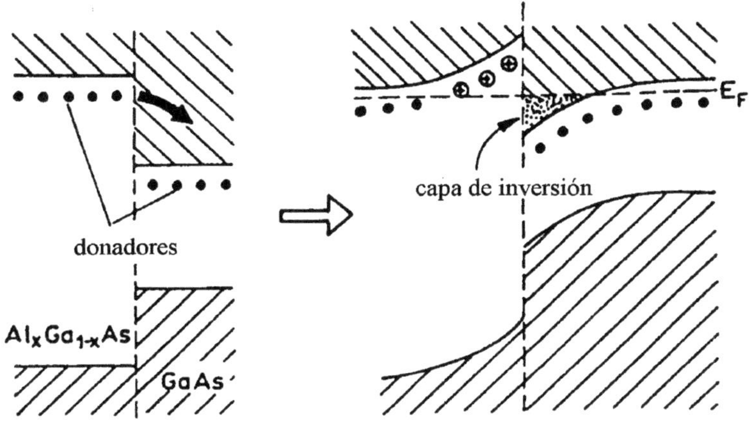

Figura 7.3: Presentación esquemática de la formación de una capa de inversión en una heteroestructura $Ga_x Al_{1-x}As$/GaAs (según [503])

ción. $Ga_{0.7}Al_{0.3}As$ tiene una brecha de energía de alrededor de 0.4 eV mas de ancho. Si se le dota con Si se hará entonces n-conduntora y su límite de Fermi estará apenas por abajo de la arista de banda de conducción. En la superficie límite de ambos materiales se forma un capa de inversión de un ancho de pocos nanómetros, misma que se muestra en la fig.7.3.

Mucho más allá de la superficie límite, esto es, fuera de la zona de la capa de inversión, la ubicación del nivel de Fermi es determinada nuevamente por las condiciones en el material volumen. En la zona de transición se asimilan sin embargo las cargas espaciales a las relaciones de campo que allí se están originando. En esta circunstancia se genera en la superficie límite sobre el lado de GaAs puro un gas bidimensional de electrones. Las funciones de onda son conformadas a partir de las funciones de onda de la banda de conducción de GaAs. Correspondientemente, la masa efectiva de los portadores de carga se hace pequeña, tan sólo aprox. 0.07 de la masa pura de electrones mo.

Esta separación espacial de los portadores de carga alejándose de los donadores y los aceptores da lugar de esta manera a movilidades extraordinariamente altas de más de 10^6 cm^2 V^{-1}s^{-1} en un bajo rango de temperatura (por abajo de 30 K).

Estos valores son sustancialmente más altos que en el material tridimensional puro. Esto se muestra en la fig.7.4 De cualquier manera, no debe en este caso procurarse tan sólo la limpieza y perfección necesaria para la formación de un gas de electrones bidimensional sobre el lado del GaAs, sino que también debe de conformarse sobre el lado del $Ga_x Al_{1-x}A_s$ una zona libre de puntos de falla

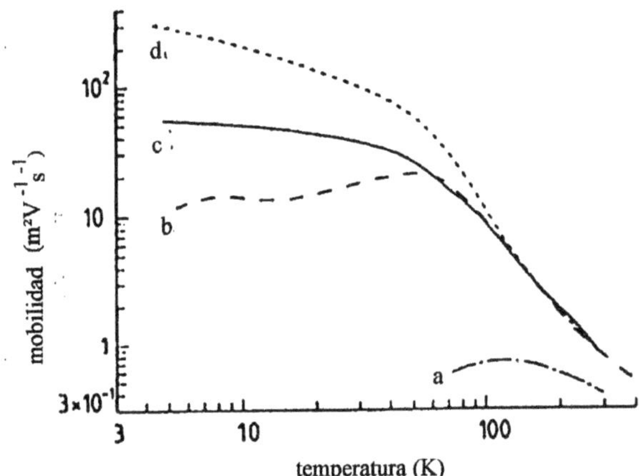

Figura 7.4: Presentación de las mobilidades de electrones como función de la temperatura: a) GaAs dotado con $10^{19}cm^{-3}$, b) GaAs no dotado, c) y d) $Ga_xAl_{1-x}As/GaAs$ con formación de gas de electrones bidimensional y espaciadores (spacers) de diferente espesor.

de aprox. 4 nm de ancho (conocida como spacer), esto porque, de otra manera, los puntos de falla harían llegar su efecto hasta el lado de GaAs. Debe incluso de observarse que también en transistores de efecto de campo Si-MOS se forma una capa de inversión y con ello un gas de electrones bidimensional. La fig.7.5 muestra esquemáticamente la conformación de este elemento constructivo y las relaciones de potencial en su superficie.

Para la operación normal como transistor de efecto de campo es suficiente una relativamente pequeña tensión positiva de compuerta para disminuir drásticamente los agujeros positivos en la banda de valencia en la capa límite superior del cristal p-conductor y con ello desconectar prácticamente la corriente entre la fuente y el dreno. Si en estas condiciones se aplican más altas tensiones de compuerta, entonces ésta impulsará los agujeros positivos aún más hacia lo profundo del cristal. Aquí es llevado hacia abajo de una manera tan intensa el potencial para electrones de la superficie límite, que puede formarse una capa electrones de conducción (capa de inversión) en la superficie del cristal según se indica en la fig.7.5. El límite de Fermi, el cual a mayor profundidad está determinado por la ubicación del nivel de aceptor del p-semiconductor, corta la arista de banda de conducción inmediatamente antes de alcanzar la superficie del cristal. En dirección perpendicular a la superficie los electrones están por tanto capturados igual que en un pozo de potencial.

Por el contrario, a nivel de capa los electrones pueden moverse libremente con

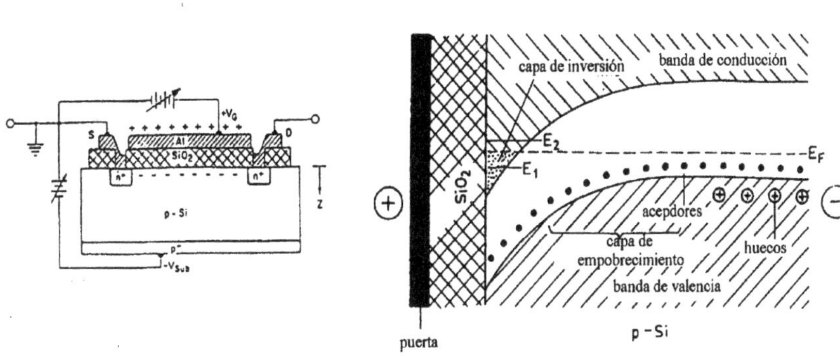

Figura 7.5: Construcción esquemática de un Si-MOSFET (a la izquierda, S - fuente, D - drenaje, V_G - tensión de compuerta) y la generación de capa de inversión al aplicar una tensión (derecha)

las funciones de onda, mismas que en gran medida corresponden a las funciones de Bloch de la banda de conducción en el silicio.

A pesar de que existe la posibilidad de formación de un gas de electrones bidimensional en el que la densidad de electrones sea ajustable, las ideales altas movilidades de portador de carga en el Si-MOSFET sólo pueden alcanzarse con mucha dificultad. La causa consiste en que la superficie límite heterogénea Si/SiO$_2$ no puede alcanzarse con una suficientemente alta perfección, lo que una vez más remite a la acentuada correlación existente entre propiedades electrónicas y estructurales.

7.3 Estructuras de superred

Como ya se describió, pueden formarse heterotransiciones tanto después del contacto de semiconductores de distinta brecha de banda, como también después del contacto de semiconductores del mismo tipo pero distintamente dotados. Este concepto ha de ampliarse de la misma manera a las sobre-estructuras. En este sentido existen:

a) Sobre-rejillas composicionales que se componen de una secuencia periódica de diferentes capas semiconductoras (aquí su constante de rejilla concuerda suficientemente bien, de modo que es posible un crecimiento epitaxial)

b) Sobre-rejillas de dotación consistentes en una secuencia periódica de capas delgadas del mismo material semiconductor, pero con signos de dotación cambiantes.

Al igual que cuando trató de las heteroestructuras, también las sobre-rejillas pueden subdividirse en un tipo I y un tipo II. Si las capas participantes son lo suficientemente delgadas, es decir, si sus espesores están en el orden de la longitud de onda de Broglie para portadores de carga, llégase a la formación de pozos de potencial en los que los portadores de carga están localizados. Mientras el movimiento de los portadores de carga se efectúe clásicamente en dirección paralela a la capa, estarán estos perpendiculares a las capas, es decir, cuantificados en dirección del crecimiento. Por medio de esta limitación del movimiento se tiene como resultado un gas portador bidimensional con específicas propiedades físicas. Los niveles de energía de los estados vinculados pueden, en una primera aproximación, ser calculados mediante

$$E_{v,n} = \varepsilon_{\gamma,n} + h^2(k_x^2 + k_y^2)/(8\pi^2 m_\nu) \tag{7.1}$$

$$\varepsilon_{\gamma,n} = 1/(2m_v)(h/2d)^2(n+1)^2, \qquad n = 0, 1, \dots \tag{7.2}$$

siendo k_x y k_y en este caso los componentes de vector de onda de los portadores de carga paralelos a las capas, d el ancho del pozo cuántico, mv las masas efectivas de los agujeros o de los electrones. Si los espesores de capa entre los pozos de potencial están en el orden de magnitud de la longitud media libre de trayectoria de los portadores de carga en el material de que se trate, entonces los pozos de potencial no son ya más independientes unos de otros. Se llega al traslapamiento de las funciones de onda de los portadores de carga y con ello a una final probabilidad de permanencia de éstas también en las capas de barrera de potencial. La consecuencia es que se forman subbandas que son válidas para toda la estructura de sobre-rejilla. Con ello se tiene también una brecha diferente de banda E_g^{eff} a la del material original. Es obvio que sobre el espesor de capa la formación de las brechas de banda puede ser influenciada de manera dirigida. La fig.7.6 muestra la estructura de banda de una sobre-rejilla, en este caso del tipo II.

La información dada en la sección precedente respecto a la heterotransición de Si/Ge_xSi_{1-x} pueden transferirse a las estructuras sobre-rejilla Si/Ge_xSi_{1-x}, queriendo esto decir que dependiendo de las tensión deformativa entre las capas (elástica o no elástica, condicionada por la composición de Ge_xSi_{1-x} y el espesor de capa) puede la estructura subordinarse al tipo I y también al tipo II.

Experimentalmente habrá de encontrarse (también en estructuras de sobre-rejilla con espesores de capa únicos de pocos nanómetros, por tanto en el rango de la longitud de onda de Broglie para portadores de carga), que el transporte de corriente sólo se diferencia del material de volumen si éste se encuentra allí donde existan saltos de banda considerables [504], [505]. Este sería el caso en la sobre-rejilla tipo I exclusivamente en la banda de valencia, mientras que en la sobre-rejilla tipo II también se ve afectada la banda conductora. En la rejilla tipo I los agujeros pueden ser capturados en las capas Ge_xSi_{1-x} como gas bidimensional de electrones. Si en este caso son separados de sus troncos

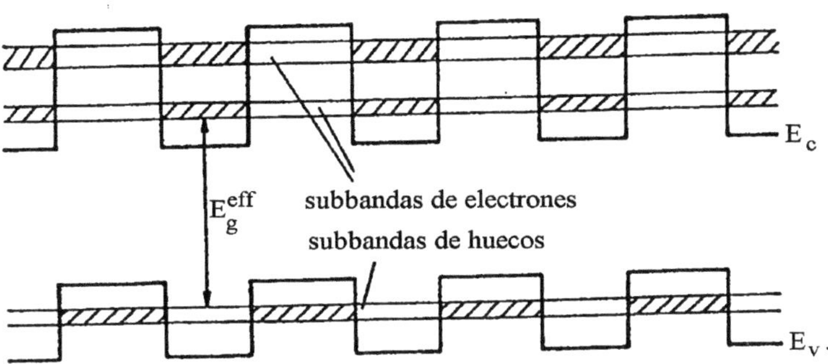

Figura 7.6: Estructura de banda de una superred del tipo II en el espacio red. Las zonas sombreadas indican las subbandas y las zonas espaciales en las que los portadores de carga están localizados (según [506]).

atómicos ionizados, es decir, si las capas son cada vez dotadas con el más alto nivel de banda de valencia o de banda de conducción (esto es, en el tipo I el Si, en el tipo II el Ge_xSi_{1-x}), es entonces posible, como se dijo en el caso de la heterotransición, un considerable incremento de la movilidad de portadores de carga.

De acuerdo con la información hallada se da en el caso de las sobre-rejillas tensodeformadas la interesante posibilidad de distribuir la tensión deformante de toda la capa epitaxial sobre cada una de las capas. Esto puede realizarse de manera dirigida ya sea mediante la selección de la composición del substrato Ge_xSi_{1-x}o mediante una capa intermedia. La fig. 7.7 muestra esta circunstancia esquemáticamente. Mediante una manipulación de este tipo puede ser ajustada con exactitud, una respecto de la otra, la disposición de aristas de conducción y de valencia de los componentes [507]. Condicionados por la tensión deformante tetragonal, en el sistema Si/Ge se disocian los seis veces degenerados mínimos de banda conductora en mínimos dos y cuatro veces degenerados [508]. Si, tal como se muestra en la fig.7.7a), una sobre-rejilla $Si/Ge_{0.5}Si_{0.5}$ crece sobre un substrato de Si o una capa intermedia de Si, las capas de Si no están tensodeformadas, mientras que las capas de $Ge_{0.5}Si_{0.5}$ deben absorber toda la tensión-(presión) deformante.

Esta tensión deformante puede -de acuerdo con la fig.7.7b) - ser distribuida uniformemente sobre las dos capas si la sobre-rejilla crece sobre una gruesa capa intermedia de $Ge_{0.25}Si_{0.75}$, cuya constante de rejilla está entre la de Si y la de $Ge_{0.5}Si_{0.75}$. En este caso las dos capas están tensodeformadas en la misma magnitud pero en direcciones contrarias (tensión de tracción en Si y tensión de compresión en $Ge_{0.5}Si_{0.5}$). Estas dos posibilidades para la distribución de la

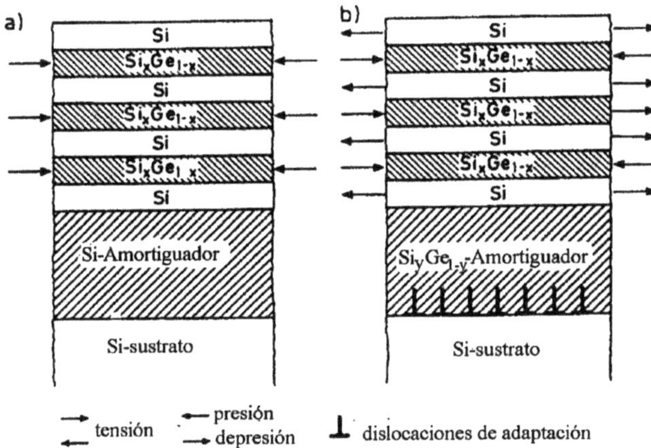

Figura 7.7: Representación esquemática de la distribución de tensión para toda la capa epitaxial sobre las capas en particular mediante la apropiada selección de la capa intermedia o del substrato (según [499]).

tensodeformación llevan naturalmente a una situación energética completamente diferente de las aristas de banda la una en relación de la otra, tal como se muestra en la figura 7.8.

Debe de observarse que en la utilización de la capa intermedia Ge$_{0.25}$Si$_{0.75}$, según la fig.7.8 (estructura superior de banda) la arista de banda conductora de la capa de Si esta energéticamente a mayor profundidad que la de las capas Ge$_{0.5}$Si$_{0.5}$. Mediante la dotación selectiva de estas capas Ge$_{0.5}$Si$_{0.5}$ con donadores se origina un gas bidimensional de electrones de incrementada movilidad en las capas de Si. Contrario a ello una selectiva dotación de donador de las capas de Si no lleva a ningún incremento de la movilidad. En una dotación selectiva de la capas de Ge$_{0.5}$Si$_{0.5}$ con aceptores, puede formarse empero, contrastando con lo anterior, un gas bidimencional de huecos de incrementada movilidad en las capas de Si, si la sobre-rejilla ha sido crecida sobre una capa intermedia de Si [504]. Con ello se demuestra que por medio de la distorsión de las estructuras de sobre-rejilla es posible lograr una modulación de las propiedades electrónicas, lo que, a su vez, puede conducir a interesantes aplicaciones en los elementos constructivos electrónicos.

Condicionados por las descritas propiedades de las estructuras de sobre-rejilla para semiconductores resultan nuevos aspectos para una dotación de modulación, la cual debe entendérse como la colocación de zonas de dotación localmente limitadas en capas semiconductoras.

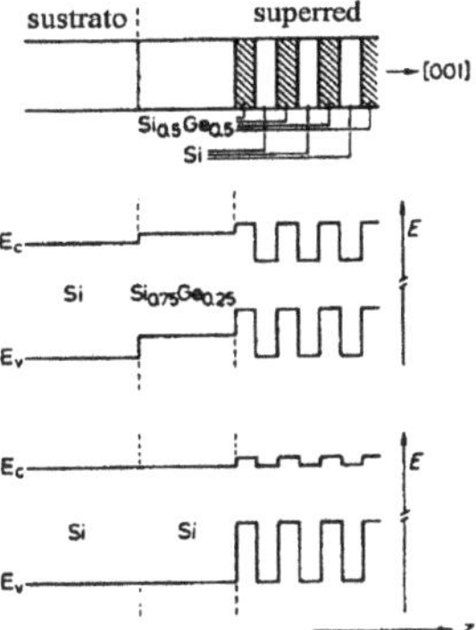

Figura 7.8: Variación de la situación energética de las aristas de banda en superredes de Si/ Ge$_{0.5}$Si$_{0.5}$ mediante una distribución distinta de las tensiones deformantes determinada por el concurso de diferentes capas intermedias (según [521]).

Esta dotación puede realizarse de manera dirigida durante el proceso de crecimiento epitaxial.

En un material semiconductor homogéneo aumenta directamente la conductividad mediante la correspondiente dotación con aceptores y donadores. Desde luego que con la creciente concentración de dotación disminuye también la movilidad debido a que todo átomo de dotación actúa como centro de dispersión cargado. En este sentido la dotación de material tiene límites. La situación es empero completamente distinta en una estructura periódica de sobre-rejilla. La dotación debe efectuarse de modo que los portadores de carga caigan en el pozo cuántico condicionado por las discontinuidades de banda, y allí puedan, correspondientemente separados de sus átomos de dotación, formar un gas bidimensional portador de carga. La figura 7.9 muestra una sobre-rejilla de Si/GeSi δ-modulada. Aquí se hace evidente que la movilidad medida es sustancialmente más alta que en el material de volumen y que ésta depende del lugar del pico de dotación. Este se determina a partir de que debe quedar garantizado que el portador de carga alcance por una parte el pozo cuántico y, por otra parte, los campos de los puntos de falla no deben actuar hasta llegar al otro lado de la heterotransición (ver también la fig.7.4 donde se indica la influencia de los spacers sobre la movilidad de los portadores de carga).

A partir del hecho de que, con espesores respectivamente más pequeños para cada capa puedan formarse subbandas en el interior de la sobre-rejilla por encima de toda la estructura (en el sistema Si/Ge$_x$Si$_{1-x}$/Si estas deben ser de un orden de magnitud de aprox. 2 nm, en el sistema GaAs/Ga$_x$Al$_{1-x}$As/GaAs

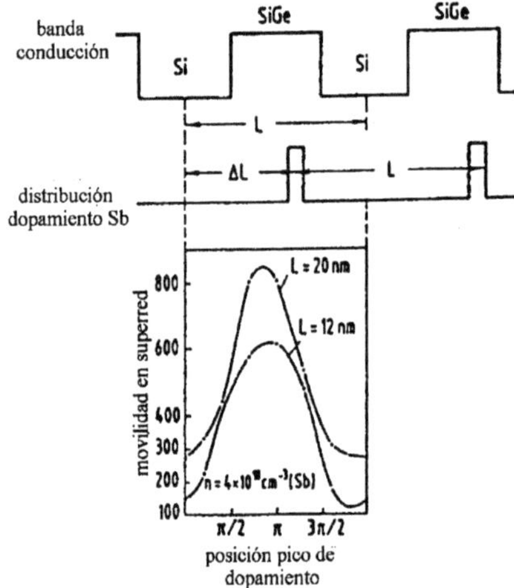

Figura 7.9: Presentación de una superred de Si/GeSi dotada para d-modulación. La movilidad Hall medida es máxima si el pico de dotación esta en el GeSi.

de aprox. 10 nm), se ven también respectivamente influidas las propiedades de transporte. Al igual que la ubicación energética, también el ancho de las bandas conductoras y de valencia dependen del espesor de capa [509]. Pero debido a que los anchos de banda están en relación con la forma de las bandas en el espacio de impulsos, mediante el diseño del sistema de capas han de controlarse las masas efectivas de los portadores de carga y con ello las propiedades de transporte.

Una interesante propiedad en relación con el transporte de los portadores de carga resulta al aplicar una tensión a una sobre-rejilla con subbandas estampadas [510]-[512]. Debido a la tensión el recorrido de potencial se inclinará hasta cierto punto. A determinados valores de tensión pueden en este caso traslaparse las subbandas de diferentes estados de energía, es decir, cuando la caída de potencial esté encima de un periodo de sobre-rejilla igual a la diferencia de energía entre el primer estado excitado y el estado original o también entre el segundo estado excitado y el estado original. Hacen su aparición también resonancias perpendiculares a las capas de sobre-rejilla que llevan a una zona con resistencia negativa en la línea característica tensión-corriente. En la fig.7.10 se muestra al respecto un ejemplo con ayuda de una sobre-rejilla $GaAs/Ga_xAl_{1-x}As$ [499], [510]. Los electrones que se encuentran a la izquierda de la primera barrera de altura DE, tunelean a través de ésta hacia el pozo cuántico y luego a través de una segunda barrera hacia el estado no ocupado. Si la energía de los electrones inyectados corresponde aproximadamente a la energía del nivel del pozo cuántico se producen resonancias. Sobre la base de tales fenómenos pueden realizarse amplificadores y osciladores para el ámbito submilimétrico con tiempos

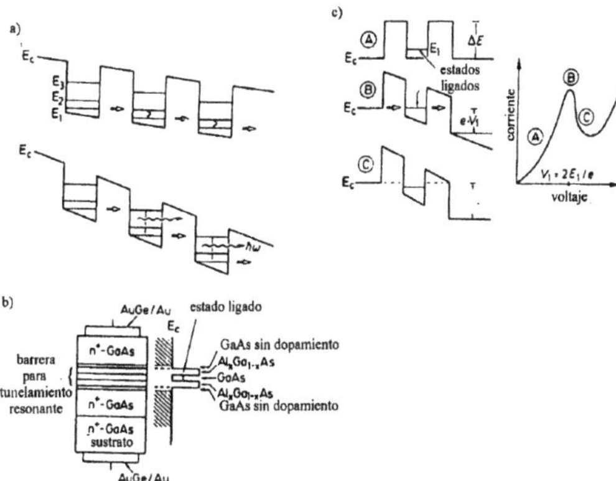

Figura 7.10: Representación esquemática del túnelamiento por resonancia para electrones en una superrejilla $GaAs/Ga_xAl_{1-x}As$: a) tunelaje secuencial con una -respecto a los estados de energía- caída de potencial completa, b) formación de un díodo de resonancia por tunelaje con doble barrera $GaAs/GaAs/Ga_xAl_{1-x}As$, c) línea característica del túnelamiento de resonancia (según [499]).

de excitación menores a 10^{-13}s.

Las sobre-rejillas muestran propiedades completamente diferentes basadas en una dotación periódica y que consisten en un material unitario [512], [513]. La figura 7.11 muestra el recorrido de potencial de una sobre-rejilla de dotación a partir de un material semiconductor n- y p-dotado con capas intermedias no dotadas (intrínsecas). Debido a la secuencia de capa, dichas sobre-rejillas son también llamadas estructuras n-i-p-i. La periodicidad de las estructuras n-i-p-i está en el rango de unos 300 nm. La producción de estas estructuras requiere - por necesitarse una dotación exacta - de una precipitación controlada de capa, de la forma en que es posible mediante el método de la epitaxia molecular.

Al considerar la estructura de banda puede establecerse que existe una efectiva brecha de banda E_g^{eff}, y que esta representa la diferencia entre la brecha de banda de volumen E_g^o y la doble amplitud del potencial periódico, es decir, la que depende de la concentración de dotación. Esta brecha de banda es una brecha indirecta en el espacio realque da lugar a algunas propiedades especiales de las estructuras n-i-p-i. Especialmente, la duración de los electrones y huecos (fotoexcitación) excitados puede ser muy elevada (hasta 10^3s). Por este medio es posible ya a una fotoexcitación con sólo muy poca intensidad lograr una alta concentración de portadores de carga excitados. Además, los portadores de carga excitados compensan las cargas de los átomos ionizados de los puntos de falla. En las capas n-dotadas la carga positiva de donador es compensada mediante

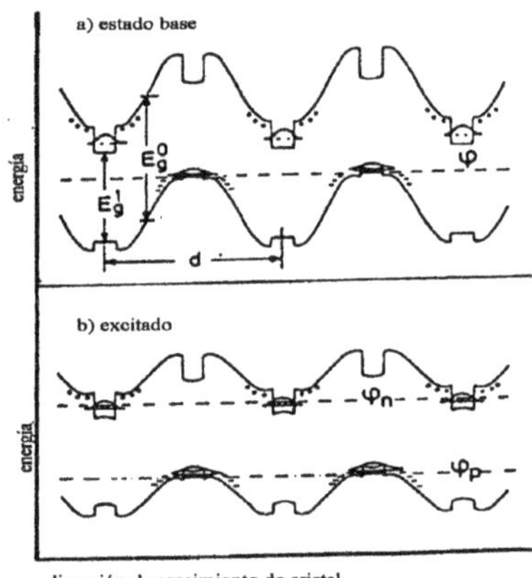

Figura 7.11: Recorrido de potencial de una superred por dopamiento dotada n-i-p-i. Se comparan el estado original y el estado excitado a causa, por ejemplo, de una excitación óptica o por inyección de portadores de carga. De esta manera puede ser controlada la brecha de banda y, consecuentemente, toda la estructura electrónica (según [513]).

electrones cargados negativamente y en capas p-dotadas la carga de aceptor lo es mediante huecos, de esta manera disminuye la amplitud de potencial. En este resultado se obtiene, mediante una modificación de la concentración de electrones y huecos otra distinta brecha efectiva de banda, lo que significa que la magnitud de la brecha de banda puede ser controlada (fig.7.11).

Resumiendo puede establecerse que mediante la selección de las condiciones de crecimiento pueden modificarse, según se quiera, ya sea de manera abrupta o incluso gradual, la composición de capa y la dotación. De ese modo es posible realizar estructuras complicadas en las que las estructuras de banda para nuevos elementos constructivos puedan ser talladas. Para este procedimiento se acuñó el concepto "bandgap engineering".

Ha de observarse aún que la dimensionalidad del portador de carga puede reducirse todavía más si el movimiento de los electrones y huecos es adicionalmente constreñido perpendicularmente a su nivel. La condición previa es que las dimensiones relevantes sean menores que las longitudes características. Esto corresponde, de nuevo, a la longitud de onda de Broglie para los portadores de carga. La consecuencia es ahora que el movimiento de los electrones y huecos no es ya cuantificado sólo en el nivel del gas bidimensional de portadores de carga sino también perpendicularmente a ello. De este modo se modifica drásticamente la densidad de estado, lo que da lugar a que en el poso cuántico pueda llegarse a una inversión de ocupación ya con intensidades bajas de excitación. De esta manera pueden ser manejados, por ejemplo, lásers de pozo cuántico a intensidades de corriente umbral considerablemente menores que en el caso del convencional láser de heteroestructura.

Es importante dejar establecido que las estructuras de semiconductor dimensionales 1 y 0 además de la fabricación de una estructura semiconductora de 2 dimensiones mediante la epitaxia de haz molecular, requieren de la estructuración lateral en rango nanométrico para lo que la vinculación con la técnica de irradiación fina de iones se ofrece de manera preponderante como una opción adecuada.

7.4 Ejemplos para estructuras de elementos

A continuación se hace mención de algunos ejemplos de estructuras de elementos constructivos, las cuales fueron realizadas utilizando los sistemas de capas arriba descritos. Los elementos constructivos de GaAs presentados han sido producidos sobre substratos de GaAs tomando en consideración las informaciones de la sección 5.2.2 respecto a la heteroepitaxia de GaAs sobre substratos de Si, sin que esto sea en el aspecto práctico ningún requisito indispensable. Los ejemplos representan además sólo una pequeña selección al respecto. Mediante las excelentes posibilidades que la técnica de precipitación de capas ofrece, especialmente la epitaxia de haz molecular MBE, son actualmente concebibles y factibles los "elementos constructivos a la medida".

7.4.1 Transistor heterobipolar (HBT)

La fig.7.12 muestra un transistor heterobipolar (HBT) que tiene como base una estructura Si/Ge_xSi_{1-x}. La preparación de este transistor requiere de modernos métodos litográficos, ya que todas las capas de elemento constructivo están liberadas a partir de técnicas de ataque para, sobre ellas, poder disponer los contactos y los diferentes niveles. Hasta la capa colector ("BLC - buried layer collector"), todas las capas están realizadas con alta calidad utilizando la epitaxia de haz molecular, para lo cual juegan asimismo un papel fundamental las bajas temperaturas de precipitación de aprox. 550 °C. En este caso pueden también, sin problema, integrarse a la estructura heterolímites de modo que, por ejemplo, se tenga la capa base de Ge_xSi_{1-x} y las capas de encima de ella para el emisor y las de abajo para el colector de Si. La misma construcción podría también realizarse utilizando los sistemas $GaAs/Ga_xAl_{1-x}As$ ó $InP/In_xGa_{1-x}As$.

La dotación se efectuó durante el proceso de crecimiento en una instalación de MBE. En ella es posible generarse sin problema un perfil complejo de dotación. Este consiste en un perfil de Sb con tres niveles para la capa n-conductora del contacto del emisor, la capa activa n-conductora del emisor y la capa poco n-conductora del colector, además un perfil-B con una capa base altamente p-conductora delgada de solo 0.1 μm y un pico B que, debido a los procesos de preparación del substrato, hace su aparición en la superficie límite substrato/capa epitaxial y, finalmente en un perfil de Ge, del cual, a partir del Si aplicado de manera continua, se origina la capa base Ge_xSi_{1-x} [515]

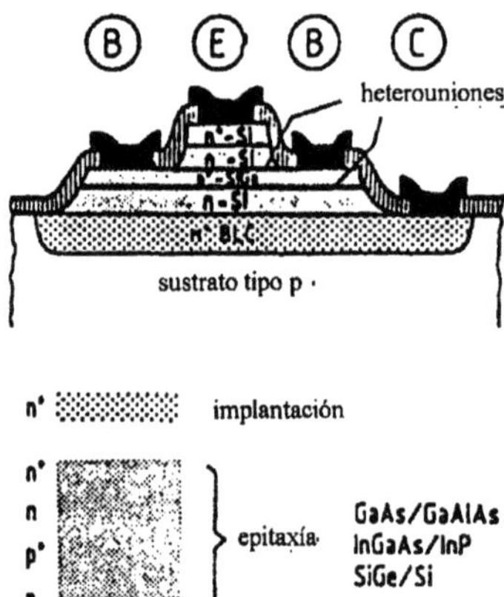

Figura 7.12: Estructura de banda del elemento constructivo de túnel de resonancia sobre una base de Si/Ge_xSi_{1-x}.

Lo esencial en ese tipo de estructuras son datos característicos que se pueden obtener. Con el transistor heterobipolar sobre base de Si/Ge_xSi_{1-x} se alcanzan amplificaciones de corriente de 1000 - 5000 [516] y frecuencias límite de mas de 100 GHz [533], valores que son evidentemente más altos que en el caso de los transistores bipolares convencionales [517], [518].

7.4.2 Elemento constructivo con tunelamiento de resonancia

En la fig.7.13 se muestra la sucesión de capas de un elemento de túnel de resonancia. En cuanto a su estructuración se trata de una zona de elemento constructivo monocristalina, activa, alojada en una zona activa monocristalina. El ambiente policristal actúa como un aislante lateral y posibilita una estructuración casi planar. La zona, en la que se forman los pozos cuánticos se realizará a través de capas delgadas, con espesores de 3 a 5 nm, de Si/Ge_xSi_{1-x}.

En la fig.7.14 el esquema de la banda de valencia de este elemento constructivo está dibujado con los cuatro heterolímites. En la estructuración presentada del sistema de material Si/Ge_xSi_{1-x} el proceso transcurre en la banda de valencia porque es aquí donde aparece la mayor discontinuidad de banda. Resulta decisivo que un material con mínima distancia de banda (Ge_xSi_{1-x}) esté limitado por un material con gran distancia de banda (Si). De este modo se forma un pozode potencial limitado por barreras de potencial. Los niveles de energía en el pozo están por arriba del nivel de Fermi y no están ocupados. Afuera se tiene una reserva de portadores de carga (huecos). Al aplicarse una tensión pueden entonces los huecos tunelear a través de la barrera de potencial, llenar

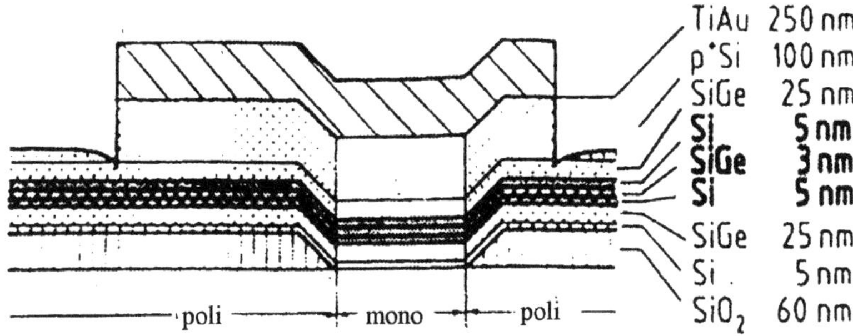

Figura 7.13: Estructura de banda del elemento constructivo de túnel de resonancia sobre una base de Si/Ge_xSi_{1-x}.

provisionalmente los niveles en el pozo y abandonarlo nuevamente tuneleando a través de la segunda barrera. Fluye una corriente de túnel que se sobrepone a la línea característica de este elemento constructivo (diodo). Debido a la resistencia diferencial negativa resultante es como se da la condición para emplearlo como oscilador y multiplicador de frecuencia. Resultan, además, para tales osciladores tiempos de retardo menores a 10^{-13} s, lo que corresponde a frecuencias de transito de 1.5 THz (en un rango de temperatura de 4 a 77 K) [519], [520]).

7.4.3 GaAs-MESFET

La fig.7.15 muestra la estructura base de un MESFET de GaAs (Metal Semiconductor Field Effect Transistor). Debido a las barreras de Schottky que se forman en la heterotransición metal-semiconductor, este elemento constructivo es también conocido como transistor de efecto de campo con barrera de Schottky.

Lo decisivo es que el GaAs no dotado sea semi-aislante con una resistencia específica de $p \approx 108$ Ωcm. Sobre él se encuentra una capa conductora. Esta capa activa puede, según sea la dotación, ser n-conductiva o p-conductiva. Ésta es fácil de ser producida mediante la utilización de MBE ([522]).

En lo esencial el MESFET consiste en dos contactos óhmicos, fuente (S) y drenaje (D), entre los cuales se aplica una tensión fuente-dren, la cual da lugar a una corriente dreno. La sección transversal del canal conductor y por tanto de la corriente son controlados mediante un contacto bloqueable metal-semiconductor (contacto Schottky) para la compuerta G en la zona entre fuente y dren. Mediante ataque de la capa conductora en la zona de compuerta es posible ajustar la tensión deseada de corte, pero también disminuir -mediante

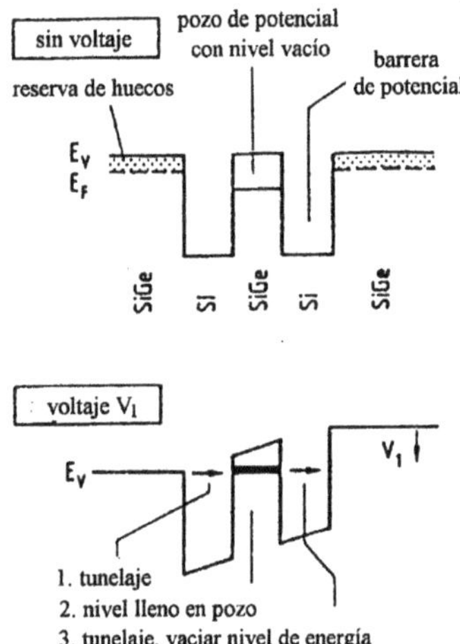

Figura 7.14: Estructura de banda del elemento constructivo de túnel de resonancia sobre una base de $Si/Ge_x S_{1-x}$

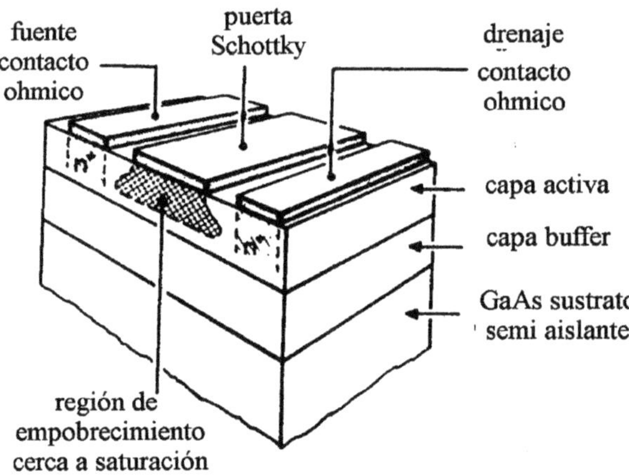

Figura 7.15: Representación esquemática de un GaAs-MESFET

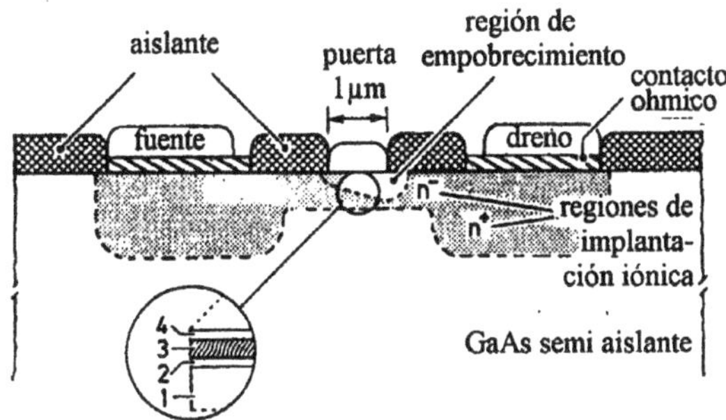

Figura 7.16: Construcción esquemática de un transistor de alta movilidad de electrónes (HEMT), consistente en una heteroestructura de $GaAs/Ga_xAl_{1-x}As$ selectivamente dotada (según [499]).

un mayor espesor de capa- las resistencias parasitarias internas. La ventaja fundamental del GaAs MESFET consiste en que se logran altas amplificaciones de corriente con bajo ruido de fondo.

7.4.4 Transistor de alta movilidad de electrones (HEMT).

La formación - debida a la heterotransición - de un gas bidimensional de portadores de carga y el incremento de la movilidad de portadores de carga (lo que, como se ha descrito, tiene su causa en la separación espacial de los portadores de carga respecto a los átomos de dotación que actúan como centros de dispersión) puede utilizarse para transistores con muy altas velocidades de swicheo.

La fig.7.16 muestra un transistor (HEMT) de alta movilidad electrónica en una heteroestructura $GaAs/Ga_zAl_{1-x}As$. En la elaboración de ésta estructura semiconductora estructurada microscópicamente, la abrupta modificación en la composición de material está exactamente en concordancia con una abrupta modificación de la dotación, lo que nuevamente queda garantizado por la síntesis de material disuelta localmente por medio de epitaxia de haz molecular. En este caso el material con la mayor distancia de banda (aquí $Ga_xAl_{1-x}As$) está dotado selectivamente con donadores de Si en una zona exactamente definida; por el contrario, el material con una menor distancia de banda (aquí GaAs) permanece sin ser dotado.

Con las estructuras HEMT se logran tiempos de swicheo por abajo de 10 ps a 300 K y 5 ps a 77 K. Tales valores son comparables a los tiempos de swicheo de elementos Josephson.

Además, el principio mostrado puede hacerse realidad con una estructura

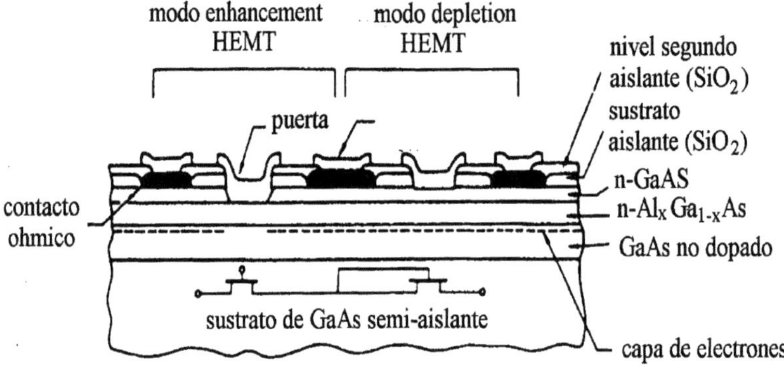

Figura 7.17: Construcción esquemática de una estructura inversor HEMT (según [523])

complementaria. En lugar de donadores de Si se utilizarán aceptores Be y se producirá un gas bidimensional de huecos. Con ello se ofrece la posibilidad de empleo como una lógica de transistor complementaria de rápida activación, en este caso sobre una base de GaAs. Esto se ilustra en la figura 7.17. Las estructuras HEMT y los elementos constructivos de allí resultantes están mostrados de igual manera sobre una base de Si/Ge$_x$Si$_{1-x}$.

7.4.5 Transistor IPG

Un transistor IPG (In-Plane Gate Transistor) es un elemento monodimensional. La base para su realización lo es la estructuración lateral de un gas de portadores de carga producido mediante MBE, lo que puede realizarse, p. ej., de manera elegante con haces focalizados de iones [524]. En la secc. 6.1 se trató ya brevemente este tema.

Para ello se inyectarán iones de Ga$^+$ sobre una heteroestructura GaAs/Ga$_x$Al$_{1-x}$As dotada de origen de manera homogéneamente selectiva (en el presente ejemplo la energía de los iones es de 100 keV y el diámetro de haz es de 100 nm). Bajo el efecto de los iones de Ga+ se llega en este caso lateralmente a un pasivización local de la conductividad del gas bidimensional de electrones. Tal como lo muestra la fig.7.18, el gas de electrones bidimensional se distribuirá de esta manera en tres zonas que son: compuerta 1, compuerta 2 y la zona dren-fuente unida mediante un canal muy estrecho. Entre fuente y dren se forma en este caso una concentración cuya amplitud eléctrica efectiva w es menor que la distancia más pequeña wgeo entre las línea irradiadas. Si en las compuertas se aplica una tensión, puede entonces estrecharse la amplitud w de canal, con lo

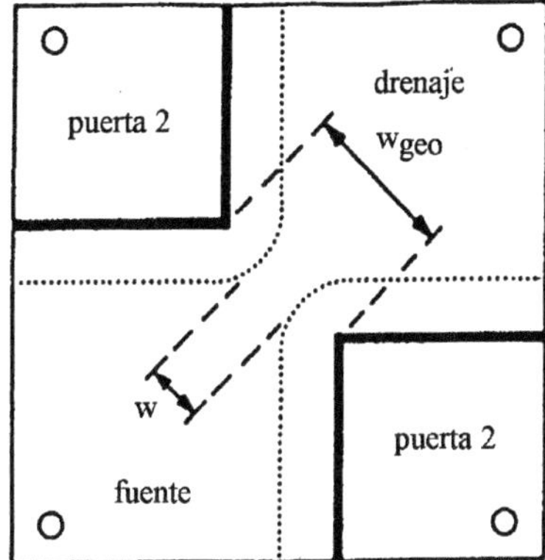

Figura 7.18: IPG, el cual está escrito mediante iones de Ga^+ en una heteroestructura selectivamente dotada de $GaAs/Ga_xAl_{1-x}As$. Las rayas gruesas caracterizan líneas aislantes escritas con el haz de iones finamente enfocado, mismas que separan la compuerta 1, la compuerta 2 y drenaje de fuente. Los círculos en blanco (o) simbolizan contactos a las zonas de compuerta y drenaje-fuente.

que se puede controlar el flujo de corriente entre fuente y dren.

7.4.6 Laser de heteroestructura de pozo cuántico

Como se describe en la sección 7.2, en el pozo cuántico se llega a la formación de subbandas para electrones y para huecos si el espesor de la capa activa es del orden de magnitud de la longitud de onda de Broglie para los portadores de carga. Esto ha representado no solo efectos nocivos sobre el transporte de los portadores de carga, sino también sobre transiciones de radiación tales como la luminiscencia. Al momento de la excitación de una sobre-rejilla de este tipo se llega a la recombinación radiante de electrones a partir de la banda más baja de conducción con huecos pesados de la banda superior de valencia.

En el caso especial de un pozo cuántico $GaAs/Ga_xAl_{1-x}As$ domina por tanto la luminiscencia intrínseca. Debido a que la energía de las subbandas depende en primer término del espesor de cada capa de la sobre-rejilla, mediante su anchura se determinará también la distancia energética entre las subbandas. Con ello se abre ahora la posibilidad de ajustar la energía de la luz emitida opcionalmente entre 1.42 eV y digamos la distancia de banda de las barreras de $Ga_xAl_{1-x}As$.

La realización de un láser MQW se indica en la fig.7.19

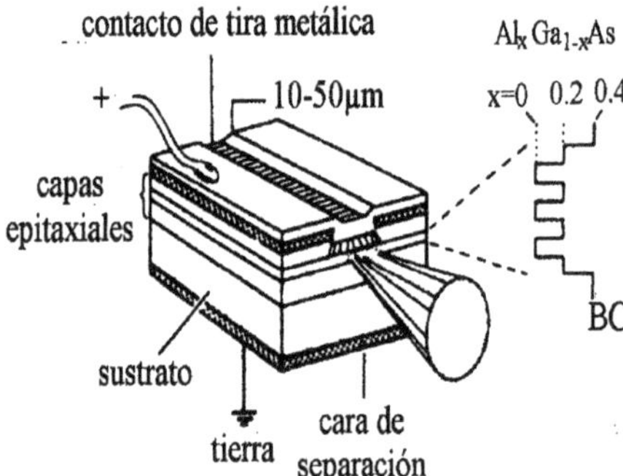

Figura 7.19: Construcción de una secuencia de capas de un láser de heteroestructura de pozo cuántico (según[499]).

7.4.7 Transistores de base metal (MBT)

Los transistores de base metal tienen su origen en el transitar bipolar convencional. Si la base seminconductora se sustituye por una base de metal se reduce entonces drásticamente el retraso de tiempo en tránsito base de los portadores de carga. En este caso no aparecen aquellas desventajas que sí aparecen en el empequeñecimiento de una base semiconductora (influencia recíproca de portadores de carga, paso a través de la base) o al incrementarse su dotación (dispersión de los portadores de carga en los átomos de dotación, en caso de no haber gas bidimensional de portadores de carga, con lo que sólo es posible una mínima amplificación de corriente). En una base metálica los portadores de carga allí inyectados son transportados balísticamente y reunidos en el paso collector-Schottky. La fig.7.20 muestra la realización de un transistor de ese tipo utilizando la heteroestructura Si/CoSi$_2$/Si. Además de CoSi$_2$ también NiSi$_2$ es apropiado para material de base, en caso de que Si sea el material semiconductor. La ventaja de CoSi$_2$ consiste, de cualquier manera, en las grandes longitudes de trayectoria libre media de los electrones (10.5 nm según [525]).

Lo que resulta aquí de gran interés es el hecho de que es posible incrementar la intensidad de corriente de un transistor de base metal si en dicha base se introduce un hueco de magnitud definida. La idea en este sentido se derivó de las condiciones reales presentadas en la sección 5.3.3.3 respecto a que el CoSi$_2$ tiende a la formación de pin holes. De esta manera, la corriente se compone de dos partes, específicamente la constituida por el transporte balístico de los

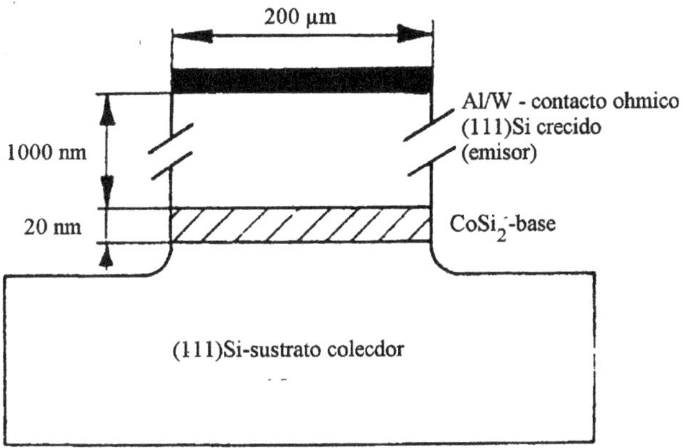

Figura 7.20: Representación esquemática de un transistor de base metal (según [525]).

portadores de carga inyectados en la base y la integrada por aquellos que pasando por los pin holes atraviesan la base "tuneleándola". Con ello se tiene una ventaja adicional más al utilizarse $CoSi_2$ [526], [527].

7.4.8 Transistor con base transparente (PBT)

La idea del transistor con base transparente se basa en el resultado de la amplificación de corriente mediante pin holes en transistores de base metálica. El PBT (permeable base transistor) representa en este caso, al igual que el transistor de base metálica, un concepto para el desarrollo de elementos constructivos más rápidos con frecuencias de hasta 25 GHz (basándose en tecnología de Si) [528]-[530]. También aquí la heteroestructura doble $Si/CoSi_2/Si$ es una posible variante. La construcción esquemática es similar a la del MBT, sólo que en la base se introducen aberturas tecnológicamente dirigidas. De cualquier manera, un problema que en este caso se presenta es que el $CoSi_2$ apena si difícilmente puede depositarse con técnica convencional de ataque. Por ello resulta favorable emplear una técnica de lift-off, es decir que sobre el chip se coloca una máscara a través de la cual quedan al descubierto las aberturas requeridas para un ataque químico. La fig. 7.21 muestra los elementos constructivos fabricados de esta manera (según [529]). Al SiO_2 se le colocaron ventanas fotolitográficas y encima se precipitó Co. A base de tratamiento térmico se formó a continuación $CoSi_2$. Este proceso resulta de carácter selectivo debido a que sobre el SiO_2 no puede elaborarse ningún siliciuro. Después, mediante evaporación de haz de electrones se efectuó el crecimiento MBE. Finalmente, utilizando ataques de plasma se puso al descubierto el contacto de base y mediante la sobrevaporización de W/Al se lograron un contacto ómico sobre la base, un colector y un

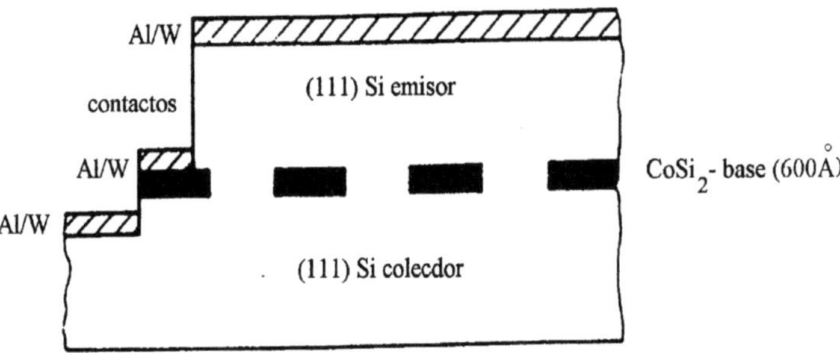

Figura 7.21: Representación esquemática de un transistor con base transparente (según [529])

emisor.

7.4.9 Triodo transfer de electrones de resonancia (RETT)

La posibilidad de fabricación de sobre-rejillas a partir de capas epitaxiales delgadas de metal y aislantes es un paso adelante para hacer realidad nuevas estructuras de elementos constructivos. Así, es posible pensar p. ej., en un triodo que utilice el proceso de túnel de resonancia de electrones a través de una sobre-rejilla del tipo metal-aislante, es decir el RETT (resonant electron transfer triodo), [531], [532]. La fig.7.22 muestra el esquema de un estructura de este tipo, caso en el que en el trabajo original se especificó como metal una aleación SnPb. Los autores investigaron el transporte de túnel de resonancia de los portadores de carga a través de la base de la sobre-rejilla en dependencia de sus dimensiones y del número de transiciones metal-aislante. En este caso se deduce, a partir de resultados de cálculo, que en una estructura base de 0.5 nm CaF$_2$/0.5 nm Sn-Pb/0.5 nm CaF$_2$ se tienen frecuencias de activación de 640 GHz, mismas que están por arriba de los rangos registrables a nivel de técnica de medición.

De acuerdo con las informaciones tomadas de las secciones 6.2.2 y 6.2.3 referentes a la descomposición de CaF$_2$ por partícula inducida, se dio todavía otra posibilidad más para la generación de un elemento de ese tipo. Después del bombardeo dirigido de electrones o de iones puede formarse una sobre-rejilla CaF$_2$/Ca/CaF$_2$/Ca/CaF$_2$ (las zonas irradiadas están compuestas de Ca metálico) [535].

7.4.10 Otros elementos constructivos

Para concluir deben de mencionarse todavía algunos elementos constructivos que en parte corresponden ya desde hace tiempo a lo que es el estado actual

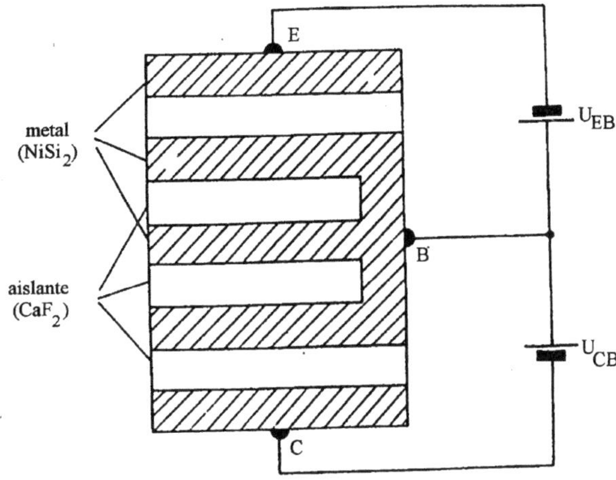

Figura 7.22: Representación esquemática de un triodo de resonancia por transferencia de electrones (según [531]).

de la técnica, con los que, sin embargo, surgen nuevos enfoques tecnológicos al emplearse los sistemas de capas aquí presentados. La cuestión particular que aquí surge consiste en la posibilidad de una elaboración monocristalina, en las -con ello vinculadas- mejores propiedades estructurales y electrónicas y, además, en la transición hacia la integración monolítica en sistemas microelectrónicos apilados.

MEISFET (metalepitaxial-insulator-semiconductor field effect transistor)

En un transistor convencional de efecto de campo se utiliza SiO_2 o Si_3N_4 policristalino para el aislamiento de la compuerta y el contacto. Es también posible utilizar CaF_2 epitaxial monocristalino como capa aislante. Con ello se alcanzan resultados equiparables. Así, al campo de rompimiento entre la compuerta y la fuente es de 2.5×10^5 V/cm y entre los contactos (en este caso realizados con Al) y el substrato de Si no dotado, de 3.0×10^6 V/cm (en comparación: valores típicos SiO_2 están entre 6 y 10×10^6 V/cm). La fig.7.23 muestra una estructura del tipo MEISFET.

Al contrario de MEISFET, donde la capa de CaF2 tiene aplicación como capa dialéctrica, en el MEISS cumple la función de capa de función [535].

La estructura MEISS es la realización de una estructura MISS convencional (switch de semiconductor-aislante-metal), misma que consiste en una secuencia de capas metal-SiO_2-Si(n)-Si(p$^+$). En la estructura MEISS se utiliza sólo CaF_2

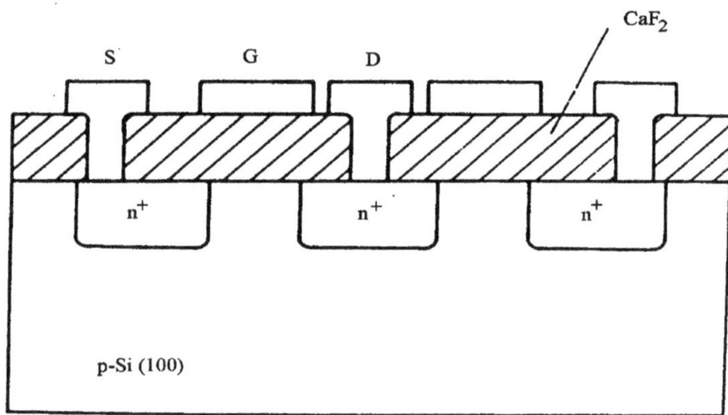

Figura 7.23: Presentación de una estructura MEISFET utilizando CaF$_2$ como aislante de compuerta (según [534])

epitaxial en lugar de SiO$_2$ policristalino. La estructura se muestra en la fig.7.24a) [536]. En este caso surge una línea eléctrica característica con dos estados estables, un estado "desconectado" de alto omiaje y uno "conectado" de bajo omiaje, esto cuando se aplique una tensión de tal modo que la transición p-n de la fig. 7.24a) se encuentre en polaridad de flujo. De acuerdo con la línea característica de la fig.7.24b), el efecto de cambio ocurre cuando la tensión aplicada alcanza el valor de tensión de conmutación Us. El elemento cambia de nuevo al estado "desconectado" cuando la corriente es menor a IH.

MOSFET (metal oxid semiconductor field effect transistor)

Otra posibilidad de aplicación de CaF$_2$ es como estructura epitaxial SOI (silicon on insulator). En las estructuras SOI se tienen, a partir de la aislación dieléctrica, una serie de ventajas tales como la reducción de capacidades parásitas, una alta resistencia a la radiación, con lo que es posible fabricar elementos constructivos de alta potencia y de alta tensión y también, naturalmente, estructuras apiladas tridimensionalmente. La fig.7.25 muestra al respecto la sección de un canal-n MOSFET, elaborado sobre una secuencia de capa Si/CaF$_2$/Si(100) [537].

En este caso la dotación de p-Si se efectúa mediante implantación de B$^+$ (120 keV con una dosis de 10^{12}cm^{-2} y la dotación de zonas dren y zonas fuente n-conductoras mediante la implantación de P+ (50 keV con una dosis de 10^{15}cm^{-2}). Como aislación de campo arriba del canal sirve CVD de SO$_2$

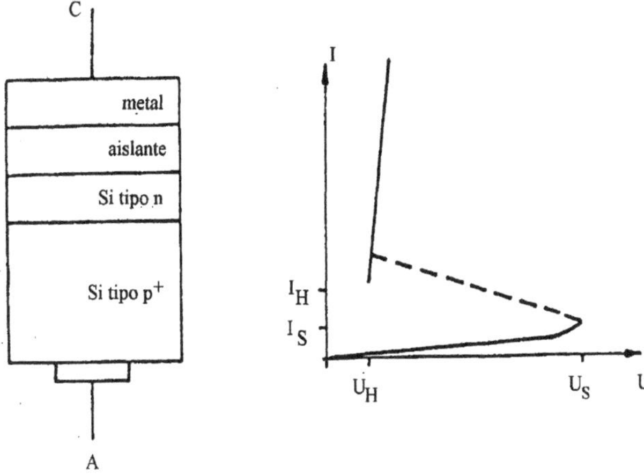

Figura 7.24: Esquema de una estructura MISS o MEISS con su respectiva curva característica corriente-voltaje.

precipitado por CVD.

MEISS (metal-epitaxial insulator-semiconductor switch)

Mientras en el MEISFET la capa de CaF_2 es solamente una capa dieléctrica, en el MEISS la misma forma una capa funcional [535]. La estructura MEISS representa la realización de una estructura convencional MISS (metal insulator semiconductor switch), formado de un secuencia de capas metal - SiO_2 - Si(n) - Si(p$^+$). En lugar del aislante SiO_2 se aplica en la estructura MEISS una capa epitaxial de CaF_2, como se muestra en la figura 7.24a). De este modo se produce una característica eléctrica con dos estados estables,

Resulta obvio transferir la estructura MOSFET mostrada en la fig.7.25también a elementos constructivos complementarios. Un inversor de este tipo se muestra esquemáticamente en la fig.7.26 [538].

Detectores infrarrojos

Debemos finalmente remitirnos a otra aplicación de los siliciuros epitaxiales. Es conocido que sobre la base de transiciones Schottky es también posible generar detectores de radiación. A conocidas alturas de barrera se sigue la longitud de onda en la cual el detector es sensible, siendo $\lambda(\mu m) = 1.24/\phi(eV\ \mu m)$ [539].

Los detectores IR puede fabricarse sobre la base de Pt-siliciuro o de Pt-Ir-siliciuro sobre p(100)Si. Dependiendo de la composición del Pt-Si se tienen barreras de Schottky entre 0.16 y 0.22 eV a 77 K, lo que corresponde a una zona

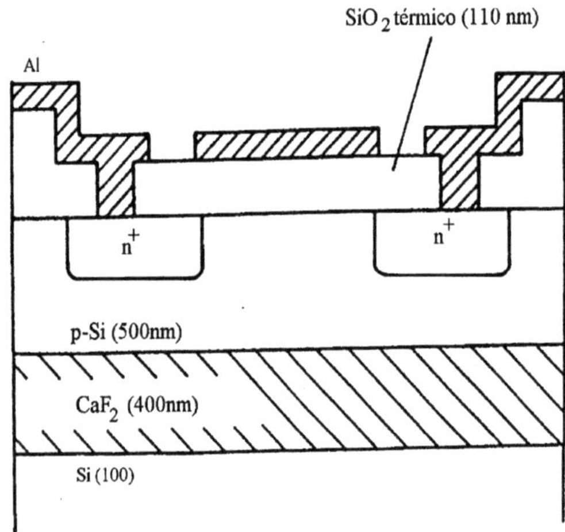

Figura 7.25: Presentación esquemática de un canal-n MOSFET, elaborado sobre una estructura de Si/CaF$_2$/Si(100) (según [537]).

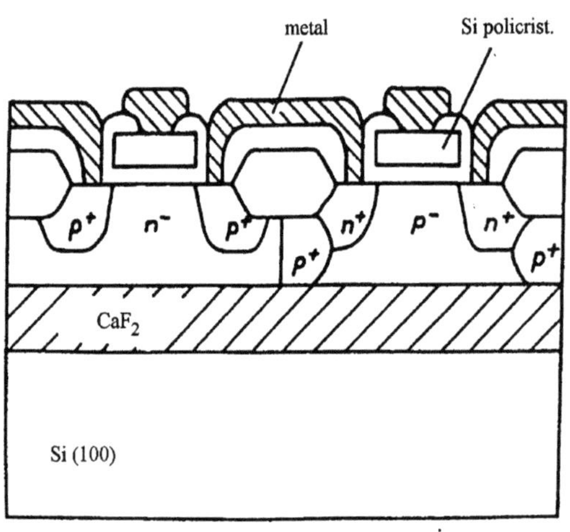

Figura 7.26: Presentación esquemática de un elemento CMOS sobre una estructura epitaxial Si/CaF$_2$/Si(100) según [538].

de longitud de onda de 5.6 - 7.8 μm. Sobre la base de barreras de Schottky-PtSi fueron elaborados sensores de matriz de imagen de alta densidad de pixeles [540]. Otra posibilidad interesante para el desarrollo de detectores infrarrojos es la utilización de siliciuros semiconductores $CrSi_2$ y $FeSi_2$.

Los ejemplos presentados muestran la multiplicidad de posibilidades que surgen para la integración tridimensional, las cuales se dan a partir de la unión de precipitación de capas y la técnica de haz de iones. Aquí existe un campo de gran importancia para las más amplias investigaciones. Esto presupone ciertamente una progresiva técnica experimental como lo es el acoplamiento de instalaciones MBE e implantadora de iones, y también la integración de los necesarios sistemas de análisis para el control del proceso. No obstante, de este modo pueden elaborarse, sistemas apilados microelectrónicos y nanoelectrónicos.

Bibliografía

[1] A.Zehe, D.Theß (ed.): "Molekularstrahlepitaxie in der siliziumgestützten Bauelementetechnologie", TU Dresden 1986, A.Zehe (ed.): Studie G1 "Si-MBE", TU Dresden, 1989

[2] R.B.Bate: Sol.State Technol. 11 (1989), 101

[3] Y.Horiike, R.Yoshikawa, H.Okano, H.Hakase, H.Komano,T.Takigawa: Mat. Res.Soc. Symp. Proc. 76 (1987), 39

[4] A.Thomas, M.Büschel, T.Gantz, A.Zehe: Proc. Third Int. Symp. of MBE, Tarnovo 1989, p.78

[5] I.P. Batra: J.Vac.Sci.Technol. B3 (2) (1985), 750

[6] O.Bisi, L.Braicovich, C.Carbone, I.Lindau, A.Iandelli,G.L.Olcese, A.Palenzona: Phys. Rev. B 40(15) (1989), 10194

[7] S.P.Murarka: "Silicides for VLSI Applications", Acad.Press, Inc. Orlando 1983

[8] E.Kasper, H.Kibbel, H.Jorke, H.Brugger, E.Friess, G.Abstreiter: Phys.Rev. B 38(5) (1988), 3599

[9] A.Y.Cho: Proc. MBE Symposium V, Sapporo 1988, 3

[10] D.J.Mamilton, W.G.Howard: Basic integrated circuit engineering Mc-Graw Hill Book Comp., New York 1975

[11] F.S.Becker : From 4M to 16M - DRAM Technology Present Problems and Coming Challenges Proc. IV SB MICRO Meeting, Porto Allegre 1989, 125

[12] H.Sunami: IEDM 85, Technical Digest, Washington 1985, 694

[13] Y.Horiike, R.Yoshikawa, H.Okano, H.Hakase, H.Komano, T.Takigawa Mat.Res.Soc.Symp.Proc. 76 (1987), 39

[14] R.J.Cava: Spektrum der Wissenschaft, Digest 3 (1996), 30

[15] S.P.Murarka: Silicides for VLSI Applications Acad.Press Inc. Orlando 1983

[16] V.M.Koleshko: Vacuum Vol. 36(29), 689 (1986)

[17] A.Zehe, G.Röpke: J. Phys. F. Metal Phys. 16, 407 (1986)

[18] R.A.Hamm, J.M.Vandenberg: Mat.Res.Soc.Symp.Proc. 25 (1984), 163

[19] C.J.Dale, C.K.Pan, J.L.Flinner, W.K.Chu, T.G.Finstad: J.Appl.Phys. 58(11) (1985), 4459

[20] E.G.Colgan, J.W.Mayer: J.Mat.Res. 4(4) (1989), 815

[21] J.D.Meindl: IEEE Electr.Dev. ED-31 (1984), 1555

[22] G.Stix: Spektrum der Wissenschaft Dossier Mikrosystemtechnik (1996), 52

[23] J.Ryssel, J.Hötzlich: Proc. Energy Puls and Particle Beam Modification, Dresden 1984, 369

[24] Y.Inoue, K.Sugahara, M.Nakaya, T.Nishimura, Y.Horiba, Y.Akasaka: IEEE Electr.Dev.Lett. EDL 7(5) (1986), 327

[25] T.Yamaguchi: IEEE Electr.Dev. ED-32 (1985), 184

[26] D.A.Antoniadis: Mat.Res.Soc.Symp.Proc. 23 (1984), 587

[27] A.Mogro-Campero, R.P.Love, N.Lewis, E.L.Hall, M.D.McConnel: Mat.Res.Soc.Symp.Proc. 45 (1985), 305

[28] E.H.Te Kaat, J.Belz: Mat.Res.Soc.Symp.Proc. 45 (1985), 329

[29] L.Kroko, I.Golecki, H.L.Glass: Mat.Res.Soc.Symp.Proc. 45 (1985), 323

[30] T.Tatsumi, T.Niino, A.Sakai, H.Hirayama: Jap.J.of Appl.Phys. 28(10) (1989), L 1678

[31] H.Ishiwara, T.Asano: Mat.Res.Soc.Symp.Proc. 25 (1984), 393

[32] H.Ishiwara, T.Asano Jap.J.of Appl.Phys. 22(1) (1983), 201

[33] R.N.Gosh, B.Griffing, J.M.Ballantyne Appl.Phys.Lett. 48 (1986), 370

[34] R.P.Gate, J.C.C.Fan, B.Y.Tsaur, G.W.Turner, F.M.Davis: IEEE Electr.Dev.Lett. EDL-2 (1981), 169

[35] R.Houdre, H.Markoc: Solid State and Material Science 16(2) (1989), 91

[36] R.Fischer, T.Henderson, J.Klem, W.T.Masselink, W.Kopp, H.Markos, C.W.Titton: Electron. Lett. 20 (1984), 947

[37] H.K.Choi, B.-Y.Tsaur, G.M.Metze, G.W.Turner, J.C.C.Fan: IEEE Electr.Dev.Lett. EDL-5 (1984), 207

[38] R.Fischer, H.Klem, C.K.Peng, J.S.Gedymin, H.Markoc: IEEE Electr.Dev.Lett. EDL-7 (1986), 112

[39] H.Zogg, W.Vogt: Bull. SEV/VSE 76 (1985), L118

[40] J.C.Bean: Mat. Res. Soc. Symp. Proc. 37 (1985), 245

[41] G.Abstreiter, H.Brugger, K.Eberl, R.Zachai: SPIE 792 (1987), 77

[42] H.Jorke, H.-J.Herzog: J. Electrochem. Soc. 133 (1986), 998

[43] T.P.Pearsal, J.C.Bean: IEEE Transact. EDL 7 (1985), 308

[44] H.Dämbkes, H.J.Herzog, H.Jorke, H.Kibbel, E.Kasper: IEEE Transact. Electr. Dev. ED-33 (1986), 633

[45] T.Tatsumi, H.Hiroyama, N.Aizaki: Appl. Phys. Lett. 52 (1988), 204

[46] H.Kibbel, E.Kasper, P.Narozny, H.-U.Schreiber: Thin Solid Films 184 (1990), 163

[47] S.Luryi, A.Kastalsky, J.C.Bean: IEEE Transact. Electr. Dev. ED-31 (1984), 1135

[48] J.F.Luy: Thin Solid Films 184 (1990), 185

[49] H.C.Liu, D.Landheer, M.Buchanan, D.C.Houghton: Appl. Phys. Lett. 52 (1988), 1809

[50] K.Ploog: Angewandte Chemie 100 (1988), 611

[51] A.Yoshimo, M.Sugiyama, T.Morikawa, H.Tamegai, N.Nishio, T.Tashio, K.Okumura: J.of Appl. Phys. 75(8) (1994), 3892

[52] O.Vancauwenberghe, N.Herbots, O.C.Hellman: J. Vac. Sci. Technol. B10(2) (1992), 713

[53] O.S.Zhou, O.W.Holland, J.D.Budai: Appl. Phys. Lett. 63 (1993), 3580

[54] I.Yamada, H.Takaoka, H.Usui, T.Takagi: J. Vac. Sci. Technol. A4(3) (1986), 722

[55] T.Takagi: Vacuum 36 (1-3) (1986), 27

[56] A.Weber: Spektrum der Wissenschaft 4/1996, 86

[57] R.Reif: J.Vac. Sci. Technol. A2 (1984), 429

[58] D.J.Ehrlich, R.M.Osgood: Thin Solid Films 90 (1982), 287

[59] M.v.Ardenne, G.Musiol, S.Reball: Effekte der Physik und ihre Anwendungen, Deutscher Verlag der Wissenschaften, Berlin 1988

[60] Y.Ota: J.Electrochem.Soc. 124(11) (1977), 1795

[61] Y.Ota: Thin Solid Films 106 (1983), 3

[62] M.A.Herman, H.Sitter: Molecular Beam Epitaxy- Fundamentals and Current Status, Springer Verlag Berlin, Heidelberg, New York 1988

[63] J.Gspann: Proc.Int.Workshop on ICBT, Tokyo 1986, 109

[64] T.Takagi: "Ionized Cluster Beam Technique" in F.Träger, G. zu Putlitz: "Metal Cluster", Springer Verlag Berlin 1986, 171 -179

[65] E.W.Becker: "History of Cluster beams" in F.Träger, G. zu Putlitz: "Metal Cluster" Springer Verlag Berlin 1986, 1 - 9

[66] J.T.Cheung, J.Madden: J. Vac. Sci. Technol. B5 (1987), 70

[67] D.H.Farrer, J.G.Robert: "Structure of Metal Cluster Complexes" in M.Moskovits: "Metal Cluster" Wiely Press New York 1986

[68] M.A.Herman: Vacuum 32 (1982), 555

[69] T.Sakamoto, T.Kawamura, G.Hashiguchi: Appl.Phys.Lett. 48 (1986), 1612

[70] M.Knudsen: Ann. Physik, Bd.28 (1909), 75 u.909, Bd.29 (1909), 179, Bd. 31 (1910), 205, Bd. 34 (1911),593, Bd. 48 (1915),1113

[71] P.E.Luscher, D.M.Collins: Molecular Beam Epitaxy Pergamon Press Oxford/New York 1980

[72] E.Schmutzer: Grundlagen der Theoretischen Physik, Deutscher Verlag der Wissenschaften, Berlin 1989

[73] R.W.Berry, P.M.Hall, M.T.Herries: Thin film technology D. van Nostrand Company Inc. 1986

[74] I.Langmuir: Phys.Rev. 2 (1913), 329 - 342

[75] F.C.Frank, J.H.van der Merve: Proc.Roy.Soc. A198 (1949), 205 J.N.Stranski, L.Krastanow Ber.Akad.Wiss. Wien 146 (1938), 797 M.Vollmer, A.Weber Z.Phys.Chem. 119 (1925), 277

[76] V.Fuenzalida: Dissertation, Universität München 1985

[77] W.Burton, N.Cabrera, F.Frank: Phil.Trans.Royal Soc. (London) A243 (1951), 299

[78] M.A.Herman: Cryst.Res.Technol. 21 (1986), 1413

[79] J.A.Venables, G.D.T.Spiller, M.Hanbuecken: Rep.Prog.Phys. 47 (1984), 399

[80] A.Y.Cho: Proc. MBE Symposium V, Sapporo 1988, 3

[81] B.R.Pamplin (ed.): Molecular beam epitaxy Pergamon press Oxford/New York 1980

[82] E.Kasper: Appl.Phys. A28 (1982), 12

[83] Y.Ota: Thin Solid Films 106 (1983), 3

[84] E.Kasper, H.Kibbel: Vakuumtechnik 34(1) (1985), 15

[85] J.C.Bean, E.A.Sadowski: J. Vac. Sci. Technol. 20(2) (1982), 137

[86] M.Tabe: J. Vac. Sci. Technol. B3(4) (1985), 975

[87] E.Kasper, H.Kibbel, F.Schäfer: Electrochem.Soc. 136(4) (1989), 1154

[88] H.Kibbel, E.Kasper: Vacuum 41(4-6) (1990), 929

[89] M.Ishida, Y.Yasuda, H.Ohyama, H.Wakamatsu, H.Abe, T.Nakamura: J.Appl.Phys. 59 (1986), 4073

[90] Y.Shiraki, I.Isihazaka: J.Electrochem.Soc. 133 (1986), 666

[91] H.Ryssel, I.Ruge: Ionenimplantation B.G. Teubner Verlag, Stuttgart

[92] L.D.Landau, E.M.Lifschitz: Lehrbuch der Theoretischen Physik, Bd.3 Quantenmechanik Akademie Verlag Berlin 1979

[93] J.Lindhart, M.Scharf, M.E.Schott: Mat. Fys. Medd. Dan. Vid. Selsk. 36(10) (1968)

[94] J.F.Ziegler, J.P.Biersack, U.Littmark: The Stopping Power and Ranges of Ions in Matter, Vol.1 Pergamon Press 1979

[95] J.Lindhart, V. Nielsen, M.Scharf: Mat. Fys. Medd. Dan. Vid. Selsk. 33(14) (1963)

[96] O.B.Firsow Schurn Exp. Theor. Fisika 36 (1959), 1517

[97] K.B.Winterbom, P.Sigmund, J.B.Sanders: Mat. Fys. Medd. Dan. Vid. Selsk. 37(14) (1970)

[98] S.Kalbitzer, H.Oetzmann: Rad.Effects 47 (1980), 57

[99] L.Karapiperis, D.Dieumegard: Nucl.Instr. and Methods 209/210 (1983), 165

[100] W.Wilson, L.Haggmark, J.P.Biersack: Phys. Rev. B15 (1977), 2458

[101] J.P.Biersack, L.G.Haggmark: Nucl. Instr. and Methods 74 (1980), 157

[102] D.Fink, J.P.Biersack, M.Städele, K.Tjan, V.K.Chang: Nucl. Instr. and Methods in Phys.Research 218 (1983), 817

[103] J.Lindhart, V. Nielsen, M.Scharf, P.V.Thomsen: Mat. Fys. Medd. Dan. Vid. Selsk. 33(10) (1963)

[104] A. Zehe: Microelectrónica, Materiales y tecnologías diseno de circuitos integrados

[105] A.F.Burenkov, F.F.Komarov, M.A.Kumakhov, M.M.Tempkin: Tablizy parametrov prostranstvennogo raspredelenija ion- implantivobannych primesej Minsk 1980

[106] S.Furukawa, H.Matsumura, H.Ishiwara: Jap. J. of Appl. Phys. 11/2 (1972), 134

[107] H.Matsumura, S.Furukawa: Jap. J. of Appl. Phys. 14/11 (1975), 1783

[108] M.Posselt, J.P.Biersack: Nucl. Instr. and Methods in Phys.Research B15 (1986), 20

[109] J.P.Biersack, W.Eckstein: Appl. Phys. A34 (1984), 73

[110] W.Möller, W.Eckstein: Nucl. Instr. and Methods in Phys.Research B2 (1984), 814

[111] M.Hautala: Nucl. Instr. and Methods in Phys.Research 218 (1983), 799

[112] I.Adesida, L.Karapiperis: Rad. Eff. 61 (1982), 223

[113] J.F.Ziegler: The Stopping and Ranges of Ions in Matter, Vol.3 - 5, Pergamon Press 1979

[114] Ion Implantation and Beam Processing eds. J.S.Wiliams, J.M.Poate Academie Press, Sydney

[115] E.Miyauchi, H.Hashimoto: J. Vac. Sci. Technol. A4(3) (1986), 933

[116] M.A.Herman, H.Sitter: Molecular Beam Epitaxy- Fundamentals and Current Status
Springer Verlag Berlin, Heidelberg, New York 1988

[117] L.C.Feldman, J.W.Mayer: Fundamentals of Surface and Thin Film Analysis North-Holland Publ. New York, Amsterdam, London

[118] B.K.Vainshtein: Analysis by Electron Diffraction Pergamon Press, Oxfort 1964

[119] P.K.Larsen: "RHEED and Photoemission Studies of Semiconductor Grown in situ by MBE" in: Dinamical Phenomena at Surfaces, Interfaces and Superlattices, ed. by F.Nizzoli, K.-H.Rieder, R.F.Willis, Springer Series Surface Science, Vol.3 Springer Verlag Berlin, Heidelberg 1985

[120] K.Ploog: Zeitschrift f.Angewandte Chemie, Heft 5(1988), 611

[121] M.B.Panish, S.Sumski: J.Appl.Phys. 55 (1984), 3571

[122] L.Reimer, G.Pfefferkorn: Rasterelektronenmikroskopie Springer Verlag Berlin, Heidelberg, 2.Auflage 1977

[123] L.Reimer: Scanning Electron Microscopie Springer Verlag Heidelberg, 1985

[124] Siemens AG: Der Mega Chip, Siemens Zeitschrift 4 (1988)

[125] E.Fuchs, H.Rehme, H.Oppolzer: Particle Beam Methods for Microanalysis Verlag Chemie, Weinheim 1990

[126] M.Seib, H.Höfler: Opto Elektronik Magazin, Vol.6, Heft 2 (1990), 178

[127] G.Binnig, H.Rohrer, Ch.Gerbe, E.Weibel: Phys.Rev.Lett. 49 (1982), 57 Phys.Rev.Lett. 50 (1983), 120

[128] W.Kleber: Einführung in die Kristallographie Verlag Technik Berlin 1965.

[129] N. F. M. Henry; K.Lonsdalf (Hrsg.): International Tables for X-ray Crystallography The Kynoch Press Birmingham Bd. I-III: 1952, 1959, 1962.

[130] H. P. Klug, L. E.Alexander: X-ray diffraction procedures Wiley Pp., New York 1954

[131] K.Ploog: Angewandte Chemie 100 (1988), 61

[132] H.Ryssel, I.Ruge: Ionenimplantation B.G. Teubner Verlag Stuttgart

[133] A.Tempel, A.Zehe: Solid State Comm. 69(2) (1989), 151

[134] M.Grasserbauer, H.J.Dudek, M.F.Ebel: Angewandte Oberflächenanalyse mit SIMS, AES und XPS Akademie-Verlag Berlin 1986

[135] R.Behrisch: Sputtering by Particle Bombardment Springer Verlag Berlin, Heidelberg, New York 1981

[136] M.P.Seah: Vacuum 34 (1984), 453

[137] D.Smith, T.E.Gallon: J.Phys. D7 (1974), 151 A.Jablonski Surf. Science 74 (1978), 621 und Surf. Science 87 (1979), 539 H.E.Biskop, J.C.Riviere J.Appl.Phys. 40 (1969), 1740

[138] M.P.Seah: Surface and Interface Analysis 9 (1986), 85 R.Penn J.Electr.Spectr. Rel. Phenom. 9 (1976), 29

[139] J.T.Grant: Appl.Surf.Sci. 13 (1982), 35

[140] C.C.Chang: Surf. Science 25 (1971), 53

[141] R.Dingle, W.Wiegmann, C.H.Henry: Phys.Rev.Lett. 33 (1974), 827

[142] R.Loudon: Proc.Roy.Soc. A275 (1963), 218 Adv.Physics 13 (1964), 423

[143] J.G.Brugger: Ramanspektroskopische Untersuchungen zur Entstehung von verspannten GaAs/SiGe-Heterostrukturen und Si/SiGe-Übergittern, Dissertation TU München, Fakultät für Physik 1987

[144] R.T.Tung, K.K.Ng, J.M.Gibson, A.F.J.Levi: Phys.Rev B 33(10) (1986), 7077

[145] M.Liehr, P.E.Schmid, F.K.LeGouer, P.S.Ho: J.Vac.Sci.Technol. A4(3) (1986), 855

[146] H.Ishiwara, T.Asano: Jap.J.of Appl.Phys. 22(1) (1983), 201

[147] Y.Shiraki, I.Isihazaka: J.Electrochem.Soc. 133 (1986), 666

[148] R.C.Henderson, R.B.Marcus, W.J.Polito: J.Appl.Phys. 42 (1971), 1208

[149] Y.Ishikawa, N.Ikeda, M.Kenmochi, T.Ichinokawa: Surf.Sci. 159 (1985), 256

[150] R.F.Houghton, G.Patel, W.Y.Leong, T.E.Whall, E.H.C.Parker, R.A.A.Kubiak, R.Nayler: J.Cryst.Growth 81 (1978), 326

[151] J.C.Bean, E.A.Sadowski: J. Vac. Sci. Technol. 20(2) (1982), 137

[152] S.S.Iyer, R.A.Metzger, F.G.Allen: J.Appl.Phys. 52 (1981), 5608

[153] R.A.Metzger, F.G.Allen: J.Appl.Phys. 55 (1984), 931

[154] J.Knall, J.E.Sundgren, J.E.Green: Appl. Phys. Lett 45 (1984), 689

[155] H.Sigiura: J.Appl.Phys. 51 (1980), 2630

[156] Y.Ota: J.Vac.Sci.Technol. A2 (1984), 393

[157] K.L.Wang: Solid State Technol. (10/1985), 137

[158] R.A.A.Kubiak, W.Y.Leong, E.H.C.Parker: J.Electrochem.Soc. 132 (1985), 2738

[159] L.C.Feldman, J.Berk, B.A.Davidson, H.J.Grossmann, J.P.Mannaerts: Phys.Rev.Lett.59(1987), 664

[160] M.A.Herman, H.Sitter: Molecular Beam Epitaxy Springer Verlag Berlin, Heidelberg, New York 1988

[161] A.V.Rzhanov, S.I.Stenin, O.P.Pchelyakov, B.Z.Kanter: Thin Solid Films 139 (1986), 169

[162] H.J.Grossmann, J.C.Bean, L.C.Feldman, L.G.McRae, I.K.Robinson: Phys.Rev.Lett.55(1985), 1106

[163] S.M.Pintus, S.I.Stenin, A.I.Toropov, E.M.Trukhanov, V.Yu.Karasyov: Thin Solid Films 151 (1987), 275

[164] Landolt-Börnstein: Numerical Data and Functional Relationships in Science and Technology, New Series, Semiconductors:"Physics of Group IV Elements and III-V- Compounds", Springer Verlag, Berlin 1982, Vol.17a

[165] J.C.Bean: Mat. Res. Soc. Symp. Proc. 37 (1985), 245

[166] J.C.Bean, T.T.Sheng, L.C.Feldman, A.T.Fiory, R.T.Lynch: Appl. Phys. Lett 44 (1984), 102

[167] R.Hull, J.C.Bean, F.Cerdeira, A.T.Fiory, J.M.Gibson: Appl. Phys. Lett 84 (1986), 56

[168] E.Herzog, H.-J.Herzog, H.Dämbkes, T.Rückert: Twodimensional Systems, Physics and New Devices Springer Series in Solid State Sciences 67, p 52 ed. By G.Bauer, F.Kuchar, H.Heinrich -Springer-Verlag Berlin 1986

[169] M.Curow, A.Hintz: IEEE Trans.Electr.Dev., ED-34(9) (1987), 1983

[170] H.Krömer: J. Crystal Growth 81 (1987), 193

[171] S.I.Wright, M.Inada, H.Krömer: J. Vac. Sci. Technol. 21 (1982), 534, S.I.Wright, H.Krömer, M.Inada: J.Appl.Phys. 55 (1984), 2916

[172] P.N.Uppal, H.Krömer: J.Appl.Phys. 58 (1985), 2195

[173] T.Sakamoto, G.Hashiguchi: Jap.J.Appl.Phys. 25 (1986), L 57

[174] W.A.Harrison, E.A.Kraut, J.R.Waldrop, R.W.Grant: Phys.Rev. B18 (1978), 4402

[175] C.T.Foxon, B.A.Joyce: in Current Physics in Material Science, Vol.7,S.1 North Holland Publication, Amsterdam 1981

[176] S.M.Koch, S.J.Rosner, R.Hull, J.S.Harris: J. Crystal Growth 81 (1987), 205

[177] K.Ishida, M.Akiyama, S.Nishi: Jap.J.of Appl.Phys. 25 (1986), 288

[178] A.Christou, K.Varmazis, Z.Hatzopoulos: J. Crystal Growth 81 (1987), 164

[179] B.F.Levin, R.J.Malik, C.G.Bethea, J.Walker: Appl.Phys.Lett. 48 (1986), 1083

[180] J.P.van der Ziel, R.J.Malik, J.F.Walker, R.M.Mikulyak: Appl.Phys.Lett. 48 (1986), 454

[181] S.J.Rosner, S.M.Koch, J.S.Harris: Appl.Phys.Lett. 4 (1986), 1764

[182] P.R.Pukite, P.J.Cohen: J. Crystal Growth 81 (1987), 214

[183] K.Ploog: Angewandte Chemie 100 (1988), 611

[184] N.Chand, R.Poeple, F.A.Baiocchi, K.Wecht, A.Y.Cho: Appl.Phys.Lett. 49 (1986), 815

[185] Y.Shiraki, t.Mishima, M.Marioka: J.Crystal Growth 81 (1987), 226

[186] R.J.Fischer, N.Chand, W.F.Kopp, C.K.Peng, H.Markoc, K.R.Gleason, D.Scheitlin: IEEE Electr.Dev. ED-33 (1986), 1135

[187] J.P.Faurie, C.Hsu, S.Sivananthan, X.Chu: Surf.Sci 168 (1986), 473

[188] N.Otsuka, L.A.Kolodziejski, R.L.Gunshor, S.Datta, R.W.Bicknell, J.F.Schettzina: Appl.Phys.Lett. 46 (1985), 860

[189] J.P.Faurie: J. Crystal Growth 81 (1987), 483

[190] A.Million, L.DiCioccio, J.P.Gaillard, J.Piaguet: J. Vac. Sci. Technol. A6 (1988)

[191] M.Büschel, T.Gantz, A.Thomas, A.Zehe: Proc. 1.Int.Conf.on Epitax.Cryst.Growth, Budapest 1990 Cryst.Growth and Prepar. Vol.32-34 (1991), 256

[192] F.K.LeGoues, W.Krakow, P.S.Ho: Mat.Res.Soc.Symp.Proc. 37 (1985), 395

[193] S.P.Murarka: Silicides for VLSI Applications Acad.Press Inc. Orlando 1983

[194] R.W.Fathauer, B.D.Hunt, L.J.Schowalther: J.Vac.Sci.Techn. B5, 743 (1987)

[195] E.Rosencher, S.Delage, Y.Campidelli, F.A.d'Avitaya: Electronics Letters 20(19) (1984), 762

[196] N.Nakata, M.Asada, Y.Suematsu, M.Sato: Transact. IECE Japan E 69(4) (1986), 305 N.Nakata, M.Asada, Y.Suematsu Electronics Letters 22 (1986), 58

[197] J.G.Bednoz, K.A.Müller Z.Phys. B 64 (1986), 189

[198] N.Russo, M.Toscano J.Vac.Sci.Technol. A6(3) (1988), 1560

[199] R.E.Hummel, I.Yamada Appl.Phys.Lett. 54(1) (1989), 18

[200] R.S.Williams, R.S.Daley, J.H.Huang, R.M.Charatan Appl.Surf.Sci. 41/42 (1989), 70

[201] K.Markert, P.Pervan, W.Heichler, K.Wandelt J.Vac.Sci.Techn. A7(4) (1989), 2873

[202] P.Bai, G.R.Yang, L.You, T.M.Lu, D.B.Knorr J.Mater.Res. 5(5) (1990), 989

[203] A.S.Yapsir, C.-H.Choi, T.-M.Lu J.App.Phys. 67(2) (1990), 796

[204] I.Yamada, C.J.Palmstrom, E.Kennedy, J.W.Mayer, H.Inokawa, A.Takagi Mat.Res.Soc.Symp.Proc. 37 (1985), 401

[205] I.Yamada: Appl.Surf.Sci. 41/42 (1989), 253

[206] M.C.Madden: Appl.Phys.Lett. 55(11) (1989), 1077

[207] H.-S.Jin, A.S.Yapsir, G.-C.Wang, T.-M.Lu, L.Luo, W.M.Gibson, I.Yamada, T.Takagi: Nucl.Instr.and Meth.in Phys.Res. B40/41 (1989), 817

[208] R.J.Hammers: Phys.Rev. B 40(3) (1989), 1657

[209] H.-S.Cheng, Z.-X.Chui, H.-J.Xu, X.-W.Yao, F.-J.Yang: Nucl.Instr.and Meth.in Phys.Res. B45 (1990), 424

[210] P.J.Moller, J.-W.He: J.Vac.Sci.Techn. A5(4) (1987), 996

[211] D.D.Chambliss, T.N.Rhodin, R.V.Kasowski: J.Vac.Sci.Techn. A6(3) (1988), 1499

[212] F.Salvan, F.Thibaudau, P.Dumas: Appl.Surf.Sci. 41/42 (1989), 88

[213] M.Iwami, M.Kusaka, M.Hirai, M.Kubota, H.Tochihara, Y.Murata: Appl.Surf.Sci. 41/42 (1989), 97

[214] C.A.Chang: J.App.Phys. 67(1) (1990), 566

[215] T.Nakahara, S.Ohkura, F.Shoji, T.Hanawa, K.Oura: Nucl.Instr.and Meth.in Phys.Res. B45 (1990), 467

[216] G.Rossi, T.Kendelcwicz, I.Lindau, W.E.Spicer: J.Vac.Sci.Techn. A1 (1983), 987

[217] P.Bai, G.R.Yang, L.You, T.M.Lu, D.B.Knorr: J.Mater.Res. 5(5) (1990), 989

[218] M.O.Aboelfotoh, A.Cros, B.G.Svensson, K.N.Tu: Phys.Rev. B 41(14) (1990), 9819

[219] G.H.Takaoka, J.Ishikawa, T.Takagi: J.Vac.Sci.Techn. A8(2) (1990), 840 5.75

[220] K.Takayanagi, Y.Tanishiro, T.Ishitsuka, K.Akiyama: Appl.Surf.Sci. 41/42 (1989), 337

[221] G.Ottaviani: Mat. Res. Soc. Symp. Proc. Vol. 25 (1983), 21

[222] R.E.Harper, E.A.Maydell-Ondrusz, I.H.Wilson, K.G.Stephens: Mat. Res. Soc. Symp. Proc. Vol. 25 (1983), 105

[223] J.F.W.Gibbons CW Beam: Processing of Silicon and other Semiconductors Acad. Press 1984, Chapter 6, 341-395

[224] R.T.Tung, J.M.Gibson, J.M.Poate: Phys. Rev. Lett. 50(6) (1983), 429

[225] R.T.Tung: J. Vac. Sci. Technol. A 5(4) (1987), 1840

[226] P.A.Bennett, A.P.Johnson, B.N.Halawith: Phys. Rev. B 37(8) (1988), 4268

[227] S.M.Yalisove, D.J.Eaglesham, R.T.Tung: Appl. Phys. Lett. 55(20) (1989), 2075

[228] T.Tanielian, S.Blackstone: J. Vac. Sci. Technol. A 3(3) (1985), 714

[229] A.Santaniello, P.DePadova, X.Jin, D.Chandesris, G.Rossi: J. Vac. Sci. Technol. B 7(4) (1989), 1017

[230] H.Kawarada, I.Oldomari, S.Horiuchi: Mat. Res. Soc. Symp. Proc. Vol. 25 (1983), 429

[231] S.P.Murarka: J. Vac. Sci. Technol. B 4(6) (1986), 1325

[232] C.C.Hsu, Y.X.Wang, S.Yin, B.Li, M.Ri, J.Wu: J. Vac. Sci. Technol. A 5(4) (1987), 1403

[233] L.van den Hove, R.Wolters, K.Maex, R.DeKeersmaeker, G.Declerck: J. Vac. Sci. Technol. B 4(6) (1986), 1358

[234] V.Q.Ho, D.Poulin: J. Vac. Sci. Technol. A 5(4) (1987), 1396

[235] A.Nylandsted Larsen, J.Chevallier, G.Sorensen: Mat. Res. Soc. Symp. Proc. Vol. 23 (1984), 727

[236] R.T.Tung, J.M.Gibson, D.C.Jacobson, J.M.Poate: Mat. Res. Soc. Symp. Proc. Vol. 23 (1984), 721

[237] H.S.Lee, G.J.Wolga: J.Electrochem. Soc. 137(2) (1990),684

[238] G.A.Mattiussi: J. Vac. Sci. Technol. B 4(6) (1986), 1352

[239] R.K.Shukla, P.W.Davies, B.M.Tracy: J. Vac. Sci. Technol. B 4(6) (1986), 1344

[240] A.Ishizaka, Y.Shiraki: Jap. Journ. of Appl. Phys. 23(7) (1984), 499

[241] R.A.Hamm, J.M.Vandenberg, J.M.Gibson, R.T.Tung: Mat. Res. Soc. Symp. Proc. Vol. 37 (1985), 367

[242] Y.C.Kao, M.Tejwani, Y.H.Xie, T.L.Lin, K.L.Wang: J. Vac. Sci. Technol. B 3(2) (1985), 596

[243] R.T.Tung, J.L.Batstone: Appl. Phys. Lett. 52(8) (1988), 648

[244] A.Schönborn, J.K.N.Lindner, E.H.teKaat, H.Bubert, M.Grasserbauer, G.Friedbacher Fresenius: Z. Anal. Chem. 333 (1989), 511

[245] C.W.T.Bulle-Lieuwma, A.H.van Ommen, L.J.van Ijzendoorn: Appl. Phys. Lett. 54(3) (1989), 244

[246] A.Golanski: Appl.Surf.Sci. 43 (1989), 200

[247] M.N.Kozicki, J.M.Robertson: J.Electrochem.Soc. 136(3) (1989), 878

[248] J.A.Knapp, S.T.Picraux: Mat. Res. Soc. Symp. Proc. 54 (1986), 261

[249] M.Gasgnier: phys. stat. sol.(a) 114 (1989), 11

[250] M.C.Bost, J.E.Mahan: J. Vac. Sci. Technol. B 4(6) (1986), 1336

[251] M.C.Bost, J.E.Mahan: J. Appl. Phys. 63(3) (1988), 839

[252] A.Zur, T.C.McGill, M.A.Nicolet: J. Appl. Phys. 57(2) (1985), 600

[253] J.Derrien, F.A.d'Avitaya: J. Vac. Sci. Techn. A 5(4) (1987), 2111

[254] R.W.Fathauer, B.D.Hunt, L.J.Schowalther: J. Vac. Sci. Technol. B 4(6) (1986), 743

[255] F.D.Schowengerdt, T.L.Lin, R.W.Fathauer, P.J.Grunthaner: J. Appl. Phys. 65(9) (1989), 3531

[256] B.M.Ditchek, J.P.Salerno, V.Gormley: Appl.Phys.Lett. 47 (1985), 1200

[257] R.T.Tung, A.F.Levi, J.M.Gibson: J. Vac. Sci. Technol. B 4 (1986), 1435

[258] R.T.Tung, J.L.Batstone: Appl. Phys. Lett. 52(8) (1988), 648

[259] M.Hansen, K.Anderko: in "Constitution of Binary Alloys" Mc Graw Hill, New York, Toronto, London 1958

[260] G.Ottaviani: J.Vac.Sci.Technol. 16 (1979),

[261] K.N.Tu, G.Ottaviani, U.Gösele, H.Föll: J.Appl.Phys. 54 (1983), 7585

[262] F.d'Heurle, C.S.Peterson, J.E.E.Baglin, S.J.La Placa, C.Y.Wong: J.Appl.Phys. 55 (1984), 4208

[263] R.Pretorius, P.Botha: Thin Solid Films 91 (1982), 127

[264] H.Föll, P.S.Ho, K.N.Tu: Phil.Mag. A 45 (1982), 775

[265] F.Edelman, E.Y.Gutmanas, A.Katz, R.Brener: Appl.Phys.Lett. 53(11) (1988), 1186

[266] C.Canalli, F.Catellani, G.Ottaviani, M.Prudenziati: Appl.Phys.Lett. 33 (1978), 187

[267] A.Nylandsted Larsen, H.von Känel: Appl.Phys.Lett. 52 (1988),

[268] R.Mattheis, D.Hesse: phys.stat.sol. (a) 109 (1988), 217

[269] R.T.Tung: Mat.Res.Soc.Symp.Proc. 37 (1985), 345

[270] E.J.van Loenen: Surf.Sci. 154 (1985), 52

[271] E.J.van Loenen, J.W.M.Frenken, J.F.van der Veen, S.Valeri: Phys.Rev.Lett. 54 (1985), 54

[272] E.J.van Loenen: J.Vac.Sci.Technol. A4(3) (1986), 939

[273] D.Cherns, G.R.Ansties, J.L.Hutchinson, J.C.Spense: Phil.Mag. A 464 (1982), 849

[274] K.Akimoto, T.Ishikawa, T.Takahashi, S.Kikuta: Jap.J.of Appl.Phys. 24(11) (1985), 1425

[275] P.A.Bennett, B.N.Halawith, A.P.Johnson: J.Vac.Sci.Technol. A5(4) (1987), 2121

[276] R.T.Tung, F.Schrey: Appl.Phys.Lett. 55(3) (1989), 256

[277] C.D.Lien, M.-A.Nicolet, S.S.Lau: phys.stat.sol. (a) 81 (1984), 123

[278] R.T.Tung, J.M.Gibson: J.Vac.Sci.Technol. A3 (1985), 987

[279] S.C.Wu, Z.Q.Wang, Y.S.Li, F.Jona, P.M.Marcus: Sol.State Comm. 57(8) (1986), 687

[280] M.Henzler, C.Adamski, K.Rönner: J.Vac.Sci.Technol. A5(4) (1987), 2127

[281] P.Gas, F.M.d'Heurle, F.K.LeGoues, S.J.LaPlaca: J.Appl.Phys. 59(10) (1986), 3458

[282] Y.C.Kao, M.Tejwani, Y.H.Xie, T.L.Lin, K.L.Wang: J. Vac. Sci. Technol. B 3(2) (1985), 596

[283] M.Liehr, P.E.Schmid, F.K.LeGouer, P.S.Ho: J.Vac.Sci.Technol. A4(3) (1986), 855

[284] R.T.Tung: J.Vac.Sci.Technol. A2(3) (1984), 465

[285] R.T.Tung, K.K.Ng, J.M.Gibson, A.F.J.Levi: Phys.Rev B 33(10) (1986), 7077

[286] P.S.Ho, E.S.Yang, H.L.Evens, X.Wu: Phys.Rev.Lett. 56(2) (1986), 177

[287] A.E.M.J.Fischer, T.Gustafsson, J.F.van der Veen: Phys. Rev. B 37(11) (1988), 6305

[288] S.A.Chambers, F.Boscherini, S.B.Andersson, J.J.Joyce, M.W.Chen, M.W.Ruckman, J.H.Weaver: J.Vac.Sci.Technol. A5(4) (1987), 2142 /5

[289] A.E.M.J.Fischer, W.F.J.Slijkerman, K.Nakagawa, R.J.Smith, C.W.T.Bulle-Lieuwma J.: Appl. Phys. 64(6) (1988), 30055

[290] A.E.M.J.Fischer: Silicides on Silicon, Dissertationsschrift, Leiden, 1988

[291] R.T.Tung, J.L.Batstone: Appl. Phys. Lett. 52(8) (1988), 648

[292] F.A.dÀvitaya, S.Delange, E.Rosencher, J.Derien: J.Vac.Sci.Technol. B3(2) (1985), 770

[293] B.Coulman, H.Chen: Mat. Res. Soc. Symp. Proc. Vol. 37 (1985), 601

[294] D.A.Smith, F.A.Psaras, I.J.Fischer, K.N.Tu: Mat. Res. Soc. Symp. Proc. Vol. 37 (1985), 407

[295] J.F.Morar, M.Wittmer: Phys. Rev. B 37(5) (1988), 2618

[296] J.F.Morar, M.Wittmer: J. Vac. Sci. Technol. A 6(3) (1988),1340

[297] W.T.Lin, L.J.Chen: J. Appl. Phys. 59(10) (1986), 3481

[298] F.H.Kaatz, M.P.Siegal, W.R.Graham, J.van der Spiegel, J.J.Santiago: Thin Solid Films 184 (1990), 325

[299] L.J.Chen, H.C.Cheng, W.T.Lin, L.J.Chon, M.S.Fung: Mat. Res. Soc. Symp. Proc. Vol. 37 (1985), 375

[300] J.C.Barbour, A.E.M.J.Fischer, J.F.van der Veen: J. Appl. Phys. 62 (1987), 2582

[301] L.J.Brillson, M.L.Slade, H.W.Richter, H.van der Plas, R.T.Fulks: Appl. Phys. Lett 47(10) (1985), 1080

[302] L.van der Hove, R.Wolters, K.Maex, R.F.Keersmaeker G.J.Declerck: IEEE Transact.ED 34(3) (1987), 554

[303] M.C.Bost, J.E.Mahan J.: Vac. Sci. Technol. B 4(6) (1986), 1336

[304] M.C.Bost, J.E.Mahan: J. Appl. Phys. 63(3) (1988), 839

[305] H.C.Cheng, L.J.Chen, T.R.Your: Mat. Res. Soc. Symp. Proc. Vol. 25 (1983), 441

[306] B.Coulman, H.Chen J.: Appl. Phys. 59(10) (1986), 3467

[307] G.Frank, Ch.Ziegler, W.Göbel: Phys.Rev.B 43(4) (1991), 2828

[308] A.Höhler, D.Guggi, H.Neeb, C.Heiden: Appl. Phys. Lett 54(11) (1989), 1066

[309] R.J.Cava: Spektrum der Wissenschaft, Digest 3 (1996), 30

[310] R.B.Laibowitz, R.H.Koch, P.Chandhari, R.J.Gambino: Phys.Rev. B 35(16) (1987), 8821

[311] J.Kwo, T.C.Hsieh, R.M.Fleming, M.Hong, S.H.Liou, B.A.Davidson, L.C.Feldman: Phys.Rev. B 36(7) (1987), 4039

[312] P.Madakson, J.J.Caomo, D.S.Yee, R.A.Roy, G.Scilla: J.Appl.Phys. 63(6) (1988), 2046

[313] K.Moorjani, J.Bohandy, F.J.Adrian, B.F.Kim, R.D.Shull, C.K.Chiang, L.J.Swartzendruber, L.H.Bennett: Phys.Rev. B 36(7) (1987), 4036

[314] H.Adachi, K.Setsune, K,Wasa: Phys.Rev. B 35(16) (1987), 8824

[315] P.Chandhari, R.H.Koch, R.B.Laibowitz, T.R.McGuire, R.J.Gambino: Phys.Rev.Lett. 58(25) (1987), 2684

[316] C.X.Dexin, H.B.Harrison, G.K.Reeves: J. Appl. Phys. 63(6) (1988), 2171

[317] L.J.Chen, H.C.Cheng, W.T.Lin: Mat. Res. Soc. Symp. Proc. Vol. 54 (1986), 245

[318] F.Nava, E.Mazzega, M.Michelini, O.Laborde, O.Thomas, J.P.Senateur, R.Madar J.: Appl. Phys. 65(4) (1989), 1584

[319] K.L.Wang, Y.C.Kao: Mat. Res. Soc. Symp. Proc. Vol. 67 (1986), 235

[320] E.T.Croke, R.J.Hauenstein, C.W.Nieh, T.C.McGill: J.Electr.Mat. 18)6) (1989), 757

[321] J.J.Chu, L.J.Chen: J. Appl. Phys. 63(4) (1988), 1163

[322] Y.S.Chang, J.J.Chu, L.J.Chen: Mat. Res. Soc. Symp. Proc. Vol. 54 (1986), 57

[323] I.C.Cheng, S.S.Lau, R.D.Thompson, K.N.Tu: Mat. Res. Soc. Symp. Proc. Vol. 25 (1983), 39

[324] G.Guizzetti, E.Mazzega, M.Michelini, F.Nasa, A.Borghesi, A.Piaggi: J.Appl.Phys. 67(7) (1990), 3393

[325] C.d'Anterroches, P.Perret, F.A.d'Avitaya, J.A.Chroboczek: Thin Solid Films 184 (1990), 349

[326] J.Y.Duboz, P.A.Badoz, F.A.d'Avitaya, J.A.Chroboczek: Appl.Phys.Lett. 55(1) (1989), 84

[327] M.P.Siegal, F.H.Kaatz, W.R.Graham, J.J.Santiago, J.van der Spiegel: Appl.Surf.Sci. 38 (1989), 162

[328] R.G.Long, M.C.Bost, J.E.Mahan: Appl.Phys.Lett. 53(14) (1988), 1272

[329] J.J.Qian, Y.T.Wang, J.Ho, C.C.Hsu: Appl.Phys.Lett. 57(1) (1990), 43

[330] G.Bai, M.-A.Nicolet, J.E.Mahan, K.M.Geib: Phys.Rev. B 41(13) (1990), 8603

[331] L.J.Schowalter, R.W.Fathauer: J. Vac. Sci. Technol. B 4(1) (1986), 1026

[332] P.G.McMullin, S.Sinharoy: J. Vac. Sci. Technol. B 6(3) (1988), 1367

[333] J.M.Phillips: Mat.Res.Soc.Symp.Proc. 37 (1985), 143

[334] H.Fukumoto, T.Imura, Y.Osaka: Appl.Phys.Lett. 55(4) (1989), 360

[335] T.Inoue, Y.Yamamoto, S.Koyama, S.Suzuki, Y.Ueda: Appl.Phys.Lett. 56(14) (1990), 1332

[336] H.Ishiwara, T.Asano, S.Furukawa: J. Vac. Sci. Technol. B1(2) (1983), 266

[337] N.G.Norton, K.S.Knight: Mat.Res.Soc.Symp.Proc. 54 (1986), 319

[338] R.F.C.Farrow: SPIE 623 (1986), 175

[339] T.Asano, H.Ishiwara, S.Furukawa: Jap.J.of Appl.Phys. 28(10) (1989), 1784

[340] A.Tempel, M.Mäder, A.Zehe, R.Grötzschel: phys.stat.sol. (a) 109 (1988), 493

[341] A.Zehe, A.Adan, M.Mäder: phys.stat.sol. (a) 107 (1988), K119

[342] A.Tempel, A.Zehe: Solid State Comm. 69(2) (1989), 151

[343] T.P.Smith, J.M.Phillips, W.M.Augustyniak, P.J.Stiles: Appl.Phys.Lett. 45 (1984), 907

[344] T.Asano, Y.Kuriyama, H.Ishiwara: Electron.Lett. 21 (1985), 58

[345] H.Onoda, M.Sasaki, T.Katoh, N.Hirashita: IEEE Trans.Electr.Dev. ED 34 (1987), 2280

[346] J.M.Phillips: Mat.Res.Soc.Symp.Proc. 71 (1986), 97

[347] L.J.Schowalter, R.W.Fathauer, L.G.Turner, C.G.Robertson: Mat.Res.Soc.Symp.Proc. 37 (1985), 151

[348] L.J.Schowalter, R.W.Fathauer: Proc. 2nd Int.Symp.on Si-MBE, Honolulu 1987

[349] J.M.Phillips, W.M.Augustyniak: Appl.Phys.Lett. 48 (1986), 463

[350] R.W.Fathauer, B.D.Hunt, L.J.Schowalter, M.Okamoto, S.Hashimoto:
Appl.Phys.Lett. 49 (1986), 64

[351] R.Paul: Mikroelektronik, Verlag Technik Berlin 1981, 53 ff

[352] F.L.Edelmann: Struktur von Festkörpern der Mikroelektronik Akademie-
verlag, Berlin 1985, S.111

[353] Landolt-Börnstein: Elektrische Eigenschaften I, 6. Auflage, II. Band, 6.
Teil Springer Verlag, Berlin, Göttingen, Heidelberg 1960, S.453

[354] T.Asano, H.Ishiwara: Thin solid Films 93 (1982), 143

[355] T.Asano, H.Ishiwara, N.Kaifu: Jap.J.of Appl.Phys. 22 (1983), 1474

[356] F.A.Ponce, G.B.Anderson, M.A.O'Keefe, L.J.Schowalter: J. Vac. Sci.
Technol. B4 (1986), 1121

[357] D.Rieger, F.J.Himpsel, U.O.Karlsson, F.R.McFeely, J.F.Morar,
J.A.Varmoff: Phys.Rev. B 34 (1986), 7295

[358] M.A.Olmstead, R.D.Bringans, R.I.G.Uhrberg, R.Z.Bachrach:
Mat.Res.Soc.Symp.Proc. 94 (1987), 195

[359] M.Liehr, P.A.Thiry, J.J.Pireaux, R.Caudano: Phys.Rev. B 34 (1986), 7471

[360] S.Hashimoto, J.L.Peng, W.M.Gibson, L.J.Schowalter, R.W.Fathauer:
Appl.Phys.Lett. 47 (1985), 1071

[361] M.F.Siegal, C.J.Martinez-Miranda, J.J.Santiago-Avites, W.R.Graham,
M.P.Siegal: J.of Appl. Phys. 75(3) (1994), 1517

[362] M.Watanabe, T.Suemasu, S.Muratake, M.Asada: Appl.Phys.Lett. 62(3)
(1993), 1033

[363] B.X.Lin, D.H.Zhu, H.B.Lu, F.Pan, K.Tao: J.of.Appl.Phys. 75(8) (1994),
3847

[364] J.P.Sullivan, R.T.Tung, F.Schrey, W.R.Graham: J. Vac. Sci. Technol.
A10(4) (1992), 1959

[365] R.C.Chapman, P.Smith, D.P.Adu, G.E.McGuire, C.Canovai, C.Osburn:
J. Vac. Sci. Technol. B10(4) (1992), 1329

[366] R.C.Chapman, P.Smith, D.P.Adu, G.E.McGuire, C.Canovai, C.Osburn:
J. Vac. Sci. Technol. B11(2) (1993), 304

[367] P.Niederman, L.Quattroponi, K.Solt, A.D.Kent, O.Fischer: J. Vac. Sci.
Technol. B10(2) (1992), 580

[368] N.I.Mirimoto, J.W.Swart, H.Cracker Riella: J. Vac. Sci. Technol. B10(2) (1992), 580

[369] C.C.Cho, H.Y.Lin, B.E.Gnade, T.S.Lin, Y.Nishioka: J. Vac. Sci. Technol. A10(4) (1992), 769

[370] K.Tsutsui, H.Ishiwara, T.Asano, S.Furukawa: Appl. Phys.Lett. 46(12) (1985), 1131

[371] T.P.Smith, J.M.Phillips, R.People, J.M.Gibson, L.Pfeiffer, P.J.Stiles: Mat.Res.Soc.Symp.Proc. 54 (1986), 295

[372] R.W.Fathauer, L.J.Schowalter: J. Electronic Mat. 16 (1987), 169

[373] R.People, T.P.Smith, J.M.Phillips, W.M.Augustyniak, K.W.Wecht: Mat.Res.Soc.Symp.Proc. 37 (1985), 169

[374] L.J.Schowalter, R.W.Fathauer, J.P.Krusius: Proc. 1nd Int.Symp.on Si-MBE, Pennington 1985

[375] L.Pfeiffer, J.M.Phillips, T.P.Smith, W.M.Augustyniak, K.W.Wecht: Appl. Phys.Lett. 46(12) (1985), 1131

[376] T.Asano, H.Ishiwara: Appl. Phys.Lett. 55 (1984), 3566

[377] H.Zogg, W.Vogt, H.Melchior: Infrared Phys. 25 (1985), 333

[378] R.F.C.Farrow, P.W.Sullivan, G.M.Williams, G.R.Jones, D.C.Cameron: J. Vac. Sci. Technol. 19(3) (1981), 415

[379] J.M.Phillips, L.C.Feldman, J.M.Gibson, M.L.McDonald: J. Vac. Sci. Technol. B1 (1983), 246

[380] J.M.Phillips, C.J.Yashinovitz: J. Vac. Sci. Technol. A2 (1984), 415

[381] J.M.Gibson, J.M.Phillips: Appl. Phys.Lett. 43(9) (1983), 828

[382] S.Sinkaroy, R.A.Hofman, J.H.Rieger, R.F.C.Farrow, A.J.Noreika: J. Vac. Sci. Technol. A3(3) (1985), 842

[383] S.Siskos, C.Fontaine, A.Munoz-Yague: J.of.Appl.Phys. 56(6) (1984), 1642

[384] P.W.Sullivan, J.E.Bower, G.M.Metze: J. Vac. Sci. Technol. B3(2) (1985), 500

[385] S.Siskos, C.Fontaine, A.Munoz-Yague: Appl. Phys.Lett. 44 (1984), 1146

[386] H.Ishiwara, K.Tsutsui, T.Asano, S.Furukawa: Jap.J.of Appl.Phys. 23(10) (1984), L803

[387] S.M.Rossnagel, J.J.Cuomo: Vacuum 38(2) (1988), 73

[388] K.Gamo, S.Namba Mat.Res.Soc.Symp.Proc. 45 (1985), 223

[389] Y.Shinaki, Y.Katayama, R.L.I.Kobayashi, K.F.Komatsubara: J.Cryst.Growth 45 (1978), 287

[390] J.-P.Noel, J.E.Greene, N.L.Rowell, D.C.Houghton Appl.Phys.Lett. 56(3) (1990), 265

[391] M.-A.Hasan, J.Knalll, S.A.Barnett, A.Rockett, J.-E.Sundgreen, J.E.Greene J.Vac.Sci.Technol. B5(5) (1987), 1332

[392] J.W.Lee, J.T.Trau, H.L.Tsai, H.Shichijo J.Vac.Sci.Technol. B5(3) (1987), 827

[393] K.G.Stephens, K.J.Reeson, B.J.Sealy, R.M.William, P.L.F.Hemment Nucl.Instr.and Meth.in Phys.Resarch B50 (1990), 368

[394] G.J.Campisi, H.B.Dietrich, M.Delfino, D.K.Sadana Mat.Res.Soc.Symp.Proc. 54 (1986), 747

[395] A.H.van Ommen, J.J.M.Ottenheim, A.M.L.Theunissen, A.G.Mouwen Appl.Phys.Lett. 53(8) (1988), 669

[396] Z.Tan, J.I.Budnick, F.H.Sanchez, G.Tourillon, F.Namayar, H.C.Hayden Phys.Rev. B 40(9) (1989), 6368

[397] A.Mogro-Campero, R.P.Love, N.Lewis, E.L.Hall, M.D.McConnel Mat.Res.Soc.Symp.Proc. 45 (1985), 305

[398] E.H.Te Kaat, J.Belz Mat.Res.Soc.Symp.Proc. 45 (1985), 329

[399] L.Kroko, I.Golecki, H.L.Glass Mat.Res.Soc.Symp.Proc. 45 (1985), 323

[400] A.Schönborn, J.K.N.Lindner, E.H.teKaat, H.Bubert, M.Grasserbauer, G.Friedbacher Fresenius Z. Anal. Chem. 333 (1989), 511

[401] C.W.T.Bulle-Lieuwma, A.H.van Ommen, L.J.van Ijzendoorn Appl. Phys. Lett. 54(3) (1989), 244

[402] A.Golanski Appl.Surf.Sci. 43 (1989), 200

[403] M.N.Kozicki, J.M.Robertson J.Electrochem.Soc. 136 (3) (1989), 878

[404] K.G.Stephens, K.J.Reeson, B.J.Sealy, R.M.William, P.L.F.Hemment Nucl.Instr.and Meth.in Phys.Resarch B50 (1990), 368

[405] A.E.White, K.T.Short, D.J.Eaglesham Appl.Phys.Lett. 56 (13) (1990), 1260

[406] G.Möller, G.Klingelhöfer, P.Schwalbach, E.Kankeleit Nucl.Instr.and Meth.in Phys.Resarch B50 (1990), 384

[407] R.Fastow, M.Eizenberg, R.Kalish, V.Richter, R.Brener, M.Peisach J.Vac.Sci.Technol. A5(5) (1987), 2842

[408] Q.Z.Hong, L.S.Hung,J.W.Mayer J.Appl.Phys. 65(9) (1989), 3395

[409] G.C.Farlow, B.R.Appleton, L.A.Boatner, C.J.McHargue, C.W.White Mat.Res.Soc.Symp.Proc. 45 (1985), 137

[410] J.E.E.Baglin, G.J.Clark, J.Bottiger Mat.Res.Soc.Symp.Proc. 25 (1984), 179

[411] L.J.Chen, L.S.Hung, J.W.Mayer, J.E.E.Baglin Mat.Res.Soc.Symp.Proc. 7 (1982), 319

[412] T.Kanayama, H.Tanoue, M.Komuro Jap.J.of Appl.Phys. 26 (1987), L84

[413] J.S.Williams, R.G.Ellimon, W.L.Brown, T.E.Seidel Phys.Rev.Lett. 55 (1985), 1482

[414] K.Ishida, K.Matsui, T.Fukunaga, T.Takamori, H.Nakashima Jap.J.of Appl.Phys. 25 (1986), L690

[415] T.Venkatesan, S.A.Schwartz, H.W.Hwang, R.Bhat, M.Koza, H.W.Yoon, P.Mei Appl.Phys.Lett. 49 (1986), 701

[416] Y.Hirayama, Y.Suzuki, S.Tarucha, H.Okamoto Jap.J.of Appl.Phys. 24 (1985), L516

[417] K.Ishida, T.Takamori, K.Matsui, T.Fukunaga, T.Morita, E.Miyauchi, H.Hashimoto, H.Nakashima Jap.J.of Appl.Phys. 25 (1986), L783

[418] U.König Markt & Technik 47 (1988), 41

[419] G.Stengl, J.Vac.Sci.Technol. 16 (1979), 1883

[420] R.Jähn, W.Berndt, M.Lisec, F.Schmidt, H.Tyrra, Nachrichtentechn. Elektr. 34 (1984), 352

[421] K.Gamoo, K.Yonehara, S.Nagatoma, S.Namba, Mat.Res.Soc.Symp.Proc. 76 (1987), 79

[422] L.R.Harriott, H.Temkin, R.A.Hamm, J.Weiner, M.B.Panish, J.Vac.Sci.Technol. B7(6) (1989), 1467

[423] A.Wieck, K.Ploog, Appl.Phys.Lett. 56 (1990),

[424] A.Tempel, M.Mäder, A.Zehe, R.Grötzschel, phys.stat.sol. (a) 109 (1988), 493

[425] R.F.C.Farrow, P.W.Sullivan, G.M.Williams, G.R.Jones, D.C.Cameron, J. Vac. Sci. Technol. 19(3) (1981), 415

[426] J.M.Phillips, W.M.Augustyniak, Appl. Phys. Lett. 48(7) (1986), 463

[427] H.Ishiwara, T.Asano, S.Furukawa, J. Vac. Sci. Technol. B1(2) (1983), 266

[428] A.Thomas, A.Zehe, U.Schilling, J.Inf.Rec.Mat. 19 (1/2) (1991), 157

[429] M.A.McCord, R.F.W.Pease, J. Vac. Sci. Technol. B5(1) (1987), 430

[430] St.Baunack, A.Zehe, Surf. Sci. 225 (1990), 292

[431] C.Fontaine, J.L.Castano, J.Castagne, A.Munoz-Yague.Surf. Sci. 168 (1986), 681

[432] K.Saiki, Y.Sato, K.Ando, A.Kom, Surf. Sci. 192 (1987), 1

[433] M.Scheinfein, M.Isacson, J. Vac. Sci. Technol. B4 (1986), 326

[434] Ch.L.Stecker, W.E.Moddeman, J.T.Grant, J.Appl.Phys. 52 (1981), 6921

[435] H.C.Lee, H.Ishiwara, S.Kanemaru, Jap.J.Appl.Phys. 26 (1987), L1834

[436] S.Kanemaru, H.Ishiwara, S.Furukawa, J.Appl.Phys. 63 (1988), 1060

[437] L.J.Schowalter, R.W.Fathauer, Proc. 2nd Int.Symp.on Si-MBE, Honolulu 1987

[438] E.Johnson, L.T.Chadderton, Radiation Effects 79 (1983), 183

[439] P.M.Mankiewitch, H.G.Craighead, T.R.Harrison, A.H.Dayem, Appl. Phys. Lett. 44 (1984), 468

[440] I.G.Salisbury, R.S.Timsit, S.D.Berger, C.J.Humphreys, Appl. Phys. Lett. 45(12) (1984), 1289

[441] T.R.Harrison, P.M.Mankiewich, A.H.Dayem, Appl. Phys. Lett. 41 (1982), 1102

[442] M.Parikh, J. Appl. Phys. 50 (1979), 4371

[443] H.-W.Thümmel, Durchgang von Elektronen und Betastrahlung durch Materieschichten, Akad. Verlag Berlin 1974

[444] T.M.Hall, A.Wagner, L.F.Thompson, J. Vac. Sci. Technol. 16(6) (1979), 1889

[445] T.Asano, H.Ishiwara, S.Furukawa, Nucl. Instr. and Meth. in Phys. Res. B39 (1989), 739

[446] W.Wilson, L.Haggmark, J.P.Biersack, Phys. Rev. B15 (1977), 2458

[447] J.P.Biersack, L.G.Haggmark, Nucl. Instr. and Methods 74 (1980), 157

[448] D.Fink, J.P.Biersack, M.Städele, K.Tjan, V.K.Chang, Nucl. Instr. and Methods in Phys.Research 218 (1983), 817

[449] M.Posselt, J.P.Biersack, Nucl. Instr. and Methods in Phys.Research B15 (1986), 20

[450] J.P.Biersack, W.Eckstein, Appl. Phys. A34 (1984), 73

[451] W.Möller, W.Eckstein, Nucl. Instr. and Methods in Phys.Research B2 (1984), 814

[452] A.Thomas, A.Zehe, B.Schreckenbach, J.-W.Erben, R.Grötzschel , phys. stat. sol.(a) 116 (1989), 994

[453] A.Thomas, A.Zehe, Wiss. Zeitschrift TU Dresden 1/2 (1991), 113

[454] R.Grötzschel, R.Klabes A.Thomas, A.Zehe, Proc. 1. European conference on accelerators in applied research and technology (ECAART) Frankfurt/M 1989

[455] R.Grötzschel, R.Klabes, M.Mäder, A.Tempel, A.Thomas, A.Zehe, Proc. 3. International conference on energy puls and particle beam modification of materials (IEPM), Dresden 1989

[456] J.F.Morar, M.Wittmer, Phys. Rev. B 37(5) (1988), 2618

[457] J.F.Morar, M.Wittmer, J. Vac. Sci. Technol. A 6(3) (1988),1340

[458] S.Fahy, D.R.Hamann, Phys. Rev. B 41(11) (1990), 7587

[459] C.Chemelli, M.Sancrotti, L.Braicovich, F.Ciccacci, O.Bisi, A.Iandelli, G.L.Olcese, A.Palenzona, Phys. Rev. B 40(15) (1989), 10210

[460] J.F.Morar, M.Wittmer, Phys. Rev. B 37(5) (1988), 2618

[461] J.F.Morar, M.Wittmer, J. Vac. Sci. Technol. A 6(3) (1988),1340

[462] A.Thomas, H.-D.Geiler, phys. stat. sol. (a) 124 (1991), K 19

[463] A.Thomas, A.Zehe, R.Klabes, H.-D.Geiler , DDR-Wirtschaftspatent WP H01L/329659 (1989)

[464] P.Revesz, J.W.Mayer, phys. stat. sol. (a) 54 (1979), 513

[465] G.Mezey, S.M.Matteson, J.Gyulai, Nucl. Instr. and Meth. 182/183 (1981), 587

[466] A.Borghesi, A.Piaggi, A.Stella, G.Guizzetti, D.Bisero, G.Queirolo, J. Appl. Phys. 67(11) (1990), 7045

[467] S.Prussin, D.I.Margolese, R.N.Tauber, J. Appl. Phys. 57 (1985), 180

[468] N.V.Nguyen, K.Vedam, J.Narayan, J. Appl. Phys. 67(2) (1990), 599

[469] M.Berti, G.Mazzi, A.V.Drigo, A.Migliori, E.Jannitti, S.Nicoletti, Appl. Surf. Sci. 43 (1989), 158

[470] Landolt-Börnstein, Numerical Data and Functional Relationships in Science and Technology, New Series, Semiconductors: "Physics of Group IV Elements and III-V- Compounds", Springer Verlag, Berlin 1982, Vol.17a

[471] A.Möschwitzer, Wissensspeicher Halbleiterelektronik, Verlag der Technik, Berlin 1986

[472] A.Tempel, M.Mäder, A.Zehe, R.Grötzschel, phys.stat.sol. (a) 109 (1988), 493

[473] A.Tempel, A.Zehe, Solid State Comm. 69(2) (1989), 151

[474] A.Thomas, A.Zehe, B.Schreckenbach, J.-W.Erben, R.Grötzschel , phys. stat. sol.(a) 116 (1989), 994

[475] H.Ishiwara, T.Asano, Mat.Res.Soc.Symp.Proc. 25 (1984), 393

[476] Handbook of Laser Science and Technology, Vol. IV, Part 2 ed. M.J.Weber, CRC Press Inc. Boca Raton Florida 1986

[477] U.O.Karlsson, F.J.Himpsel, J.F.Morar, D.Rieger, J.A.Yarmoff, J. Vac. Sci. Technol. B4(4) (1986), 1117

[478] P.Liu, W.L.Smith, H.Lotem, J.H.Bechtel, N.Bloembergen, Phys.Rev.B 17 (1978), 4620

[479] P.Liu, R.Yen, N.Bloembergen, Appl.Optics 18 (1979), 1015

[480] T.Tomie, I.Okuda, M.Yan, Appl.Phys.Lett 55(4) (1989), 325

[481] A.Thomas, A.Zehe, M.Mäder, M.Wagner, E.Seidowski, DDR-Wirtschaftspatent WP H01L/332854 (1989)

[482] Kratschmer, M.Isaacson, J. Vac. Sci. Technol. B4(1) (1986), 361

[483] A.Thomas, A.Zehe, M.Büschel, DDR-Wirtschaftspatent WP H01L/329657 (1989)

[484] A.Thomas, A.Zehe, E.Seidowski, DDR-Wirtschaftspatent WP H01L/332634 (1989)

[485] Landolt-Börnstein, Zahlenwerte und Funktionen aus Naturwissenschaft und Technik, Neue Serie, Gruppe III: Kristall und Festkörperphysik, Springer Verlag, Berlin, Heidelberg, New York 1971

[486] E.Kratschmer, M.Isaacson, J. Vac. Sci. Technol. B4(1) (1986), 361

[487] E.Kratschmer, M.Isaacson, J. Vac. Sci. Technol. B5(1) (1987), 369

[488] B.Schreckenbach, J.Erben, A.Thomas, U.Fritzsch, DDR-Wirtschaftspatent WP H01L/335992 (1990)

[489] A.Thomas, A.Zehe, B.Schreckenbach, DDR-Wirtschaftspatent WP H01L/330603 (1989)

[490] R.Fischer, T.Henderson, J.Klem, W.T.Masselink, W.Kopp, H.Markos, C.W.Titton Electron. Lett. 20 (1984), 947

[491] R.Fischer, H.Klem, C.K.Peng, J.S.Gedymin, H.Markoc IEEE Electr.Dev.Lett. EDL-7 (1986), 112

[492] T.P.Pearsal, J.C.Bean IEEE Transact. EDL 7 (1985), 308

[493] H.Dämbkes, H.J.Herzog, H.Jorke, H.Kibbel, E.Kasper IEEE Transact. Electr. Dev. ED-33 (1986), 633

[494] T.Tatsumi, H.Hiroyama, N.Aizaki Appl. Phys. Lett. 52 (1988), 204

[495] H.Kibbel, E.Kasper, P.Narozny, H.-U.Schreiber Thin Solid Films 184 (1990), 163

[496] S.Luryi, A.Kastalsky, J.C.Bean IEEE Transact. Electr. Dev. ED-31 (1984), 1135

[497] J.F.Luy Thin Solid Films 184 (1990), 185

[498] H.C.Liu, D.Landheer, M.Buchanan, D.C.Houghton Appl. Phys. Lett. 52 (1988), 1809

[499] K.Ploog Angewandte Chemie 100 (1988), 611

[500] D.T.Cheung, S.Y.Chiang, G.L.Pearson Sol.State Electr. 18 (1975), 263

[501] J.Bean Physics Today (10/1986), 36

[502] R.People, J.Bean Appl.Phys.Lett. 48 (1986), 538

[503] H.L.Strömer Surf.Sci.132 (1982), 519

[504] R.People, J.C.Bean, D.V.Lang, A.M.Sergent, .L.Strömer, K.W.Wecht, R.T.Lynch, K.Baldwin Appl.Phys.Lett. 45 (1984), 1231

[505] E.Kasper, H.Dämbkes Inst.Phys.Conf. Ser. 82 (1987), 93 IOP Publishing Bristol

[506] L.L.Chang, L.Esaki Surf.Sci. 98 (1980), 70

[507] G.Abstreiter, H.Brugger, T.Wolf, H.Jorke, H.J.Herzog Surf.Sci. 174 (1986), 640

[508] J.Balslev Phys.Rev. 143 (1966), 636

[509] J.A.Moriarty, S.Krishnamurthy J.Appl.Phys. 54 (1934), 1892

[510] T.C.L.G.Sollner, W.D.Goodhue, P.E.Tannenwald, C.D.Parker, D.D.Peck Appl.Phys.Lett. 43 (1983), 588

[511] B.Jogai, K.L.Wang Appl.Phys.Lett. 46 (1985), 588

[512] J.R.Barker Physica 134B (1985), 22

[513] G.H.Döhler J.Vac.Sci.Technol. B1 (1983), 278

[514] H.Jung, G.H.Döhler, E.O.Göbel, K.Ploog Appl.Phys.Lett. 43 (1983), 40

[515] P.Narozny, H.Dämbkes, H.Kibbel, E.Kasper IEEE Trans. Electr. Dev. 36 (1989), 2363

[516] C.A.King, J.L.Hoyt, C.M.Gronet, J.Gibbons, M.P.Scott, J.Turner IEEE Trans. Electr. Dev. Lett. 10 (1989), 52

[517] S.Konaka, Y.Yamamoto, T.Salai 16th Int.Conf.Solid State Dev. and Mat., Kobe, 209

[518] M.Ugajin, S.Konaka, K.Yokoyama, Y.Amemiya IEEE Trans. Electr. Dev. 36 (1989), 1102

[519] U.König, M.Kuisl, J.F.Luy, F.Schäffler Electr.Lett. 25 (1989), 1169

[520] H.C.Liu, D.Lanheer, M.Buchanan, D.C.Houghton Appl.Phys.Lett. 52 (1988), 1809

[521] G.Abstreiter, H.Brugger, T.Wolf, H.J.Jorke, H.J.Herzog Phys.Rev.Lett. 54 (1985), 2441

[522] M.J.Howes, D.V.Morgan GaAs, Materials, devices and Circuits John Wiley and Sons, 1985

[523] K.Ploog Europhyisics News 17(4) (1986), 44

[524] A.Wieck, K.Ploog Appl.Phys.Lett. 56 (1990),

[525] E.Rosencher, S.Delage, Y.Campidelli, F.A.d'Avitaya Electronics Letters 20(19) (1984), 762

[526] J.Derrien, F.A.d'Avitaya J. Vac. Sci. Techn. A 5(4) (1987), 2111

[527] E.Rosencher, S.Delage, F.A.d'Avitaya, D'Anterroches, K.Belhaddad, J.C.Pfister Physica 134 B (1985), 106

[528] G.Glastre, E.Rosencher, F.Arnaud d'Avitaya, C.Puissant, M.Pons, G.Vincent, J.C.Pfister Appl.Phys.Lett. 52(11) (1988), 898

[529] K.Ishibashi, S.Furukawa IEEE ED 33(3) (1986), 322

[530] T.Oshima, N.Nakamura, K.Nakamura, M.Miyao Thin Solid Films 184 (1990), 275

[531] Y.Nakata, M.Asada, Y.Suematsu Electr.Letters 22(1) (1986), 58

[532] Y.Nakata, M.Asada, Y.Suematsu, M.Sato IECE of Japan E69(4) (1986), 305

[533] L.J.Schowalter, R.W.Fathauer Proc. 2nd Int.Symp.on Si-MBE, Honolulu 1987

[534] T.P.Smith, J.M.Phillips, W.M.Augustyniak, P.J.Stiles? Appl.Phys.Lett. 45 (1984), 907

[535] A.Zehe, A.Adan, M.Mäder phys.stat.sol. (a) 107 (1988), K119

[536] T.Yamamoto, M.Morimoto Appl.Phys.Lett. 20 (1972), 269

[537] T.Asano, Y,Kuriyama, H.Ishiwara Electron.Lett.212 (1985), 386

[538] H.Onoda, M.Sasaki, T.Katoh, N.Hirashita IEEE Trans.Electr.Dev. ED 34 (1987), 2280

[539] B.-Y.Tsaur, M.M.Weeks, P.W.Pellegrini IEEE EDL 9(2) (1988), 100

W.F.Kosonocky, F.V.Shallcross, T.S.Villani, J.V.Groppe IEEE Transact. ED 22 (1985), 1564

Índice de Materias

La presente obra es el resultado de investigación básicas y aplicadas en el area de materiales avanzados y estructuras geométricas finas, que pavimentan el desarrollo de la microelectrónica hacia un esquema de construcción novedoso tresdimensional. Dada su estrecha ligazón con problemas reales y actuales, el lector encuentra en este libro orientación y una fuente abundante de conocimientos modernos.

Particularmente los estudiantes de universidades y tecnológicos en semestres avanzados, en la preparación y realización de estudios de posgrado, tanto como profesores e investigadores en la búsqueda de actualización y profundización, encuentran una multitud de ideas para su propia participación en la investigación de una rama moderna.

El libro trata los problemas materiales, que surgen de la extrema miniaturización en los componentes microelectrónicos. La búsqueda de materiales avanzados bajo el concepto de una construcción tridimensional y monocristalina de las estructuras de capas, su fabricación y análisis determinan el contenido de la obra. Permite al lector conculusiones sobre problemas novedosos y potenciales para proyectos de investigación y de estudio de posgrado. Da ahí el valor de esta monografía.

Alfred Zehe, físico-matemático, catedrático en la Facultad de Ciencias Físico-Matemáticas de la BUAP; es egresado de la licenciatura y del posgrado de la Universidad de Leipzig, Alemania, donde obtuvo la maestría en Física, y los títulos de doctor *rerum naturalium*, doctor *scientiae naturalium* y doctor *rerum naturalium habilitatus*. Además, recibió el grado de doctor *honoris causa* de la Universidad Autónoma de Puebla. Cuenta con aproximadamente 450 publicaciones científicas y 40 patentes. Fue fundador y director de la "Arbeitsgemeinschaft Quantenfeinstrukturen" en la Universidad Técnica de Dresden, Alemania.

Andreas Thomas, físico-matemático, es egresado de la licenciatura y del posgrado de la Universidad Técnica de Dresden, dondo obtuvo la maestría en física, y el título de doctor *rerum naturalium*. Contribuía como investigador en la "Arbeitsgemeinschaft Quantenfeinstrukturen" con numerosas patentes y publicaciones al quehacer académico.